演習で力がつく
HTML/CSS
コーディングの教科書

磯 博 [著]
Hiroshi Iso

SB Creative

■本文中のシステム・製品名は、一般に各社の登録商標または商標です。
■本書では、TM、®マークは明記していません。

©2015　本書の内容は、著作権法上の保護を受けています。著作権者、出版権者の文書による承諾を得ずに、本書の内容の一部、あるいは全部を無断で複写・複製・転載することは、禁じられております。

はじめに

この本の内容と特徴

　本書は、Webページの作り方を基礎から学びたいという方のための入門書です。Webページを作るということは、レゴブロックでお城などを作るのに似ています。立派なお城を作るには、まずはいろいろなブロックの特性を理解することが重要です。その上で、それらを組み合わせ、大きな構造物を作るためのノウハウが必要となります。本書は、読者がWebページを構成する「ブロック」であるHTMLとCSSの文法の基本を一通り理解し、それらを組み合わせて「Webページというお城」を自分だけの力で作り上げられるようになることを目的としています。

　本書には、次のような特徴があります。

① 例題中心に解説

　まず例題を入力して具体的な使い方を示し、その後に、その例題を理解するための基礎事項を解説するというスタイルで記述しています。これによって、初心者であっても挫折せずに学習を進めることができます。また、個々のHTMLの要素やCSSのプロパティの使い方だけではなく、それらをどのように組み合わせてWebページを作ればよいのかを学ぶことができます。

② HTML5・CSS3を基礎から解説

　現在Webページを作る規格としてHTML5およびCSS3が注目され、これらの新しい技術を紹介する書籍が数多く出版されています。しかし、それらの多くはHTMLやCSSについてある程度の知識があることを前提にしています。本書では、そうした予備知識を前提とせずに、HTML5・CSS3の基本事項を一から解説しています。

対象となる読者

　本書は、おもに次のような読者を対象に書かれています。

- ● HTMLやCSSについてまったく知らない初心者
- ● HTML 4.01やCSS 2.1を少しかじったことはあるが、新しい規格であるHTML5やCSS3をベースに、より本格的にWebページの作り方について学習したいと考えている方

この本の構成と利用法

　各章の概要と利用法を以下にまとめます。第2章から第6章までを24のステップ（STEP1〜STEP24）に分けています。各ステップには、はじめに演習があり、その後に解説があります。解説は、演習の例題の説明と、例題で使用している事項に関連した文法の説明からなっています。

第1章　イントロダクション

　Webページを作る前に知っておいた方がよい知識をまとめ、演習の準備をします。知識の部分はとりあえず大ざっぱに読んでおき、ある程度演習で感じがつかめてきたらもう一度深く読み返すとよいでしょう。演習の準備である「**4** 学習をはじめる前にやるべきこと」は、必ずやっておきます。

第2章　HTMLの基本を学ぶ［ STEP1～STEP8 ］

　具体的なWebページを作成しながら、HTML5の文法の基本とよく使われる要素について学習します。第1章の「**5** 学習の方法」に従って例題を順番に入力し、解説を読んで理解します。STEP4には演習はありませんが、HTML とCSSを理解するための基礎事項ですので、飛ばさずに読んでください。

第3章　CSSの基本を学ぶ［ STEP9～STEP16 ］

　第2章で作成したWebページを、CSSでスタイルを設定してレイアウトします。これを通じて、CSSの文法の 基本とよく使われるプロパティについて学習します。最後の「STEP16 より高度なCSSの文法」の部分は入門レ ベルでは詳しすぎると思われますので、最初は読み飛ばして、全部をマスターした後で読むとよいでしょう。第4 章以降の例題では、STEP16で説明されている内容を使っているものもあります。このような例題を行う場合は、 STEP16の解説部分のページを適宜参照してください。

第4章　2段組のページを作る［ STEP17～STEP20 ］

　グローバルナビゲーションのメニューの作り方、2段組のページレイアウトの方法について学びます。段組の方 法としては、CSS3で導入された新しいフレキシブルボックスレイアウトによる方法と、従来のfloatプロパティ による方法を解説しています。STEP19のfloatプロパティによる方法の部分とSTEP20は飛ばして読むことがで きます。

第5章　テーブルを作る［ STEP21～STEP22 ］

　HTMLでテーブルを作る方法と、CSSでテーブルのスタイルを設定する方法を学びます。テーブルの作り方を マスターする場合は、すべてを行ってください。

第6章　フォームを作る［ STEP23～STEP24 ］

　フォームはユーザーが入力するインタフェースを提供するものです。STEP23では、フォームの基本的な使用 法を学習します。HTML5ではフォーム機能が強化されましたが、STEP24ではHTML5で導入されたさまざまな フォーム・コントロールを解説しています。STEP23は一通り読んで理解し、STEP24は必要に応じて参照して ください。

付録

　HTML5で規定されている要素のカテゴリ、本書で使用している要素の一覧、本書で使用しているCSSプロパティ の一覧、カラーネームの一覧、章の理解度チェック問題の解答を示します。本編を読む際に適宜参照してください。

※ 重要ポイント・ノート・発展学習について

　解説の中に「重要ポイント」、「ノート(🖋)」、「発展学習」の三種類の補足記事があります。「重要ポイント」は、 初心者にとって重要なポイントを解説していますので、必ずお読みください。「ノート」では、解説を理解する上 で知っておいた方がよい関連事項を説明しています。「発展学習」は、解説の内容に関連したより進んだ内容を扱 っています。「発展学習」の部分は、最初は読み飛ばしても問題はありません。

この本を授業で使う場合の利用法

　この本は、情報系やデザイン系の専門学校およびWebデザインの職業訓練校でのWeb制作の授業や、大学での情報処理の授業で使用することができます。

教科書としての特徴

　例題→解説の順に記述されているため、「例題の入力は宿題にして、授業では解説部分を説明する」というように、自宅学習と授業での学習を使い分けることができます。

授業で使用する場合の内容

　半期の半分(約7週)で使用する場合は、第1章から第3章までの部分を行うのが適切です。半期(約15週)をフルに使う場合は、第1章から第6章までのすべてを行うことができます。いずれの場合も担当者の判断で、詳細な部分や入門者には高度な部分は飛ばして解説するとよいでしょう。

授業での利用例

第1章　　　**1**～**3**を簡単に解説した後、**4**の「学習をはじめる前にやるべきこと」の部分を演習で行います。第2章をはじめる前に、**5**の「学習の方法」を説明します。

第2～6章　STEP1は演習で詳しく説明します。STEP2以降は、次回行うところまで例題を入力して動作確認することを宿題とします。授業では入力された例題を元に解説の部分を説明します。章末問題の授業で終えた部分を小テストとして実施し、理解の定着に利用します。

　最後に、適切なテーマでWebページを作成し、Webサーバーにアップロードすることを課題とします。

基準とした規格

HTML

　2014年10月28日に公表された次のHTML5勧告にもとづいています。

　　http://www.w3.org/TR/2014/REC-html5-20141028/

　　「HTML5

　　　A vocabulary and associated APIs for HTML and XHTML

　　　W3C Recommendation 28 October 2014」

CSS

　CSS 2.1および2014年10月の時点で公開されているCSS3のモジュールの最新バージョンにもとづいています。CSS 2.1およびCSS3の各モジュールの仕様については、次のページからリンクをたどって閲覧することができます。

　　http://www.w3.org/Style/CSS/

　　「W3C Cascading Style Sheets home page」

動作確認環境

本書の例題は、2015年2月時点で、次のWebブラウザの最新バージョンで動作確認をしています。

OS	Chrome	Safari	FireFox	IE	Opera
Mac OSX 10.9&10.10	40	8.0.3	35	-	27
Mac OSX 10.7&10.8	40	6.16	35	-	27
Windows7&8	40	-	35	11	27
WindowsXP	40	-	35	-	27

なお、解説の中で使用しているCSS3のプロパティで、一部のWebブラウザで動作しないものもあります。

本書で扱っていないこと

本書で扱っていない事項の中で、Webページを作る上で重要なものとして、以下があります。本書の内容をマスターした後の次のステップとして、これらについて他の書籍やWebページなどで学んでみるとよいでしょう。

① HTMLに関する事項

35ページの表2-4にHTML5の要素一覧があります。本書で解説している要素としていない要素を示しています。ご覧ください。

② CSSに関する事項

次の事項は扱っていません。

- positionプロパティによる相対配置、絶対配置、固定配置
- z-indexによるボックスの重なりの設定
- マルチカラムレイアウト
- グリッドレイアウト
- 2次元および3次元の変形
- トランジッション
- アニメーション
- @規則、メディアクエリー

また、文字の設定やボックスの設定に関するプロパティについても、入門者に必要不可欠なものを中心に解説しており、解説していないものもあります。

③ JavaScript・DOM・APIに関する事項

これらについてはほとんど触れていません。これらをマスターすることで、Webページを動的に書きかえたり、Webブラウザで動作する本格的なWebアプリケーションを作成できるようになります。

本書を終えた後の参考書

① CSSの参考書
【CSSのリファレンスとして】（本書で扱っていないプロパティが掲載されています）
　エ・ビスコム・テック・ラボ著『CSS3 スタンダード・デザインガイド 改訂第2版』（マイナビ、2013年）

② JavaScriptの参考書
【入門書】
　安藤 建一他著『イラストでよくわかるJavaScript Ajax・jQuery・HTML5/CSS3のキホン』（インプレスジャパン、2013年）
【本格的な解説書】
　David Flanagan著『JavaScript 第6版』（オライリージャパン、2012年）

謝辞

　筆者ひとりでは、本書を作り上げることはできませんでした。とくに、SBクリエイティブの三津田治夫氏には、本書の原稿を通して読んでいただき、貴重なアドバイスをいただきました。また、著者のWeb制作の授業を受講した多くの学生から、記述の誤りやわかりづらい点などを指摘してもらいました。これにより、より初心者にわかりやすい内容に改善することができました。お世話になったすべての方々に感謝します。

C O N T E N T S

第1章
イントロダクション …001

1 Webページについて …002

2 HTML5について …008

3 Webページを作成するために必要なもの …015

4 学習をはじめる前にやるべきこと …016

5 学習の方法 …018

● この章の理解度チェック演習 …020

第2章
HTMLの基本を学ぶ …021

STEP1　最も簡単なWebページを作る …023

STEP2　文書をセクションに分けて記述する …038

STEP3　文章の意味づけとグループ化を行う …053

STEP4　HTML文書の木構造を理解する …061

STEP5　画像を挿入する …066

STEP6　リンクを設定する …071

STEP7　パンくずリスト …076

STEP8　動画と音声を挿入する …080

● 第2章で作成したHTML文書のソースコード …087

● この章の理解度チェック演習 …089

第3章

CSSの基本を学ぶ…091

STEP9　CSSの書き方の基本…093

STEP10　スタイルの適用方法…116

STEP11　基本的なセレクタ…120

STEP12　スタイルを継承する…124

STEP13　ボックス設定の基本…127

STEP14　さまざまなボックス設定でWebページをデザインする…159

STEP15　floatによる回り込みの設定を行う…177

STEP16　より高度なCSSの文法…182

●属性セレクタ・疑似クラス・疑似要素…182

●セレクタの結合子…185

●スタイルの優先順位について…187

●この章の理解度チェック演習…189

第4章

2段組のページを作る…191

STEP17　トップページを作る…193

STEP18　メニューを作る…196

STEP19　2段組のレイアウトにする…201

STEP20　iframeを使って内容を切り替える…218

●この章の理解度チェック演習…228

第5章

テーブルを作る…229

STEP21　テーブルを作るHTML要素…231

STEP22　テーブルのスタイルを設定する…239

●この章の理解度チェック演習…248

第6章

フォームを作る …249

STEP23 フォームの基本…251
STEP24 いろいろなコントロール…265
●この章の理解度チェック演習…280

付録

1 要素のカテゴリ…282
2 要素の一覧とコンテンツモデル…284
3 CSSプロパティの一覧…287
4 カラーネームの一覧…290
5 章の理解度チェック演習の解答…291

索引…294

Column

Webのキーワード…014
WWWのはじまり…019
文字エンコーディングとは…037
何のためにマークアップするのか…052
セマンティック・ウェブ…052
Webサイトナビゲーション…078
ブロックレベル要素とインライン要素…138

x

サンプルファイルのダウンロードについて

　本書に掲載されている例題のソースコードと、使用している画像・音声・動画ファイルは、次のWebページからダウンロードすることができます。

　　http://www.sbcr.jp/support/82082

　このページから「サンプル.zip」と「素材データ.zip」をダウンロードして解凍すると、［サンプル］フォルダと［素材データ］フォルダが作られます。［サンプル］フォルダには、本書で作成しているHTMLファイル、CSSファイルおよび使用している画像ファイルが章ごと・STEPごとに分けられて保存されています（下図参照）。［素材データ］フォルダの中には、［映像音声］フォルダと［画像］フォルダがあり、本書で使用している映像ファイル、音声ファイル、画像ファイルが保存されています。

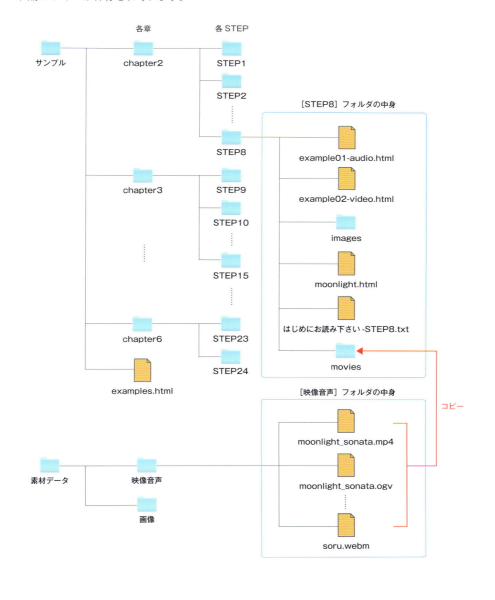

サンプルファイルの使用法について

① 例題を入力しながら学習する場合

本書内の各STEPの演習での指示に従って、［素材データ］フォルダに入っている画像、映像、音声ファイルを適切なフォルダに入れてお使い下さい。

② 各例題をWebブラウザで表示して確認する場合

各STEPのフォルダごとに、［movies］フォルダがある場合は、その中に映像・音声ファイルを［素材データ］フォルダの［映像音声］フォルダから事前にコピーしておきます。どのファイルをコピーすれば良いのかは、各STEPのフォルダ内にある「はじめにお読み下さい-STEPN.txt」（NはSTEPの番号）にあります。なお、画像についてはすでにコピーしてありますので、入れる必要はありません。

例題を表示するには、［サンプル］フォルダの中のexamples.htmlをWebブラウザで開きます。すると、次のように表示されます。

ページのはじめにあるindex内の各STEPのボタンをクリックすると、そのSTEPの例題一覧の場所に移動します。表示したい例題の右端にある「表示」ボタンをクリックすると、例題がWebブラウザで表示されます。例題のソースコードを見たり編集する場合は、例題の項目名の右側の［　］内にファイル名がありますので、そのファイルを［サンプル］フォルダの中の各STEPごとのフォルダの中から探して、エディタで開いてください。

第1章

イントロダクション

第1章では、まず Web ページを作成する前に知っておいた方がよい
最小限の知識をまとめ、次に演習を行うためのいくつかの準備をして
おきます。
第2章から、具体的な例題を作成しながら Web ページの作り方を
ステップ・バイ・ステップで学んでいきます。

CONTENTS & KEYWORDS

1 Web ページについて
　　　　インターネット　Web ページ　URL　Web サイト　索引ファイル　トップページ
　　　　HTML　CSS　JavaScript　Web ブラウザ
2 HTML5について
　　　　HTML5　HTML5の新しい機能　HTML5の関連技術　CSS3　HTML5の意義
3 Web ページを作成するために必要なもの
　　　　エディタ　Web ページ作成ソフト　素材の作成
4 学習をはじめる前にやるべきこと
　　　　Web ブラウザのインストール　エディタのインストール　拡張子の表示　既定の Web ブラウザ
　　　　演習用フォルダ
5 学習の方法

1 Webページについて

次の画面は、NASAの太陽系についてのWebページをWebブラウザで表示したものです。
このようなWebページとはなんなのでしょうか。また、どのようにして作られているのでしょうか？

インターネット

インターネットとは、全世界のネットワークを相互に接続した地球規模の巨大ネットワーク（物理的回線）です。総務省の作成している「通信白書」によると、2013年度の日本におけるインターネットの利用者数は約1億44万人で、これは全人口の82.8％にあたります。国際電気通信連合（ITU）の発表によると、世界的にも2013年度で利用者数が27億人を超えました。インターネットは、多様な宗教や国民性およびさまざまな体験を持った人々や集団によってつくられており、民族や国家を超えた地球規模の独自の文化を形成しています。

Webページ

Webページとは、WWW（*World Wide Web*）と呼ばれるシステムを使ってインターネット上に公開されているドキュメント（文書）です。Webページは互いにリンクによって結びつけられており、このようなドキュメントをハイパーテキスト（*Hyper text*）と呼びます。World Wide Webは「世界に広がる蜘蛛の巣」という意味で、世界中のWebページがリンクによって結びつけられている様をあらわしています。Webページは、Webサーバーと呼ばれるインターネットに接続したコンピュータ内の特定のフォルダに保存されています。

1 Webページについて

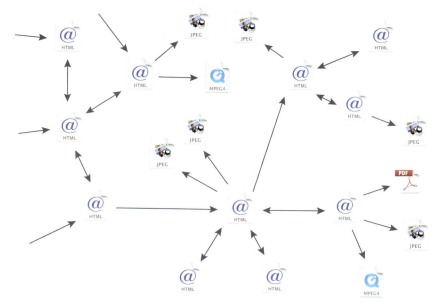

●図1-1　World Wide Webの概念図
WWWではURLで指定されるリソースが、リンクによって互いに結びつけられている

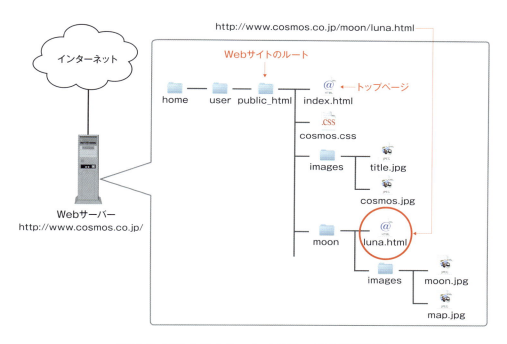

●図1-2　URLとWebサーバー内のファイルの場所の関係
http://www.cosmos.co.jp/moon/luna.htmlで指定されるWebページは、http://www.cosmos.co.jp/であらわされるWebサーバーのWebサイトのルート内の［moon］フォルダの中のluna.htmlというファイルです。

URL

おのおののWebページはURL（*Uniform Resource Locator*）によって指定されます。Webページを閲覧するには、そのWebページのURLをWebブラウザのアドレス欄に入力します。インターネットでは膨大な量のリソース（情報資源＝ファイル）にアクセスできますが、URLは個々のリソースを特定するための住所（アドレス）と考えることができます。たとえば、2ページ目に示したWebページのURLは、

です。はじめの"http"はスキームと呼ばれ、このファイルを取得する場合はhttpというプロトコル（通信規約）を用いるべきであることをあらわしています。コロンの次の"//"はそれがネットワーク上にあることをあらわしています。その次の"www.nasa.gov"の部分は責任者部と呼ばれ、Webページが保存されているWebサーバーをあらわしています。WebページはWebサーバー内の特定のフォルダ（Webサイトのルート）に保存されています。区切り記号であるスラッシュ"/"は、1つ下の階層への移動をあらわしています。最後の"topics/solarsystem/index.html"の部分はパス部と呼ばれ、WebページがWebサイトのルート内のどのフォルダの何という名前のファイルであるかをあらわしています。URLの責任者部のはじめの"www"はWebサーバーの名前、後半"nasa.gov"はドメイン名をあらわしています。ドメイン名とは、インターネットで個々の組織や個人を識別するための、世界でただ一つの名称です。ドメイン名の後半"gov"はその組織が政府機関であることをあらわしています。従って、この例の責任者部は、NASAという政府機関のwwwという名前のWebサーバーをあらわしています。つまり、この例のURLは、

> NASAという政府機関のwwwというWebサーバー内のWebサイトのルートの中の、topicsフォルダの中のsolarsystemフォルダ内のindex.htmlという名前のファイル

をあらわしていることになります。このように、URLによってインターネット上のすべてのリソースを重複なく特定でき、さらに、どのようにアクセスすべきかを知ることができます。

URI

URLを拡張したものとしてURI（*Uniform Resource Identifier*：統一資源識別子）があります。URIもURLと同じく、httpやftpなどのスキームで始まり、次にコロン(:)が置かれ、その後にスキームごとに定義された書式でリソース（資源）を指し示します。対象となるリソースは、コンピュータ上のファイルだけでなく、人や会社、書籍なども含まれます。W3Cが2001年9月に発表したRFC3305では、URLという言葉はなくし、インターネット上のリソースに対してもすべてURIと表現するとしています。しかし、URIという言葉はそれほど普及していないため、本書ではURLで統一しています。

Webサイト

　Webサイトとは、特定の組織の特定のWebサーバーにあるWebページの集まりのことをいいます。Webサイト内のWebページのURLは、責任者部までが共通で、パス部が異なるものとなっています。たとえば、NASAのWebサイトは非常に多くのWebページからなっていますが、それらのURLはすべて

　　　http://www.nasa.gov/~

という形になっています。ここで、"~"はそのWebページのパス部です。URLの責任者部までの部分

　　　http://www.nasa.gov/

は、Webサーバー内のルートフォルダをあらわしています。Webサイト内のWebページはルートフォルダの中に整理され保存されています。

発展学習
サイトルート相対パス

　サイトルート相対パス（もしくはルートパス）は、WebページのURLをWebサイトのルートフォルダからの相対位置であらわしたものです。サイトルート相対パスは、HTML文書の中でファイルのURLを指定するときに用いることができます。たとえば、4ページで説明しているURLを、サイトルート相対パスであらわすと、次のようになります。

　　　/topics/solarsystem/index.html

　ここで、最初のスラッシュ（/）は、Webサイトのルートフォルダをあらわしています。相対パス（第2章「STEP5 画像を挿入する」を参照）では、起点となるファイルのあるフォルダからパスをたどるのに対して、サイトルート相対パスは、ルートフォルダからパスをたどります。ここで、サイトルート相対パスは、ファイルをサーバーにアップロードしてはじめて意味をなすことに注意してください。つまり、ファイルがパソコン内にある場合はルートフォルダが存在しないため、サイトルート相対パスでURLを指定しても無効となります。

索引ファイルとトップページ

　たとえば、"http://www.nasa.gov/topics/"のように、URLのパス部の最後のファイル名がないものをWebブラウザで入力すると、そのURLで指定されるフォルダの中の索引ファイルが表示されます。多くの場合、索引ファイルの名前は"index.html"もしくは"index.php"です。とくに一番上の階層であるWebサイトのルートにある索引ファイルを、そのWebサイトのトップページもしくはホームページと呼びます。いまの例では、トップページのURLは、

　　　http://www.nasa.gov/index.html

ということになります。

基本的には、Webサイト内のすべてのWebページはトップページからのリンクをたどって閲覧できるようにしておきます。そうでないWebページがあった場合、そのWebページの厳密なURLを知っているか、もしくは他のページからリンクされているかのいずれかでない限り、そのページは閲覧できません。

Webページは何によって作られているか？

Webページを構成するファイルは、HTML、CSS、JavaScriptなどの言語から作られています。

① HTML

HTMLはWebページの内容と論理構造を記述するマークアップ言語です。HTMLはHyper Text Markup Languageの頭文字をとったもので、「ハイパーテキストのための文書に目印をつけるための方法を定めた文法上の約束」という意味です。HTMLの規格はW3C（*World Wide Web Consortium*）で策定されています。2014年10月現在での最新バージョンはHTML5です。本書ではHTML5にもとづいて解説をしています。

② CSS

CSSはWebページの文字の色や大きさ、レイアウトなどの文書スタイル（視覚構造）を記述するものです。CSSはCascading Style Sheetの頭文字をとったものです。2015年4月現在での最新バージョンは2.1ですが、W3CではCSSの次期バージョンであるCSS3を策定中です。ここで、CSS3はまったく新しい言語ではなく、CSS 2.1と互換性があり、CSS 2.1の仕様に新しく便利な機能を付け加えたものとなっています。このテキストでは、CSS3にもとづいて解説しています。

③ JavaScript

JavaScriptは、Webブラウザで動作するスクリプト言語です。JavaScriptを用いることで、Webページを動的に書きかえたり、Webアプリケーションを作成したりすることができます。JavaScriptの規格はECMA（*European Computer Manufacturers Association*）で策定されており、正式にはECMAScriptといいますが、一般的にはJavaScriptと呼んでいます。ECMAScriptの最新バージョンはECMAScript Edition 5で、JavaScript2とも呼ばれています。

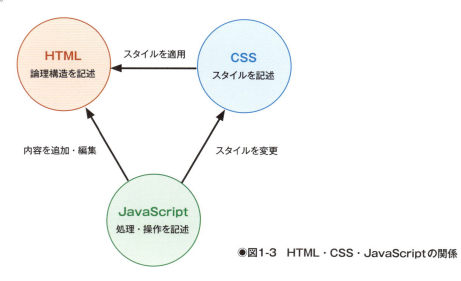

●図1-3　HTML・CSS・JavaScriptの関係

WebブラウザによるWebページの閲覧

　Webブラウザとは、Webページを表示するソフトウェアのことです。表1-1におもなWebブラウザと2015年2月における世界全体での利用率（http://gs.statcounter.comによる）を示します。

●表1-1　代表的なWebブラウザ（デスクトップパソコン）

ベンダ	ブラウザ	利用率
Google	Chrome	48.71%
Microsoft	Internet Explorer	18.91%
Mozilla	Firefox	16.53%
Apple	Safari	10.21%
Opera	Opera	1.63%

　Webページは、一般にHTMLファイル、CSSファイル、JavaScriptファイル、およびHTMLファイルで挿入されている画像、映像、音声ファイルなどから定義されます。WebブラウザでWebページのURLを指定すると、WebブラウザはWebページをおさめているWebサーバーにインターネット経由で接続し、Webページのデータを送信してくれるようにリクエストメッセージ（要求メッセージ）を送ります。Webサーバーはそれに応えて、Webページを定義するファイルをレスポンスメッセージ（応答メッセージ）としてWebブラウザに送信します。

　Webブラウザは、受信したWebページを定義するファイルの情報に従ってWebページを画面に表示します。この処理を**レンダリング**と呼びます。

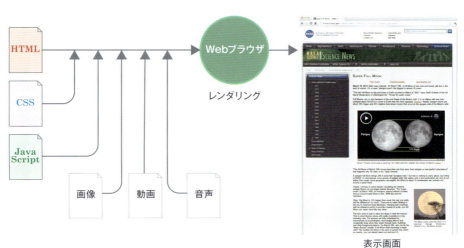

2 HTML5について

次の章ではHTML5によるWebページの作成方法を学んでいきますが、その前に、HTML5の概要をつかんでおきましょう。

HTML5とは

HTML5は次世代のHTMLの標準です。HTML5は、Apple、Mozilla、Operaの三社が設立した団体であるWHATWG（*Web Hypertext Application Technology Working Group*）が2004年に作ったWeb Applications 1.0とWeb Forms 2.0をW3Cが採用したものです。HTML5はW3Cで策定されてきましたが、2014年10月28日に勧告が公開されました。勧告はW3Cでの策定プロセスの最終段階であり、これによりHTML5の規格が確定したことを意味します。パソコンやスマートフォン用の主要なWebブラウザはHTML5の多くの機能をすでに実装していますが、勧告が公開されたことで各WebブラウザのHTML5の実装はより進み、Webにおける重要な基盤となっていくことが考えられます。

HTML5とHTML 4.01の共通の特徴

HTML5以前のHTMLの最終バージョンはHTML 4.01です。HTML5はHTML 4.01の仕様の一部を変更すると共に新しい機能を追加して作られています。HTML5とHTML 4.01に共通する特徴を以下に示します。

① HTMLの文書はハイパーテキスト

ハイパーテキストとは、複数の文書を互いに関連づけて結びつける仕組みです。ハイパーテキストでは、文書の中の語句などの部分に対して、その部分に関連する他の文書を結びつけて呼び出すことができます。文書の一部分に他の文書を結びつけることを、ハイパーリンクを張る、もしくはリンクを張るといいます。ハイパーテキストは、このように通常の文書（テキスト）を超える（ハイパーな）機能を持っているので、そのような名前がつけられました。

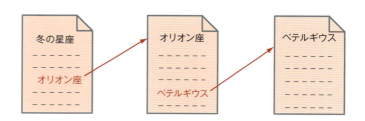

② タグによって文書の論理的構造を記述する

HTMLでは<p>のようなタグと呼ばれる<と>で囲まれた目印で、見出しや段落、リストのような文書の意味的な構造を表現します。これにより、人だけでなく、コンピュータにも文章構造が理解できるようになるため、文書をコンピュータで処理することが可能となります。Webページ全体はリンクによって結ばれた一つの極めて膨大な情報資源と考えられますが、コンピュータによる文書処理が可能になることで、この情報の山から必要な情報を取り出して活用できるようになります。

③ 画像・映像・音声などを埋め込める

HTMLの文書には、文字だけでなく画像や映像、音声などのマルチメディアデータを埋め込むことができます。

④ CSSにより文書の視覚構造を記述できる

HTMLには、CSSというスタイル（視覚構造）を記述するためのスタイルシートを含むことができます。HTMLで文書の論理構造を記述し、CSSで文字の色や大きさ・レイアウトなどの文書スタイルを記述するのが、現在のWebページを作成する上での標準的方法となっています。

⑤ JavaScriptにより処理を自動化できる

JavaScriptを用いれば、Webブラウザの処理プロセスをコントロールできます。これにより、HTMLの文書を動的に書きかえたり、入力フォームを自動的に補完するなど、ユーザーの使用感を向上することができます。さらには、Webページをさまざまな目的を持ったクライアント・アプリケーションとすることができます。

HTML5の新しい機能と変更点

HTML5の最大の目的は、HTML 4.01との後方互換性を確保しながらAdobe Flash、Silverlight、JavaFXなどのプロプライエタリ（P.014のコラム参照）なプラグインを排除して、オープンでリッチなWebアプリケーションを作成するための規格を提供することです。つまり、いままでのパソコン上で動作していたソフトウェアを、Webブラウザ上で動作するソフトウェアとして作成できるようにすることにあります。

次に、HTML5で導入された新しい機能およびHTML 4.01からの変更点をあげます。

① 文書を構造化するための新しい要素を追加

章や節などのセクションをあらわすセクショニングの要素（section要素、nav要素、article要素、aside要素）が新しく追加され、明確に文章の論理構造や意味あいを表現できるようになりました。これにより、検索エンジンなどがより正しくWebページを解釈できるようになり、より的確な検索ができるようになります。また、パソコンよりも小さな画面を持つスマートフォンやタブレットPCなどの端末でも、それに適した表示を行うことができるようになります。

② CSSとの完全な融合

HTML5では、font要素やcenter要素などHTML 4.01に存在していた画面のスタイルを設定するための要素をすべて廃止し、画面のスタイルはすべてCSSで設定することになりました。これにより、HTMLはWebページの論理構造を、CSSはWebページの視覚構造を記述するという明確な機能の仕分けが行われました。①のセクショニングの要素の導入と、このHTMLとCSSの明確な機能分担によって、HTML文書の情報がタグの中に埋もれて個々の情報の意味あいや全体の論理構造がわからなくなることを避け、わかりやすくメンテナンス性の高いWebページを作成できるようになります。

③ 動画・オーディオ再生用要素の標準装備

動画を挿入するための要素としてvideo要素、音声を挿入するための要素としてaudio要素が導入され、プラグインがなくても動画や音声を容易に挿入して再生できるようになりました。

第1章　イントロダクション

④ フォーム機能の大幅な強化

　フォーム関連の要素の属性が大幅に増やされ、これまでJavaScriptライブラリを使って実現していたフォームのコントロールを、HTMLの要素だけで簡単に実現できるようになりました。さらに、フォームへの入力状況のチェックをJavaScriptプログラムから行うこともできます。これらにより、次で述べるような本格的なWebアプリケーションを作成する場合に必要となる、さまざまな入力フォームを提供することができます。

⑤ Webアプリケーション開発用のAPIの提供

　Webアプリケーションとは、Webブラウザ上で動作するアプリケーションのことです。一方、従来のパソコンのハードディスクから起動するアプリケーションをデスクトップアプリケーションといいます。Webアプリケーションでは、アプリケーションはWebサーバーにあり、Webブラウザが利用できインターネットに接続していればどこからでも利用できます。また、OSごとにコードを分けて書く必要はなく、同じコードでWindowsでもMacintoshでも、さらにはスマートフォンやタブレット端末でも動作するマルチプラットフォームなアプリケーションを作成することができます。

　HTML 4.01までのHTMLはおもにWeb上の文書などの情報を記述するための仕様でした。HTML5では、Webアプリケーションを作成するための種々のAPI（*Application Programming Interface*）を提供しており、これによりFlashなどのプラグインを用いずに、本格的なWebアプリケーションを作成できるようになりました。APIとは、プログラムから特定の機能を呼び出すインタフェースのことです。これらのAPIはJavaScriptから呼び出して利用することができます。これまで、Webブラウザごとに異なる方法で実現されていたさまざまな機能が、これらのAPIによって同一のコードで利用できるようになります。HTML5およびそれに関連した規格で提供されるおもなAPIを、表1-2に示します（HTML5内の規格は🅷のマークで示します）。

●表1-2　HTML5および関連するAPIの一覧

API名	機能概要	策定機関
Video/Audio	audio・video要素のコントロール	W3C 🅷
Forms	form要素のコントロール	W3C
Selectors	DOM要素の選択	W3C
Canvas	canvas要素上に2次元のグラフィック描画を行う	W3C 🅷
WebGL	canvas要素上に3次元のグラフィック描画を行う	Khronos Group
Web Storage	ローカルディスク上にデータを保存する	W3C
Indexed Database	ローカルディスク上のリレーショナル・データベース	W3C
Offline Web Application	オフラインでWebアプリケーションを動作させる	W3C 🅷
Web Wokers	JavaScriptプログラムをバックグラウンド処理する	W3C
Drag & Drop	Webページ上の要素をマウスでドラッグ＆ドロップ	W3C 🅷
File	ローカルディスク上のファイルを読み込む	W3C
Geolocation	クライアントの位置情報を取得する	W3C
Web Sockets	サーバーとブラウザ間の双方向通信	W3C
Server-Sent Events	リクエストなしにサーバーからクライアントに送信	W3C
Web Messaging	異なるWebサイト間でのメッセージ通信	W3C 🅷

⑥ MathML・SVGの利用

MathML（*Mathematical Markup Language*）は、数式を記述するためのマークアップ言語です。SVG（*Scalable Vector Graphics*）は、ベクター形式でグラフィックスを描画するものです。いずれもW3Cで策定されています。HTML5では新たにmath要素とsvg要素が導入され、HTML文書の中にMathMLとSVGを直接記述できるようになりました。これを、インラインMathMLおよびインラインSVGといいます。いずれも、JavaScriptを用いずにHTML5の要素だけで数式とベクターグラフィックスを表示することができます。

XHTML5について

HTML5では、HTML構文とXHTML構文という2つの文書形式が規定されています。XHTMLは、HTMLをXML化したものです。XML（*Extensible Markup Language*）とは、従来のマークアップ言語であるSGML（*Standard Generalized Markup Language*）をインターネット用に簡素化して作られたマークアップ言語で、W3Cにより策定され勧告されています。HTMLは記述方法が柔軟な仕様ですが、XHTMLはより厳格な記述法となっています。HTML5をXHTML構文で記述する場合、XHTML5と呼ばれます。

本書では、HTML構文に従ってHTML5を解説しています。

HTML5の関連技術について

HTML5の策定と並行して、新しいWebプラットフォームを形成するさまざまな技術が策定されています。このような技術には、

> CSS3・JavaScript2・DOM Level 3・表1-2の各種API・XMLHttpRequest Level2
> MathML・SVG

などがあります。HTML5の目的は、これらの技術と組み合わせることによってはじめて実現されます。このことから、W3Cで策定したHTML5を「狭義のHTML5」、狭義のHTML5に上述の技術を含めたものを「広義のHTML5」と呼ぶことがあります。

CSS3の新機能

HTML5の関連技術の内、Webページを作成する上でHTML5と共に最も基本的なCSS3の変更点をまとめておきます。

CSS3はW3Cで現在策定中の新しいCSSの仕様です。CSS3では、その前のバージョンであるCSS 2.1をベースとして機能の追加と訂正が行われています。新しく追加された機能としては、

> 種々のセレクタ・ボックスの角丸・ボックスの影・テキストの影・複数の背景・透明度の設定
> ボックスのグラデーション・ボックスレイアウト・段組・Webフォント
> 2次元および3次元の変形・アニメーション機能・メディアクエリー

などがあります。

CSS3ではモジュール化という考え方が導入されています。モジュールとは、互いに関連する機能をまとめたものです。CSS3では、仕様全体をいくつかのモジュールに分けて、各モジュールごとに仕様書の策定作業をしています。モジュールに分けて仕様を策定することで各仕様が管理しやすい大きさとなり、それぞれ独立に策定を進めることができるので、より早い改訂が可能となります。また、Webブラウザのベンダも、どのモジュールを実装

第1章　イントロダクション

してどのモジュールを実装しないかを開発の進捗などに合わせて選択できます。勧告にいたっているモジュールは
それほど多くはありませんが、最新のWebブラウザは多くのモジュールを実装しています。表1-3におもなCSS3
モジュールを示します。

●表1-3　おもなCSS3モジュール

モジュール名	内容	勧告
Selectors Level 3	セレクタの仕様	○
CSS Color Level 3	色に関する仕様	○
Media Queries	メディア・クエリーに関する仕様	○
CSS Background and Borders Level 3	背景と境界線に関する仕様	
CSS Multi-column Layout Module	段組に関する仕様	
CSS Text Module Level 3	テキストに関する仕様	
CSS Writing Modules Level 3	書式に関する仕様	
CSS Fonts Level 3	フォントに関する仕様	
CSS Flexible Box Layout Module	フレキシブルボックスに関する仕様	
CSS Transforms Module Level 1	要素の2次元・3次元変形に関する仕様	
CSS Transitions	トランジッション・アニメーションの仕様	
CSS Animations	キーフレーム・アニメーションの仕様	
CSS Speech Module	聴覚用スタイルシートの仕様	

Webブラウザの対応状況

　HTML5の普及は、主要なWebブラウザがどれだけその機能を実装するかにかかっています。HTML5とCSS3
の各Webブラウザごとの実装状況は、次の2つのWebページで確認できます。

　　　http://www.findmebyip.com/litmus/
　　　http://caniuse.com/

　これらを見ると、Webブラウザごとに実装している機能はさまざまですし、実装している機能の使用方法
に差があるものもまだまだあることがわかります。しかし、HTML5の勧告を受けて、Webブラウザ間の差は
埋められていくでしょう。これまでHTML5にまったく対応していなかったInternet Explorerも、Internet
Explorer9からはHTML5への対応をうたっており、Internet Explorer10では他のWebブラウザと同程度まで対
応しています。主要なWebブラウザが、HTML5および関連する規格を標準として採用するようになれば、Web
ブラウザごとにコードを分けて書く必要はなくなります。

HTML5の意義

　これからの情報システムは、クラウド・コンピューティングへと大きくシフトしていくと考えられています。クラウド・コンピューティングとは、いままでのようにアプリケーションやデータをパソコンなどのローカルな端末に置くのではなく、インターネットというクラウド（cloud＝雲）の上に置いてさまざまなデバイスから利用する情報の利用形態のことをいいます。

　HTML5は、クラウド・コンピューティングのシステムを構築するための中核の技術として設計されています。HTML5を利用すれば、デスクトップアプリケーションと同等の機能を持つWebアプリケーションが作成でき、しかもWebアプリケーションであれば同じコードでパソコンやスマートフォン・タブレット端末などの情報機器やOSによらずに利用することができます。HTML5が普及し、クラウド・コンピューティングが普及すれば、アプリケーションやデータは、どこからでもどのような端末からも利用できるようになります。これに伴い、情報システムの開発はデスクトップアプリケーションからWebアプリケーションへとシフトしていくでしょう。

　このように、HTML5は、単にWebテクノロジーの大きな進化であるということにとどまらず、情報システム全体を巻き込んで、そのあり方を変えていく大きな流れを作っていくと考えられています。

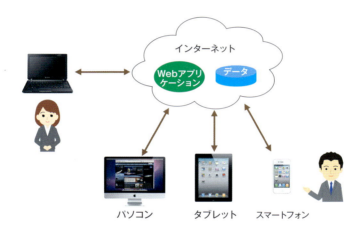

●図1-4　クラウド・コンピューティング

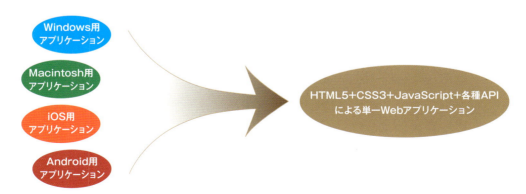

●図1-5　HTML5の普及とアプリケーション開発環境の変化

Column Webのキーワード

【後方互換性】

古いシステム（後方）の規格やデータを、新しいシステム（前方）が利用できることをいいます。たとえば、HTML5が後方互換性を持つとは、HTML4の文書がHTML5に対応した新しいブラウザにより正しく表示できることを意味します。

【前方互換性】

新しいシステム（前方）の規格やデータを、古いシステム（後方）でも利用できることをいいます。たとえば、HTML5に対応していない古いWebブラウザは未知のタグを無視するので、新しいHTML5で書かれたWebページをある程度閲覧することができます。従って、HTML5は前方互換性をある程度持っているといえます。

【プロプライエタリ・ソフトウェア】

プロプライエタリ（*proprietary*）とは、独占的な、専属的な、非公開なという意味です。プロプライエタリなソフトウェアとは、ソフトウェアの使用・改変・複製を法的・技術的な手法を用いて制限しているソフトウェアを指します。これは、開発者や開発企業などが製品やシステムの仕様や規格、技術を独占的に保持し、情報を公開していないことによります。対義語としてオープン・ソフトウェアがあります。たとえばWindowsやMacOSはプロプライエタリなソフトウェアであり、Linuxはオープンなソフトウェアです。

【検索エンジン】

インターネットに存在する情報を検索するプログラムのことです。検索窓と呼ばれるボックスにキーワードを入力して検索します。代表的な検索エンジンにはGoogle、Yahoo!、Beingなどがあります。これはすべてロボット型の検索エンジンと呼ばれるもので、クローラと呼ばれるプログラムでWeb上の文書を周期的に取得し、解析して索引情報（インデックス）を作成し、データベース化します。検索エンジンの質は、検索した結果をいかにユーザーの期待する順番で表示するかにかかっており、その仕組み（アルゴリズム）は非公開となっています。Webページが検索エンジンの検索結果で上位に現れるようにすることを、SEO（*Search Engine Optimization*）といいます。

【HTTP】

HTTP（*HyperTextTransferProtocol*）はWebブラウザとWebサーバーの間で、HTMLやXHTMLで記述されたWebページ、さらには画像や音声ファイルなどを転送するためのプロトコル（通信規約）です。RFC2616で規定されており、ハイパーテキスト転送プロトコルとも呼ばれます。また、SSLで暗号化してセキュリティを確保したものをHTTPSといいます。

【SSL】

SSL（*Secure Sockets Layer*）は、インターネットにおいてセキュリティを保って通信を行うためのプロトコルです。通信内容を暗号化することで、ネットワーク上の他の機器によるなりすましやデータの盗聴・改竄を防ぐことができます。

3 Webページを作成するために必要なもの

HTML文書・CSS文書・JavaScript文書を作成するには

　Webページの記述言語であるHTMLやCSS、JavaScriptの文書はテキスト形式のファイルとなっています。これは、Webページがどのコンピュータでも機種によらず編集したり表示したりできるようにするためです。

　テキスト形式のファイルは、テキストエディタ（単にエディタともいいます）で作成したり編集したりすることができます。Windowsでは、「メモ帳」や「ワードパッド」、Macintoshでは「テキストエディット」というテキストエディタがOSに付属していますので、新たにソフトをインストールしなくてもこれらを使ってWebページを作成できます。

　エディタの中には単に文章を編集することを目的としたものだけでなく、HTMLタグやCSSのプロパティなどを色分けしたり、挿入したりできるHTMLエディタと呼ばれるものがあります。WindowsでもMacintoshでも非常に多くのHTMLエディタがあります。フリーのものとして、Windows用ではCrescent Eveやサクラエディタ、Brackets、Aptana Studioなどが、Macintosh用ではmi、CoEditor、Brackets、Aptana Studioなどがあります。有償のものとして、Windows用では秀丸エディタ、Sublime Textが、Macintosh用ではCoda、Sublime Textなどがあります。

　本書では、このようなテキストエディタを使ってWebページを作成していきます。本書のすべてのWebページは、どのようなテキストエディタを使っても作成できます。

Webページ作成ソフトについて

　HTMLやCSSを知らなくとも簡単にWebページを作成できるソフトがWebページ作成ソフトです。代表的なWebページ作成ソフトとして、ホームページビルダーやホームページZERO、BiND for WEBLIFEなどがあります。これらのソフトを使えば、HTMLやCSSの文書を直接操作せずにWebページを作ることができます。ロゴやボタンの作成機能、アニメーションGIFの作成機能や画像や動画の編集機能を持ったものもあります。しかし、より本格的なWebページを作成したり、検索エンジン対策（SEO）を講じる場合は、HTML文書などの編集作業が必要となります。また、バージョンの古いソフトを使用した場合、レイアウトをCSSではなくHTMLで指定したり、HTML5で廃止されたタグを用いたりなど、現在の標準的でない方法でWebページを作成してしまうので、注意が必要です。

　上級者向けのWeb作成ソフトとして、Adobe DreamweaverやExpression Webなどがあります。これらは、HTMLやCSS、JavaScriptのコードを直接編集するユーザー向けで、編集作業を効率化するさまざまな機能を提供しています。

素材を作成するには

　Webページには画像や映像、音声などの素材を挿入することができます。これらの素材を作成したり編集するには専用のソフトウェアが必要となります。一般的な画像であればAdobe PhotoshopやAdobe Photoshop Elements、Pixelmator、Web用の画像やGIFアニメーションであればAdobe Fireworks、映像編集であればiMovie、Final Cut Pro X、ムービーメーカー、Adobe Premiereなどが代表的なソフトウェアです。

第1章　イントロダクション

❹ 学習をはじめる前にやるべきこと

　次の章から具体的なWebページを作成しながら、HTML5とCSS3の基本を学習していきます。まず、演習をはじめる前に、いくつかの準備を済ませておきましょう。ここの部分は、必ず行っておいてください。

Webブラウザをインストールしておく

　完成したWebページを見るにはWebブラウザが必要です。本書ではHTML5とCSS3でWebページを作成していきますので、それらの言語に対応したWebブラウザをインストールしておきましょう。本書では、次のWebブラウザで動作確認をしています。

> Macintosh .... Chrome40、Safari8.0.3、FireFox35、Opera27
>
> Windows .... Chrome40、FireFox35、Internet Explorer 11、Opera27

　これらのいずれかの最新バージョンをインストールしておいてください。いずれも無償であり、インターネットからダウンロードしてインストールできます。本書ではChromeを使用して説明していますので、インストールしておくことをおすすめします。

エディタをインストールしておく

　Webページを作成するにはテキストエディタが必要です。HTMLに対応したテキストエディタをインストールしておきましょう。無償のものであれば、Crescent Eve(Windows版)、mi(Macintosh版)が、有償のものであればSublime Text(Windows版、Macintosh版)がおすすめです。

拡張子を表示するようにしておく

　これからHTMLの文書やCSSの文書ファイルを作って保存していきますが、保存をする場合、ファイル名に適切な拡張子をつけて保存します。しかし、WindowsでもMacintoshでもファイル名を表示する場合に、標準で拡張子が隠されています。この状態だと、拡張子を確認したり正しい拡張子をつけて保存するのが難しくなります。そこで、ファイル名の拡張子を表示する設定に変えておきます。

Windowsの場合
① ［スタート］メニューから［コントロールパネル］を選び、［ツール］－［フォルダーオプション］を選びます。
② ［表示］タグを選び、［詳細設定］の一覧にある［登録されている拡張子は表示しない］のチェックを外し、［適用］ボタンを押します。

Macintoshの場合
① ［Finder］メニューから［環境設定...］を選びます。
② ［詳細］タグを選び、［すべてのファイル名拡張子を表示］にチェックを入れます。

使用するWebブラウザを既定のブラウザにしておく

　演習では、エディタでHTMLやCSSの文書を作成し、それをWebブラウザで表示して確認します。この場合、インストールされている任意のWebブラウザを利用することができます。しかし、使用するWebブラウザをそのシステムの既定のブラウザに設定しておくと、HTMLファイルをダブルクリックするだけでそのファイルを既定のブラウザで開くことができて便利です。既定のブラウザは次のようにして設定します。

Windows XPの場合
① ［スタート］メニューから［コントロールパネル］を選び、［プログラムの追加と削除］を選びます。
② ［プログラムのアクセスと既定の設定］を選んで［カスタム］を選択し、標準にしたいWebブラウザを選択します。

Windows Vista・7の場合
① ［スタート］メニューから［コントロールパネル］を選びます。
② ［既定のプログラム］を選び、［既定のプログラムの設定］を選びます。
③ 標準にしたいWebブラウザを選択し、下にある「すべての項目に対し、既定のプログラムとして設定する」を選択します。

Windows 8の場合
① マウスポインタを画面の左下隅に合わせ、スタート画面のサムネイルを表示させ、それを右クリックしてクイックアクセスメニューを表示し、［コントロールパネル］を選びます。
　後は、Windows Vista・7の場合の②③と同じです。

Windows 8.1の場合
① ［スタート］ボタンを右クリックし、［コントロールパネル］を選びます。
　後は、Windows Vista・7の場合の②③と同じです。

Macintoshの場合
① ［Safari］を起動し、［Safari］メニューから［環境設定…］を選びます。
② ［一般］タグを選び、［デフォルトのWebブラウザ］から標準にしたいWebブラウザを選択します。

演習用のフォルダを作成しておく

　次の章から、一つの具体的なWebサイトを作成していきます。そのためには、そのWebサイトのファイルを保存しておくためのフォルダを作成しておく必要があります。ハードディスクやUSBフラッシュメモリなどの適当な場所に［hpstudy］という名前のフォルダを作成しておきましょう。

第1章　イントロダクション

5 学習の方法

　例題は第2章〜第6章までがSTEP1〜STEP24に分かれています。それぞれのSTEPでは、はじめに演習の方法があり、次に解説があります。各STEPごとに次のような手順で学習を進めていくとよいでしょう。

> **① 例題通りに作ってみる**
> 説明どおりに例題をエディタで入力し保存します。例題の左欄外に、前のステップから新しく追加した行には→を、いくつかの行を削除して追加した行には➡を、行の削除や追加は行わず内容を変更した行には★を示しますので、その部分を追加/削除/変更します。Webブラウザで表示し、表示例と同じとなることを確認します。同じでない場合は、入力ミスを見つけて訂正します。

> **② 解説を読んで理解する**
> それぞれの演習の後に解説がありますので、それを読んでHTMLやCSSの文法の基本、各行でなにをやっているのかを理解します。

> **③ 理解したことを実験してみる**
> ②で理解したことを演習で実験してみましょう。「こうするとどうなる？」というような疑問を持ち、実際にそれを試してみましょう。例題の一部を変更して試してみるとよいでしょう。文法を理解するには、自分で入力して本当かどうか確かめるという「実証主義」の精神でのぞむことが重要です。

> **④ より詳しい内容を調べる**
> 他の書籍やWebページなどを見て、関連する事項についてより詳しく学びましょう。

　HTMLとCSSは簡単なプログラミング言語です。一般に、プログラミング言語を習得するということは、文法を理解した上で、さまざまな目的のプログラムを自分で作れるようになるということです。ここでの場合は、HTMLとCSSの文法をマスターして、Webページを自分で設計して作れるようになるということになります。文法だけが書かれたテキストを読んでも、文法はなかなか理解できません。上で説明したように、自分で手を動かしながら例題を通して文法の内容を一つ一つ確かめていくことが、プログラミング言語を習得するコツです。

Column
WWWのはじまり

　WWWはヨーロッパの素粒子物理学の研究所である欧州原子核研究機構（CERN）のティム・バーナーズ＝リー（*Sir. Timothy John Berners-Lee*）によって開発されました。

　ティム・バーナーズ＝リーはWWWに先だって1980年にロバート・カイリュー（*Robert Cailliau*）と共にENQUIREを開発しています。ENQUIREのページはカードと呼ばれApple社のHyper Cardに似たものでしたが、文字だけで画像は扱えませんでした。カード同士は双方向にリンクされ、この際リンクはリンク対象の作者の了解を得ずに行うことができました。また、カードはサーバーから直接編集可能であり、WebページよりもWikiページに近いものでした。しかし、ENQUIREは一般に公開されることはありませんでした。

　ティム・バーナーズ＝リーは1989年3月にCERN内の情報にアクセスするための「情報管理提案」（*"Information Management: A Proposal"*）を執筆し、ENQUIREからさらに進んだ情報管理システムを提案しました。1990年11月にはより具体化した"WorldWideWeb:Proposal for a HyperText Project"を提案し、1990年12月にNEXTSTEPの動作するNeXTcubeワークステーション上で、世界初のWebサーバーであるhttpdと世界初のWebブラウザ・HTMLエディタであるWorldWideWebを構築しました。このとき、ティム・バーナーズ＝リーは、関連する技術としてHTMLの転送プロトコルであるHTTPやインターネット上の情報資源を特定するためのURLなども設計しています。1991年8月には、WorldWideWebおよびhttpdはインターネットで利用可能なサービスとして無償で公開されました。ちなみに、WebブラウザであるWorldWideWebは、インターネット上のハイパーテキスト・システムであるWWW＝World Wide Webとの混乱を避けるため、後にnexusと改名されています。

　初期のWWWではWebページを記述するための特定の言語仕様はなく、ツールの集まりがあるだけでした。その後、ティム・バーナーズ＝リーの提案で従来のマークアップ言語であるSGMLにハイパーテキストの機能をとり入れるという形でHTMLの仕様作成が行われ、1993年にIETF（*The Internet Engineering Task Force*）からInternetDraftが公開されました。HTMLに公式のバージョン1はありませんが、このドラフトをHTML1.0と呼んでいます。

ティム・バーナーズ＝リーが使用したNeXTcube　　　WorldWideWebの画面

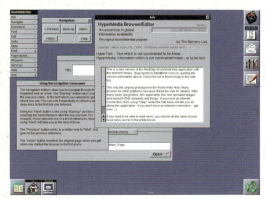

第1章　イントロダクション

この章の理解度チェック演習

1　次の文章の空欄を埋めて完成しなさい。

Webページとは、インターネット上にあるWWWと呼ばれるハイパーテキストによる通信システム上のドキュメントです。WWWは　①　の略で「世界に広がる蜘蛛の巣」という意味です。ハイパーテキストとは、文書の一部分に他の文書を結びつける　②　が設定できる文書システムです。Webページは　③　と呼ばれるインターネット上のコンピュータに保存されています。Webページを閲覧するには、Webブラウザのアドレス欄にWebページの　④　を入力します。　④　は、Webページを特定するアドレスであり、次のように3つの部分から構成されています。

http://www.nasa.gov/mission_pages/herschel/index.html
　(1)　　　　　　(2)　　　　　　　　　　　(3)

(1)の部分をスキーム、(2)の部分を　⑤　、(3)の部分を　⑥　と呼びます。スキームから　⑤　までが等しいWebページの全体は、　⑤　のあらわす組織の　⑦　と呼ばれます。

2　次の3つはWebページを作るための言語である。それぞれの役割について簡単に述べなさい。

　　①HTML
　　②CSS
　　③JavaScript

3　HTMLはなんの略かを書きなさい。

4　次のHTML5について述べた文章の空欄を埋めて完成しなさい。

HTML5は次世代のHTMLの標準であり、　①　によって策定されています。HTML5は、その前のバージョンであるHTML 4.01の仕様を一部変更し、さらに新しい機能を追加して作られています。HTML5の新しい機能や変更点は次のとおりです。

　(1) sectionやarticleなどの文書を　②　するための要素を導入
　(2) 文書スタイルはCSSで設定する
　(3)　③　を再生するための要素を導入
　(4) フォーム機能の強化
　(5) WebアプリケーションかいはつようのAPIの提供

HTML5の最大の目的は、HTML 4.01との後方互換性を確保しながら、デスクトップアプリケーションと同等の機能を持つ　④　を作成するための規格を提供することです。　④　では、アプリケーションやデータはインターネット上に置かれ、パソコンやタブレット、スマートフォンなどのさまざまなデバイスから利用することができます。このような情報の利用形態を　⑤　といいます。HTML5は　⑤　のシステムを構築する中核の技術として設計されています。

020

第2章

HTMLの基本を学ぶ

この章では、具体的なWebページを作成することを通して、
HTMLの文法の基本事項を学びます。
次の第3章では、この章で作成したWebページをCSSで
スタイルを指定して、レイアウトします。

CONTENTS & KEYWORDS

STEP1 最も簡単なWebページを作る
HTML文書の拡張子　要素　空白文字　属性　要素の親子関係　文書型宣言　html要素　head要素
meta要素　title要素　body要素　コメント　p要素　HTML5の要素　タグの省略

STEP2 文章をセクションに分けて記述する
文章の構造化　アウトライン　セクションを定義するための要素(article, aside, nav, section)
header要素　footer要素　見出しを定義するための要素　address要素
見出しによるセクションの暗黙的記述　見出しの副題

STEP3 文章の意味づけとグループ化を行う
文章の意味づけを行う要素(em, strong, ruby, span)　文章をグループ化する要素(ol, ul, hr, div, main)

STEP4 HTML文書の木構造を理解する
HTML文書の木構造　コンテンツモデル　ボックス　ブロックボックス　インラインボックス

STEP5 画像を挿入する
img要素　URLの指定方法　相対URL

STEP6 リンクを設定する
a要素　target属性　フラグメント識別子　クリッカブル・マップ

STEP7 パンくずリスト
パンくずリスト　文字参照　nav要素

STEP8 動画と音声を挿入する
audio要素　MIMEタイプ　video要素　ビデオ・コーデック

第2章で作成したHTML文書のソースコード

第2章で作成する例題

　下図のWebページを、HTMLを使って作成します。この例題を通して、HTMLの基本的な文法、テキストを意味づける要素、セクションに分けて文書を記述する方法、画像の挿入方法、リンクの設定方法、パンくずリストの作り方、動画や音声の挿入方法など、HTMLの基本事項を学習します。

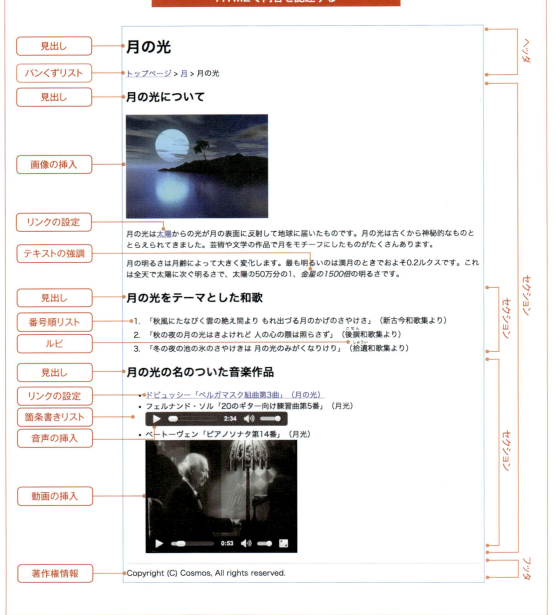

STEP 1 最も簡単なWebページを作る

まずはじめに、最も簡単なHTMLの文書を作ってみます。これは、すべてのHTML文書のひな形にもなります。この例題を通して、HTMLに関する基本的概念やHTML文書の書き方の基本を学びます。

演習

① エディタを起動します

② 例題を入力して保存します

エディタで新しいファイルを作り、リスト2-1のように入力し、[hpstudy] フォルダの中にsample.htmlという名前で保存します。保存する際の文字エンコーディングはUTF-8とします。文字エンコーディングをUTF-8に設定すると、BOMをつけるかどうかの選択ができる場合がありますが、BOMなしに設定します。文字エンコーディングの設定は保存時や初期設定で行う場合がほとんどです。たとえば、Windows用のフリーのエディタであるCrescent Eveでファイルを保存する場合は、次のようにします。

① [ファイル] メニューから [名前をつけて保存...] を選びます。
② ファイルの保存場所を [hpstudy] フォルダとします。
③ ファイルの種類を「すべてのファイル」とし、ファイル名をsample.htmlとします。
④ 文字コードを「UTF-8」とし、保存ボタンを押します。

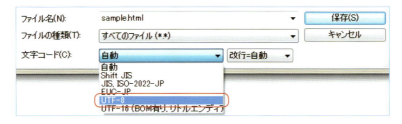

●リスト 2-1 [sample.html]　　　　　　　　　　　　　　　　　　　　　　　　　　　HTML

```html
1  <!DOCTYPE html>
2  <html lang="ja">
3  <head>
4    <meta charset="UTF-8">
5    <title>最も簡単なHTML</title>
6  </head>
7  <body>
8  <p>私のホームページへようこそ！</p>
9  </body>
10 </html>
```

重要ポイント

●入力の際の注意点(1)

① 日本語以外の部分はすべて直接入力(半角英数文字)で入力します。

② 用語間に空白文字のあるところは半角スペースを入れます。この例では、次の場所です。

　　1行目：!DOCTYPEとhtmlの間

　　2行目：htmlとlangの間

　　4行目：metaとcharsetの間

③ 字下げはTabキーで行います。この例では、4行目<metaの前、5行目<title>の前です。

 重要ポイント

●保存する場合の注意点

① ファイルの文字コードはUTF-8とします。

② HTML文書の拡張子は.htmlもしくは.htmです。本書では拡張子はすべて.htmlとします。

③ Webブラウザで表示します

sample.htmlをWebブラウザで開きます。すると、表示例2-1のように表示されます。

●表示例 2-1 [sample.html]

Webブラウザでの表示方法

HTML文書をWebブラウザで開く方法を、Google Chromeの場合を例に説明します。次の3つの方法がありますので、いずれかの方法で開きます。

❶ ダブルクリックして開く

事前に指定したWebブラウザ(Google Chrome)を既定のブラウザに設定しておきます。設定の方法は、第1章「4 学習をはじめる前にやるべきこと」にあります。こうしておけば、ファイルをダブルクリックするだけで設定したWebブラウザで開くことができます。

STEP 1　最も簡単なWebページを作る

❷ マウスの右ボタンで開く

Windowsの場合

① 開きたいファイルをマウスの右ボタンでクリックして［プログラムから開く］を選びます。
② サブメニューが表示されますので、その中から［Google Chrome］を選びます。
　サブメニューの中に［Google Chrome］がない場合は、［既定のプログラムの選択..］を選び、［Google Chrome］のアプリケーションを探して指定します。

Macintoshの場合

① 開きたいファイルをマウスの右ボタンでクリックして［アプリケーションから開く］を選びます。右ボタンを設定していない場合は、Controlキーを押しながらファイルをクリックします。
② サブメニューが表示されますので、その中から［Google Chrome］を選びます。

❸ ファイルメニューから開く

① Google Chromeを起動します。
②［ファイル］メニューから［ファイルを開く...］を選び、開きたいファイルを選びます。

④ 例題を変更してみます

　Webブラウザで表示した結果が表示例と異なっている場合や、新しい事項を学習するために例題を変更して試してみる（実験してみる）場合など、例題を変更することになります。そこで、例題を変更して、その結果をWebブラウザで表示して確認する方法を説明します。Webブラウザで例題を開いたままにしておき、エディタの画面をアクティブにします。リスト2-2のように、sample.htmlの8行目の<p>と</p>の間の文章を好きな文章に変え、さらに改行して9行目を追加してみましょう。変更ができたら上書き保存します。

●リスト 2-2 [sample.html]　　　　　　　　　　　　　　　　　　　　　　　　　　　　　　HTML

```
 7  <body>
★8  <p>これから、私のページを作っていきます。</p>
→9  <p>どんなページになるでしょう。楽しみにして下さい。</p>
10  </body>
```

※行の左の記号は、→が「追加した」ことを、★が「内容を変更したこと」をあらわしています。

⑤ Webブラウザで再読み込みをして表示し、結果を確認します

　Webブラウザの［再読み込み］ボタン C を押して、変更した結果をWebブラウザの表示に反映させます。正しく表示されているかどうかを確認し、正しく表示されていないときは、エディタに戻って誤りを訂正し、Webブラウザでもう一度確認します。この作業を正しく表示されるまで繰り返します。

●表示例 2-2 [sample.html]

解説

HTML文書の拡張子は .html

通常、ファイル名の最後にはドット(.)ではじまる拡張子と呼ばれる文字列をつけます。たとえば、index.htmlの拡張子は.html、moon.jpgの拡張子は.jpgとなります。拡張子は、そのファイルがどのような種類のファイルであるかを示しています。

HTML文書の拡張子は、.htmlもしくは.htmです。元々は.htmlでしたが、Microsoft社の古いOS(MS-DOSやWindows 3.1)では拡張子を3文字までしか扱えなかったために.htmと記述していました。現在でも、.htmlと.htmの両者が混在して使われています。本書では、HTMLの拡張子はすべて.htmlとします。

HTMLの文法の基本をマスター

❶ HTML文書は要素の集まり

リスト2-1を見ると、<title>のように< >で囲まれた部分がたくさんあります。これを**タグ**といいます。さらによく見ると、次のように<title>は</title>とペアを作っていることがわかります。

このようにタグのペアではさまれた部分を**要素**といいます。先頭の<title>の部分を**開始タグ**、末尾の</title>の部分を**終了タグ**といいます。開始タグの< >の中の文字列を**要素名**、タグではさまれた部分を**要素内容**といいます。要素名がtitleの要素をtitle要素といいます。title要素は、その要素内容がこの文章のタイトルであることをあらわしています。要素内容をタグではさんで目印をつけることを、**マークアップする**といいます。このようにHTMLでは、「ここは文書のタイトルですよ」というように、マークアップすることで文章の各部分に意味づけをしています。HTML文書全体は、このような要素の集まりとなっています。

要素によっては、開始タグだけで要素内容と終了タグがないものがあり、これを**空要素**といいます。たとえば
は、改行をあらわす空要素です。

❷ 大文字と小文字

HTMLでは大文字と小文字を区別しません。要素名を大文字でも小文字でも混在して書くことができます。たとえば、<title>を<Title>や<TITLE>と書くことができます。なお、本書ではすべて小文字を用います。

STEP 1　最も簡単なWebページを作る

❸ 空白文字の扱い

　半角スペース、タブ(Tab)、改行(CR、LF)、改ページ(FF)を**空白文字**といいます。ただし、全角スペースは空白文字ではなく一般の文字として扱われます。

　HTMLでは、空白文字は以下のように扱われます。

①　複数の空白文字が連続して並んでいる場合、それら全体を1つの半角スペースとして扱う。

②　開始タグおよび終了タグの前後の空白文字はいくつあってもすべて無視される。

　ただし、例外としてpre要素の中の空白文字はありのまま表示されます。

　たとえば、段落の文章中で改行しても、エディタ上では改行したように見えますが、Webブラウザ上では半角スペース1つ分の余白ができるだけで改行はされません。リスト2-1の4行目と5行目で、開始タグの前にTabを入れて字下げ(インデント)を行っていますが、これはHTML文書を人間が読みやすくするために挿入したもので、Webブラウザで表示する場合には無視されます。

　文章中で強制的に複数のスペースを空けたい場合は、 (ノーブレイクスペース)などの文字参照を用います。また、文章中で強制的に改行をしたい場合は、
 を挿入します。

空白文字の活用

　空白文字は、おもにHTML文書を整形して見やすくする目的で用いられます。

　たとえば、sample.htmlのbody要素の部分を、p要素の開始タグの前にタブを挿入して、次のように書きかえても結果は変わりません。

```
<body>
    <p>私のホームページへようこそ！</p>
</body>
```

　このように、子要素をタブで字下げすることで要素の親子関係を明示することができ、これにより文書の階層構造を容易に把握できるようになります。

　また、次のように開始タグの後と終了タグの前で改行して、さらに要素内容の始めにタブを入れる表記法もよく用いられます。

```
<body>
    <p>
        私のホームページへようこそ！
    </p>
</body>
```

　このようにすることで、要素の始まりと終わり、要素内容が明確に分離され、追加・訂正・削除などのメンテナンスがしやすくなります。

027

❹ 要素の属性

ほとんどの要素は、開始タグもしくは空要素タグの部分に**属性**を設定することで付加的な情報をつけ加えることができます。これによって、要素を他と区別して特別なスタイルを施したり、要素に特別な機能を持たせたりすることができます。HTML5では、要素に設定できる属性を**コンテンツ属性**と呼んでいます。たとえば、リスト2-1の4行目のmeta要素には、次のように属性が設定されています。

ここで、charsetの部分を**属性名**、"UTF-8"の部分を**属性値**といいます。

要素に指定できる属性は要素によって異なります。属性の中には、class, id, langなど、すべての要素に適用できるものがあります。これを**グローバル属性**といいます。

属性の書き方のルール

① 属性は基本的には「属性名＝属性値」のように記述します。

② 属性は複数設定することがきます。

③ 要素名と属性、属性と属性の間には、空白文字(半角スペース・タブ・改行)を入れます。

例：　`<img src="./images/luna.jpg" alt="月光">`

④ 属性値は、ダブルクォーテーション(")で囲みます。ダブルクォーテーションの代わりにシングルクォーテーション(')もしくは半角空白文字も利用できます。ただし、属性値が、英数字(a-z, A-Z, 0-9)、ハイフン(-)、ピリオド(.)、アンダースコア(_)、コロン(:)のみを含む場合は、ダブルクォーテーションなどの引用符を省略することができます。また、ダブルクォーテーション(")の中ではシングルクォーテーション(')を、シングルクォーテーション(')の中ではダブルクォーテーション(")を用いることができます。

例：　`<img src="./images/luna.jpg" width="460px">`

　　　`<img src="./images/luna.jpg" width='460px'>`

　　　`<img src="./images/luna.jpg" width=460px>`

⑤ 値が論理値(真:trueか偽:false)である属性を論理属性といいます。論理属性の値を"true"にするには、「属性名="属性名"」もしくは「属性名」と記述します。たとえば、

　　　`<video src="moonlight_sonata.mov" controls="controls"></video>`

もしくは、

　　　`<video src="moonlight_sonata.mov" controls></video>`

とすると、controls属性の値は"true"となります。論理属性は、属性を指定しないとその値が"false"となります。

❺ 要素の**親子関係**

　要素は、要素内容に他の要素を含むことができます。この例では、html要素の中にhead要素とbody要素が、head要素の中にmeta要素とtitle要素が、body要素の中にp要素が含まれています。一般に要素Aが要素Bを含むとき、AをBの**親要素**、BをAの**子要素**といいます。さらに、親要素や親要素の親要素などを**祖先要素**、子要素や子要素の子要素などを**子孫要素**といいます。

❻ HTML文書の構成

　HTMLの文書は、最初に文書型宣言（<!DOCTYPE html>）、その次にhtml要素があります。html要素は、最初にhead要素があり、次にbody要素があります。head要素に文書全体に関する設定を記述し、body要素の中に各種要素を階層的に配置して、Webページの内容を記述します。

　次に、HTML文書を構成する要素について順番に解説していきます。

文書型宣言

```
<!DOCTYPE html>
```

　HTML文書の冒頭で**文書型宣言（DOCTYPE宣言）**を上のように記述します。大文字と小文字は区別されません。
　HTML 4.01では、文書型宣言でHTMLのバージョンやどのような要素、属性、属性値を利用するかなどを指定していました。しかし、HTML5では文書型宣言は、ブラウザのレンダリングモードが**標準モード**になるという意味しかありません。この宣言をしないと、レンダリングモードは**互換モード**となります。互換モードでページが表示されると、CSSが正しく適用されず、制作者の意図とは異なるレイアウトになる可能性があります。

標準モード	CSSなどの仕様通りに正しく表示する。
互換モード	CSSに対応していない古いブラウザ向けに標準仕様とは異なる解釈で表示する。

第2章 HTMLの基本を学ぶ

html要素

```
<html lang="ja">
   :
</html>
```

　<html>〜</html>にはWebページのソースを記述します。<html>〜</html>の要素内容はhead要素とbody要素からなります。

lang属性

　lang="ja"はこのページで使用する言語が日本語(*japanese*)であることを指定しています。lang属性は要素内容で使用する言語を指定します。lang属性はすべての要素で指定できるグローバル属性です。lang属性を指定していない要素の使用言語は、親要素の使用言語と同じになります。すべての要素の祖先要素(ルート要素)であるhtml要素にlang属性を指定しておけば、各要素の使用言語は、とくに指定しない限りhtml要素の使用言語と同じになります。

　一般に、lang属性の値は言語コードと使用国・地域をハイフン(-)で結び、「言語コード-使用国・地域」という形をとります。これは、要素内容がどこの国・地域の何という言語で記述されているかをあらわしています。言語コードと使用国・地域はそれぞれ2文字のアルファベットです。「-使用国・地域」の部分は省略可能です。lang属性の値の例を、表2-1に示します。lang属性は必須ではありませんが、検索エンジンで言語を特定したり、自動翻訳を行う場合などで使われますので、設定しておいた方がよいでしょう。

●表2-1　lang属性の値の例

属性値	意味	属性値	意味
ja	日本語	zh	中国語
ja-jp	日本における日本語	ko	韓国語
en	英語	it	イタリア語
en-us	アメリカにおける英語	de	ドイツ語
en-gb	イギリスにおける英語	es	スペイン語
fr	フランス語	pt	ポルトガル語

head要素

```
<head>
  <meta charset="UTF-8">
  <title>最も簡単なHTML</title>
</head>
```

　<head>〜</head>にはWebページに関する**メタ情報**を記述します。一般に、データのメタ情報とは、タイトルや作成日、注釈などのデータに関連する付加的情報のことをいいます。head要素に記述されたメタ情報はWebブラウザの画面には表示されず、WebブラウザがWebページをレンダリングする場合に利用されます。表2-2にhead要素に含むことができる要素を示します。これらはすべてメタデータ・コンテンツというカテゴリに属する要素になっています(メタデータ・コンテンツについては付録1をご覧ください)。この内、title要素は必須です。meta要素によるファイルの文字エンコーディングの指定も必ず入れるようにします。

●表2-2　head要素に含むことができる要素の一覧

要素名	意味	要素名	意味
base	基準となるURLを指定する	script	スクリプトを記述する
link	文書同士の関連づけを設定する	style	スタイルシートを記述する
meta	さまざまな文書情報を設定する	title	文書のタイトルを設定する
noscript	スクリプトが使えない環境に対応		

meta要素

meta要素は、一般的な文書のメタ情報をあらわします。meta要素内での値は大文字と小文字を区別しません。この例では、charset属性でWebページの文字エンコーディングの種類をUTF-8に設定しています。ここで指定した文字エンコーディングは、ファイルを保存するときの文字エンコーディングに一致していなければなりません。一致していない場合は文字化けが発生します。日本語を使うことができる文字エンコーディングに対するcharset属性の値を表2-3に示します。

●表2-3　文字エンコーディングの種類

文字エンコーディング	charsetの属性値
シフトJIS	Shift_JIS
EUC-JP	EUC-JP
JIS	ISO-2022-JP
UTF-8	UTF-8

HTML5におけるファイルの文字エンコーディングについて

HTML5でファイルの文字エンコーディングを設定する方法には次の3つがあります。

① **meta要素で文書の文字エンコーディングを指定する**

ファイルの先頭から512バイト以内に、meta要素で文書の文字エンコーディングを指定します。通常はこの方法を用います。

② **Webサーバーから送信するときに、HTTPのレスポンスヘッダにあるContent-typeフィールドのCharsetパラメータで設定する**

この方法は、ローカルディスクに保存している場合には用いることはできません。

③ **ファイルの先頭にBOMを埋め込む**

文字エンコーディングがUTF-8の場合は、ファイルの先頭にBOM(*Byte Order Mark*)と呼ばれる余分なデータを埋め込むことで、指定することができます。Windowsのメモ帳で作成した「Unicodeテキスト」は、BOMが付与されるようになっています。しかしBOMが付いていると、古いブラウザで正しく表示されなかったり、他の環境で編集するときに読み込めないなどの不具合が生ずる可能性がありますので、使用しない方がよいでしょう。

HTML5の仕様では、文字エンコーディングをUTF-8にすることを強く推奨しています。他の文字エンコーディングを使うと、フォームやURLエンコーディングなどの処理で文字化けが起こったり、JavaScriptが正しく動作しない場合があります。**特別な理由がない限り、Webページの文字エンコーディングはUTF-8とした方がよい**でしょう。

発展学習
meta要素の記述例

meta要素に関する設定は、入門レベルでは前述の文字エンコーディングの設定を知っていれば十分でしょう。しかしmeta要素では、これ以外にさまざまなHTML文書に関するメタ情報を設定することができます。meta要素で指定できる属性は次のとおりです。

属性	説明
`charset`	文書の文字エンコーディングを指定します。
`content`	name属性もしくはhttp-equiv属性と一緒に用いて、メタデータのプロパティ名に対する値を指定します。
`http-equiv`	HTTPヘッダ用のプロパティ名を指定します。content-language（コンテンツ言語）、content-type（ファイルタイプや文字エンコーディング）、default-style（デフォルトのスタイルシート）、refresh（リダイレクト先）の4つのキーワードが指定でき、content属性でその値を指定します。
`name`	メタデータのプロパティ名を指定します。author（著者の名前）、keyword（キーワード）、description（文書の概要）などの値を指定して、content属性でその値を指定します。

次に、meta要素によるメタ情報の設定例をいくつかあげておきます。

```html
<meta name="author" content="貝多芬">
```
▶ 文書の著作者が貝多芬（ベートーヴェン）であることをあらわします。

```html
<meta name="keyword" content="moon,universe">
```
▶ キーワードが"moon"と"universe"であることをあらわします。

```html
<meta name="description" content="月の光のページです">
```
▶ 文書の概要が「月の光のページです」であることをあらわします。

```html
<meta name="coverage" content="Japan">
```
▶ Webページで扱っている内容が日本国内対象であることをあらわします。

```html
<meta name="robots" content="noindex,nofollow">
```
▶ 検索エンジンに対してURLをインデックスしないように(noindex)、文書内のリンクをたどらないように(nofollow)指示します。

```html
<meta http-equiv="refresh" content="10">
```
▶ Webブラウザに、10秒後にページを再読み込みをするように指示します。

```html
<meta http-equiv="refresh" content="10; URL=http://www.cosmos.co.jp">
```
▶ Webブラウザに、10秒後にhttp://www.cosmos.co.jpへリダイレクトするように指示します。

title要素

ページのタイトルを記述します。タイトルはページのウィンドウのタイトルバーに表示されます。

body要素

```
<body>
<p>私のホームページへようこそ！</p>
</body>
```

<body>～</body>にはWebページの内容を記述します。この例では、body要素の中にp要素が1つ含まれています。Webページを作成するということは、Webページの内容を要素に分け、body要素の中に階層的に記述するということであるといえます。

❼ コメントの書き方

body要素内で<!--と-->で挟んだ文字列はコメントとなります。ただし、コメントの文字列にハイフン(-)を連続して用いることはできません。また、コメントを入れ子にすることもできません。コメントはWebブラウザがレンダリングするときに無視されます。たとえば、

```
<body>
<!-- コンテンツ：ここにWebページの内容を入れます -->
<p>私のホームページへようこそ！</p>
</body>
```

の"<!-- コンテンツ：ここにWebページの内容を入れます -->"の部分はコメントです。このように適切な場所にコメントを入れておくことで、HTML文書を読んだときに理解しやすくなり、後から編集をしやすくなります。ただし、全部の行にコメントを入れるのは、煩雑になり逆にわかりにくくなるのでおすすめできません。コメントは、基本的にはセクションごとに入れて、とくに説明が必要な箇所にのみ追加で入れるくらいにするのがよいでしょう。

コメントは、一時的にHTML文書の一部分を無効にする(マスクする)ためにも用いられます。たとえば、

```
<!--
<p>私のホームページへようこそ！</p>
-->
```

とすれば、"<p>私のホームページへようこそ！</p>"の部分は読み飛ばされて表示されません。

第2章　HTMLの基本を学ぶ

段落をあらわす要素［p］

　一般に、文章はいくつかの段落（*paragraph*）から作られています。段落とは、一つのまとまった内容をあらわす連なった文の集まりです。一般的な文書では段落は改行したり字下げするなどして区別しますが、HTML文書では段落はp要素であらわします。

　例題のbody要素の要素内容はp要素1つだけ、つまりこのWebページは1つの段落のみから構成されています。たとえば、次の例を考えてみましょう。

> \<p\>銀河系は太陽系の属する棒渦巻き銀河で、約2000億～4000億個の恒星が含まれていると考えられています。\</p\>
> \<p\>太陽系は銀河系のオリオンの腕の内側の縁に位置し、銀河中心から約8000pcの距離にあります。シリウスやベテルギウス、リゲルなどの明るい恒星は、全てオリオンの腕に属しています。\</p\>

　これは、Webページ上で次のように表示されます。

> 銀河系は太陽系の属する棒渦巻き銀河で、約2000億～4000億個の恒星が含まれていると考えられています。
>
> 太陽系は銀河系のオリオンの腕の内側の縁に位置し、銀河中心から約8000pcの距離にあります。シリウスやベテルギウス、リゲルなどの明るい恒星は、全てオリオンの腕に属しています。

　このように、p要素は、標準ではWebページ上で表示域の中で前後に改行をおいて自動改行され[※]、上下に1行分の余白を空けて表示されます。

HTML5の要素

　p要素は、マークアップすることで「その部分が1つの段落である」という意味づけを行っています。HTML5では、p要素以外にさまざまな意味づけを行うための要素を利用することができます。表2-4に、HTML5で使用できる要素の一覧を示します。

　HTMLを学ぶということは、さまざまなHTMLの要素の使い方を学ぶことであるといえます。STEP2からは、Webページを形作る基本的な要素について学んでいきます。第2章のおもな目的は、これらの基本要素を使って自分の作りたいWebページを適切にマークアップできるようになることです。

　HTML5では、要素をいくつかのカテゴリに分けて要素のコンテンツモデルを規定しています。カテゴリと要素のコンテンツモデルの一覧が付録にありますので、ご覧になってください。

※ これは、p要素のdisplayプロパティの値がblockであり、Webページ上でブロックボックスとして表示されることを意味しています。このことについては、第3章のボックスモデルの節で詳しく学びます。

STEP 1　最も簡単なWebページを作る

●表2-4　HTML5の要素一覧（背景がピンク色の要素は本書で解説しているものです）

a	abbr	address	area	article
リンクを張る	略語	連絡先	イメージマップのリンク領域	独立した記事
aside	audio	b	base	bdi
補足記事や広告	音声	キーワード	文書の基準となるURL	双方向テキスト書式の範囲
bdo	blockquote	body	br	button
文字表記の方向	引用セクション	HTML文書の本文	改行	コントロールボタン
canvas	caption	cite	code	col
JSによる図形描画	テーブルのタイトル	出典元・参照先	プログラムコード	テーブルの列
colgroup	data	datalist	dd	del
テーブルの列グループ	数値をあらわす語句	入力候補のデータリスト	記述リストの値部分	削除項目
dfn	div	dl	dt	em
定義語	フロー要素のグループ化	記述リスト	記述リストの名前部分	強調
embed	fieldset	figcaption	figure	footer
埋め込み	入力項目のグループ化	図のキャプション	図	フッタ
form	h1～h6	head	header	hr
フォーム全体	見出し	HTML文書のメタ情報	ヘッダ	意味上の段落の区切れ
html	i	iframe	img	input
HTML文書のルート	他と区別したいテキスト	行内に配置できるフレーム	画像	フォームの入力欄
ins	kbd	keygen	label	legend
挿入項目	キーボードからの入力	秘密鍵と公開鍵の生成	フォームに関連したラベル	入力項目グループのタイトル
li	link	main	map	mark
リスト項目	他のソースとのリンク	文書の主要部分	イメージマップ	参照のためのハイライト
math	meta	meter	nav	noscript
MATHMLによる数式	メタ情報	限定された範囲の値	ナビゲーション	スクリプト無効時の内容
object	ol	optgroup	option	output
外部データの埋め込み	順序付きリスト	選択肢のグループ	セレクトボックスの選択肢	計算結果
p	param	pre	progress	q
段落	プラグインのパラメータ	整形済みテキストブロック	タスクの進捗状況	引用文
rb	rp	rt	rtc	ruby
ルビの対象となるテキスト	ルビを囲む記号	ルビのテキスト	ルビコンテナ	ルビを伴ったテキスト
s	samp	script	section	select
不正確なテキスト	プログラムからの出力	スクリプトを記述	一般的なセクション	選択メニュー
small	source	span	strong	style
細目などの注釈	video/audio要素のソース	一般的なテキスト範囲	重要なテキスト	スタイルを記述
sub	sup	svg	table	tbody
下付文字	上付文字	SVGによる図形描画	テーブル	テーブルのボディ部分
td	template	textarea	tfoot	th
テーブルのデータ・セル	JSで挿入する断片の雛形	複数行のテキスト入力欄	テーブルのフッタ行	テーブルのヘッダ・セル
thead	time	title	tr	track
テーブルのヘッダ行	正確な日付や時刻	HTML文書のタイトル	テーブルの行	字幕
u	ul	var	video	wbr
キーワード	非順序リスト	変数名	動画	テキストの折返しを許す場所

035

第2章　HTMLの基本を学ぶ

要素のタグの省略

　HTML5では、いくつかの要素のタグを省略することができます。これは、HTML 4.01に対する後方互換性を保つためです。たとえばHTML 4.01では、p要素が親要素の最後の子要素である場合に、終了タグ</p>を省略することができます。実際に、このように</p>を省略したWebページがWeb上に多数存在します。HTML5では、これらのWebページも文法エラーとならず、問題なく表示できるように規定されています。

　要素のタグを省略できる要素を以下に示します。ただし、タグ省略の規定はあくまでも後方互換性を確保するためですので、**タグは省略しないで記述するようにしましょう**。省略すると、構文エラーがあった場合に見つけづらくなり、メンテナンス性が損なわれます。どの要素のタグを省略できるかを知っておくことは、構文エラーがあったときにそれを理解するのに役立ちます。

❶ 終了タグを省略できる要素

　次の要素は、一定の条件を満たす場合に、終了タグを省略することができます。

```
colgroup,dt,dd,li,optgroup,option,p,rt,rp,tbody,td,tfoot,th,thead,tr
```

　ただし、省略できる条件は要素によって異なります。たとえば、p要素の終了タグは、直前に address, article, aside, blockquote, div, dl, fieldset, footer, form, h1, h2, h3, h4, h5, h6, header, hr, main, nav, ol, p, pre, section, table, ul要素が続くか、親要素がa要素以外で親要素にそれ以上の要素内容がない場合は省略できます。また、li要素の終了タグは、直後にli要素が続くか、親要素にそれ以上の要素内容がない場合に省略できます。

❷ タグによる記述を省略できる要素

　次の要素は、開始タグと終了タグを同時に省略することができます。

```
html,head,body,colgroup,tbody
```

　これらの要素は、開始タグと終了タグがなくとも暗黙的に存在します。たとえば、<body>タグがなくとも、JavaScriptからbody要素にアクセスすることができます。

Column 文字エンコーディングとは

一般に文書をファイルに保存する場合に、文字エンコーディングを指定します。文字エンコーディングとはなにかを理解するためには、文字セット・文字コード・文字エンコーディングという言葉の意味を理解する必要があります。

【文字セット】

そのシステムで扱うことができる文字の集合を規定したものです。たとえば、常用漢字は2136字の漢字からなり、一つの文字セットということができます。

【文字コード】

文字をコンピュータで扱うことができる符号(0と1の並び)としてあらわしたものです。たとえば、「亜」という漢字のShift-JIS文字エンコーディングでの文字コードは、16進数表現で889Fとなります。

【文字エンコーディング】

文字セットにある文字から作られる文字列をどのような符号に対応させるかの取り決めを、文字エンコーディング(文字符号化方式)といいます。たとえば「亜」という漢字の文字コードは、Shift-JIS文字エンコーディングでは889Fですが、Unicode文字エンコーディングでは4E9Cと、異なる値であらわされます。ここで、文字ではなく文字列を対応させる取り決めである点に注意してください。たとえば、JISエンコーディングではただ文字を文字コードに置きかえて並べているだけではなく、文字の間にエスケープ・シーケンスという記号を挿入しています。

日本語に対応した文字エンコーディングとしては、以下のものがよく使われます。

【ISO-2022-JP】

俗にJISコードと呼ばれ、2バイトで1文字をあらわします。1バイト文字と2バイト文字を区別するためにエスケープシーケンスを挿入しています。インターネット上(とくに電子メール)でよく用いられています。

【Shift-JIS】

文字セットはJISと同じで、エスケープシーケンスなしでエンコーディングできるようにしたものです。過去のコンピュータシステムで標準となっていました。

【EUC-JP】

UNIXで使用されていた文字エンコーディングを日本語に対応させたもので、文字セットはJIS X 0208をベースとしています。

【UTF-8】

UTF-8はUnicodeもしくはISO/IEC 10646(UCS)という文字セットで使用できる文字エンコーディングです。Unicode文字セットは世界中の文字を1～4バイトの可変長であらわすものです(漢字は3バイト)。UTF-8はWindowsやMac OSX、JavaScript、HTMLなどで使用されており、現在の標準の文字エンコーディングであるといえます。

第2章　HTMLの基本を学ぶ

STEP 2　文書をセクションに分けて記述する

　ここから、「月の光のページ」をステップ・バイ・ステップで作成していきます。ファイル名はmoonlight.html
とします。
　STEP2では、section要素などのセクショニングの要素、セクションのヘッダをあらわすheader要素やフッタ
をあらわすfooter要素、h1要素やh2要素などの見出しをあらわす要素、段落をあらわすp要素を使って、HTML
文書全体をセクションに分けて階層的に記述する方法について学びます。

演 習

① エディタを起動します

② sample.html を moonlight.html という別名で保存します

　ひな形であるsample.htmlを変更して作成します。そこで、エディタでsample.htmlを開き、［hpstudy］フ
ォルダの中にmoonligh.htmlというファイル名で保存しなおします。

③ moonlight.html を変更して保存します

　②のmoonlight.htmlをリスト2-3のように変更して、上書き保存します。

●リスト 2-3 ［moonlight.html］　　　　　　　　　　　　　　　　　　　　　　　　HTML

```
1  <!DOCTYPE html>
2  <html lang="ja">
3  <head>
4    <meta charset="UTF-8">
5    <title>月の光</title>
6  </head>
7  <body>
8  <!-- ヘッダ -->
9  <header>
10   <h1>月の光</h1>
11 </header>
12 <!-- コンテンツ -->
13 <section>
14   <h2>月の光について</h2>
15   <p>月の光は太陽からの光が月の表面に反射して地球に届いたものです。月の光は古くから神秘的なもの
   ととらえられてきました。芸術や文学の作品で月をモチーフにしたものがたくさんあります。</p>
16   <p>月の明るさは月齢によって大きく変化します。最も明るいのは満月のときでおよそ0.2ルクスです。
   これは全天で太陽に次ぐ明るさで、太陽の50万分の1、金星の1500倍の明るさです。</p>
```

038

→ 17	`    <h2>`月の光をテーマとした和歌`</h2>`
→ 18	`    <p>`「秋風にたなびく雲の絶え間より　もれ出づる月のかげのさやけさ」(新古今和歌集より)`</p>`
→ 19	`    <p>`「秋の夜の月の光はきよけれど　人の心の隈は照らさず」(後撰和歌集より)`</p>`
→ 20	`    <p>`「冬の夜の池の氷のさやきは　月の光のみがくなりけり」(拾遺和歌集より)`</p>`
→ 21	`    <h2>`月の光の名のついた音楽作品`</h2>`
→ 22	`    <p>`ドビュッシー「ベルガマスク組曲第3曲」(月の光)`</p>`
→ 23	`    <p>`フェルナンド・ソル「20のギター向け練習曲第5番」(月光)`</p>`
→ 24	`    <p>`ベートーヴェン「ピアノソナタ第14番」(月光)`</p>`
→ 25	`</section>`
→ 26	`<!-- フッタ -->`
→ 27	`<footer>`
→ 28	`    <p>Copyright (C) Cosmos, All rights reserved.</p>`
→ 29	`</footer>`
30	`</body>`
31	`</html>`

※ 行の左の➡記号は、「いくつかの行を削除してその行を追加した」ことをあらわしています。

④ Webブラウザで表示します

moonlight.html を Web ブラウザで開きます。すると、表示例2-3のように表示されます。

●表示例 2-3 [moonlight.html]

重要ポイント

●入力の際の注意点(2)

　HTML文書を入力する場合は、要素単位で入力していきましょう。空要素以外の要素は、開始タグと終了タグで囲まれているので、

　　　(1) まず、開始タグと終了タグを入力し、
　　　(2) 次に、要素内容を入力する

という手順で入力します。たとえば、リスト2-3のbody要素の部分を入力する最初の手順は、次のようになります。

① body要素の開始タグと終了タグを入力する

```
<body>
</body>
```

② header要素の開始タグと終了タグを入力する

```
<body>
   <header>
   </header>
</body>
```

③ h1要素の開始タグと終了タグを入力する

```
<body>
   <header>
      <h1></h1>
   </header>
</body>
```

④ h1要素の要素内容を入力する

```
<body>
   <header>
      <h1>月の光</h1>
   </header>
</body>
```

　このように入力していけば、各段階でHTMLの文法は正しいものとなり、どの段階で保存してもWebブラウザで入力内容が正しいかどうかをチェックすることができます。このような方法で入力し、一つの要素を入力したらWebブラウザで確認するということをこまめに繰り返しながら行うと、入力エラーを見つけやすくなります。例題を全部入力してからWebブラウザで確認すると、どこの部分にエラーがあるのかを見つけ出すのが難しくなります。

STEP 2　文書をセクションに分けて記述する

解 説

セクションと文章の構造化

❶ セクション

　一般に、わかりやすい文章を書くためには、文章を**構造化**することが重要です。文書を構造化するとは、文書をいくつかの**セクション**（文章のひとまとまりの部分）に分けて大きな枠組みを考え、さらに必要に応じて各セクションを細かい**サブセクション**に分け、さらにサブセクションをサブサブセクションへと分け……というように文章を**階層化**して記述することをいいます。この際、おのおののセクションは1つのまとまった意味を持つ内容とし、セクションのはじめの部分にはその内容を簡潔にあらわす**見出し**を配置します。

　たとえば、次の文章はタイムライフブックの『惑星の天文学』という本からの抜粋です。見出しを太字で示します。

惑星の天文学

1章　太陽系の発見

1.1　太陽系を解き明かす試み

　　文明社会に生きる現代人ならだれでも、太陽系は、中心にある太陽の引力によって統率された9つの惑星の集まりであり、そのなかの4つは地球よりもずっと大きい…

　　　　：

1.2　地球を中心とした古代人の宇宙

　　何百年も前から学識のある人々は、太陽が太陽系のなかでもっとも大きい天体であり、その中心に位置することは知っていた。太陽をめぐる9個の惑星は、水星、…

　　　　：

2章　地球を調べて他の惑星を知る

2.1　惑星の見本「地球」

　　地球は惑星を研究するのに、このうえもなく便利な出発点である。月やいくつかの惑星に人間や装置を着陸させたり、宇宙船を近距離に飛行させて、積んである装置…

　　　　：

2.2　弾性的な地球の振動

　　地球の内部の知識や、それから推論によって得た過去の歴史は、ほとんど地震波の研究、つまり地震学から得たものである。地震はいまも地球でしばしば起こっている。…

　　　　：

　この本全体が最も上位の階層のセクションであり、本の題名『惑星の天文学』はこのセクションの見出しとなっています。この本は1章、2章、…からなっており、各章が次の階層のセクションとなります。さらに各章はいくつかの節からなっており、これらの節がその次の（最下位の）階層のセクションとなります。

041

❷ アウトライン

　構造化された文章は、各セクションから見出しだけを抜き出して、セクションの階層構造(包含関係)をあらわした**アウトライン**を作ることができます。これは、本の目次に相当します。アウトラインはその文章の概要をあらわしています。たとえば、先にあげた本のアウトラインは右のようになります。

```
1   惑星の天文学
  1.1   太陽系の発見
    1.1.1   太陽系を解き明かす試み
    1.1.2   地球を中心とした古代人の宇宙
          ：
  1.2   地球を調べて他の惑星を知る
    1.2.1   惑星の見本「地球」
    1.2.2   弾性的な地球の振動
          ：
```

セクション関連の要素

　HTML5では、新しくセクションを定義する要素、ヘッダ・フッタを定義する要素が導入され、文章の構造を明示的に記述できるようになりました。ここでは、これらの要素と、それに関連して見出しの要素、連絡先情報をあらわす要素について解説します。

❶ セクショニング要素 [article・aside・nav・section]

　新たなセクションを定義するための要素は、**セクショニング要素**と呼ばれます。セクショニング要素には表2-5に示す4つがあります。セクショニング要素全体は、セクショニング・コンテンツという要素のカテゴリを作っています。

●表2-5　セクショニング要素

要素	意味
`article`	ブログ・エントリや新聞記事など、文書内で独立可能な部分をあらわす
`aside`	補足記事や広告など、ページの主題とあまり関係のない内容をあらわす
`nav`	WebページやWebサイトの主要なナビゲーションをあらわす(STEP7参照)
`section`	上述3つに該当しない一般的なセクションをあらわす

　ここで、article要素とsection要素には、要素内容のはじめの部分に、この後述べるh1～h6要素を使って見出しを入れるようにします。aside要素とnav要素には見出しを入れる必要はありません。

> **セクショニング・ルート**
>
> 　セクションを定義する要素のカテゴリとして、セクショニング・コンテンツ以外に、セクショニング・ルートがあります。セクショニング・ルートには、次の要素が属します。
>
> ```
> blockquote  body  fieldset  figure  td
> ```
>
> 　これらの要素は、それ自身で他からは独立したアウトラインを持ちます。これらの要素が他の要素に含まれたとしても、要素内のセクションや見出しは親の要素のアウトラインには含まれません。
>
> 　とくに、body要素はWebページの最上位のセクション(＝Webページ全体)を定義します。Webページを構造化して記述するとは、body要素の中にセクショニング要素を配置してセクションに分け、さらにセクショニング要素の中にセクショニング要素を配置してサブセクションに分けていく、ということになります。

STEP 2　文書をセクションに分けて記述する

❷ ヘッダ・フッタ部分をあらわす要素［ header・footer ］

ヘッダとフッタを定義する要素の一覧を、表2-6に示します。

◉表2-6　ヘッダ・フッタ要素

要素	解説
header	Webページやセクションのヘッダ部分をあらわします。見出しやセクションの目次、検索フォーム、セクションに関連するロゴマークなど、セクションの概要を理解するのに役立つ内容を入れることができます。
footer	Webページやセクションのフッタ部分をあらわします。作者についての情報や、関連ページへのリンク、著作権情報を入れることができます。また、Webページ全体が付録や索引である場合は、付録や索引の全部を入れることもできます。

ここで、多くの場合header要素には見出しを入れますが、必須ではありません。header要素とfooter要素は、Webページやセクションのはじめと終わりにそれぞれ1つずつ配置するのが一般的ですが、任意の場所に何個でも配置することができます。header要素とfooter要素はセクションを定義せず、Webページのアウトラインには影響しません。

❸ 見出しを定義するための要素［ h1・h2・h3・h4・h5・h6 ］

見出しとは、文書中の章や節、項、目などの題名のことをいいます。階層の一番上の（章など）の見出しはh1要素で、その次の階層（節など）の見出しはh2要素でというように、一般に上からn番目の階層の見出しをhn要素でマークアップします。HTMLではh1～h6までの6階層を使うことができます。ここで、hは見出しをあらわす英語headlineの頭文字です。

HTML 4.01ではセクショニングの要素がなかったため、見出しの番号でしか階層を記述できませんでした。しかし、HTML5ではセクショニング要素によってセクションとその階層が記述できるようになったため、セクションの見出しはその階層にかかわらずにh1～h6のどの要素を使ってもよいことになっています。しかし、HTML5の仕様では、次の2つの方法のいずれかで記述することを強く推奨しています。

① すべてのセクションに対して、階層に依らずにすべてh1要素を使用する。
② セクションの階層に応じてh1～h6要素を使用する。

❹ 連絡先情報をあらわす要素［ address ］

address要素は、文書作成者の連絡先をあらわすために用います。address要素は使われる場所によって意味が異なります。address要素がarticle要素内にある場合は、直近の親に当たるarticle要素の内容に関する連絡先情報を示し、そうでない場合はページ全体つまりbody要素の内容に関する連絡先情報を示します。ページ全体の連絡先情報を示す場合は、多くの場合ページのフッタ（footer要素）の中にaddress要素を配置して記述します。

```
<footer>
    <address>連絡先：<a href="mailto:iso@cosmos.co.jp">ISO</a></address>
</footer>
```

ここで、この要素で任意の住所をあらわすことはできません。この場合はp要素で記述します。

第2章　HTMLの基本を学ぶ

マークアップの例

「セクション関連の要素」で説明した要素(article・aside・nav・section・header・footer・h1〜h6・address)とSTEP1で登場したp要素は、Webページを形作る最も基本的な要素です。これらの要素を使った文章のマークアップ例をいくつか示します。

例　**section要素の使用例(本の内容)**

はじめの「セクションと文章の構造化」のページで例としてあげた『惑星の天文学』の本を、HTML文書としてマークアップすると次のようになります(body要素の部分を示します)。

```html
<body>
    <!-- ページのヘッダ(本のタイトル) -->
    <header>
        <h1>惑星の天文学</h1>
    </header>
    <!-- コンテンツ(本の内容) -->
    <!-- 第1章 -->
    <section>
        <h2>1章　太陽系の発見</h2>
        <section>
            <h3>1.1　太陽系を解き明かす試み</h3>
            <p>文明社会に生きる現代人ならだれでも、太陽系は、中心にある太陽の引...</p>
                :
        </section>
        <section>
            <h3>1.2　地球を中心とした古代人の宇宙</h3>
            <p>何百年も前から学識のある人々は、太陽が太陽系のなかでもっとも大き...</p>
                :
        </section>
    </section>
    <!-- 第2章 -->
    <section>
        <h2>2章　地球を調べて他の惑星を知る</h2>
        <section>
            <h3>2.1　惑星の見本「地球」</h3>
            <p>地球は惑星を研究するのに、このうえもなく便利な出発点である。月や...</p>
                :
        </section>
        <section>
            <h3>2.2　弾性的な地球の振動</h3>
            <p>地球の内部の知識や、それから推論によって得た過去の歴史は、ほと、...</p>
                :
        </section>
    </section>
        :
    <!-- ページのフッタ(著作権情報) -->
    <footer>
        <p>Copyright (C) TIME Inc. All right reserved.</p>
    </footer>
</body>
```

STEP 2 文書をセクションに分けて記述する

例 article要素の使用例（ブログの記事）

　ブログのトップページなどでは、複数の記事が見出しとして掲載されていることがあります。それぞれの記事は一つ一つが独立しているので、各記事をarticle要素でマークアップするのが適切です。下部に、ブログのカテゴリやSNSのボタンを配置する場合は、それらをfooter要素でマークアップします。

```html
<article>
    <header>
        <h1>屈折式天体望遠鏡</h1>
    </header>
    <p>光を集めるのにレンズを使った天体望遠鏡です。扱いやすく初心者向きです。</p>
    <footer>カテゴリ：<a href="#">天体望遠鏡の選び方</a></footer>
</article>
```

例 article要素の使用例（コメントを表示したブログの記事）

　ブログの記事にコメントを表示する場合、コメントはコメントの対象となる記事の一部とは考えられないので、article要素で記述します。この場合、記事のarticle要素の中にコメントのarticle要素を配置します。一般に、article要素を入れ子にする場合、内側のarticle要素の内容は外側のarticle要素の内容に直接関連するものでなければなりません。

```html
<article>
    <!-- 記事の見出し -->
    <header>
        <h1>屈折式天体望遠鏡のレンズ</h1>
    </header>
    <!--記事のセクション -->
    <section>
        <h2>アクロマートレンズ</h2>
        <p>屈折率の異なる2つのガラス素材からできており、色収差が単体レンズよりも著しく少ない。</p>
    </section>
    <section>
        <h2>アポクロマートレンズ</h2>
        <p>対物レンズにEDガラスやフローライトを使ったレンズで、アクロマートレンズ
        よりもさらに色収差が少なく、写真撮影に向いている。</p>
    </section>
    <!-- コメントのセクション -->
    <section>
        <h2>コメント</h2>
        <p>1件のコメントが投稿されました。</p>
        <!-- 1件目のコメント -->
        <article>
            <h3>山田さんのコメント</h3>
            <p>フローライトを使った望遠鏡は現在製造されていません。</p>
        </article>
    </section>
</article>
```

045

例　aside要素の使用例（補足記事）

article要素で記述された記事内の用語を、欄外でaside要素で補足しています。

```html
<article>
  <header>
    <h1>反射式天体望遠鏡</h1>
  </header>
  <p>光を集めるのに凹面鏡を使った天体望遠鏡です。レンズを用いないため色収差がなく、また大口径の望遠鏡を作ることができます。英国のジェームス・グレゴリーによって発明され、アイザック・ニュートンはこれを参考に小型望遠鏡を制作しました。</p>
  <footer>カテゴリ：<a href="#">天体望遠鏡の選び方</a></footer>
</article>
<aside>
  <h1>アイザック・ニュートン</h1>
  <p>近代科学における最大の科学者とされる。微積分学を創造し、さらに古典力学(ニュートン力学)を創造した。代表的著作に『プリンキピア』がある。</p>
</aside>
```

article要素とsection要素の使い分け

　Webページの主要なコンテンツのセクションは、article要素かsection要素のいずれかで記述されます。では、その違いはなんでしょうか。

　article要素は、内容がそれだけで成立しており、単独で存在できるセクションをあらわします。これは、端的に言えば、RSSフィードで読み込まれた際に1つの記事として成り立っているものということができます。たとえば、ブログやニュースサイトであれば、記事の一つ一つをarticle要素で記述します。また、それ以外のページであれば、文書の中で本文部分となるセクションをarticle要素で記述すればよいでしょう。ここで、ブログのトップページが記事の一覧である場合、記事の一覧は独立したコンテンツとは見なせないため、全体はarticle要素ではなくmain要素(STEP3参照)で記述し、その中の各記事をarticle要素で記述します。

　一方、section要素は、内容がそれだけでは成立せずに、なにか他の一部分であるセクションをあらわします。たとえば、小説の各章は、他の章があってはじめて成立するので、article要素ではなくsection要素で記述するのが適切です。

RSSフィード

　RSSとは、ニュースサイトやブログなどのWebサイトの見出しや要約をデータベースにしてまとめる技術です。RSSフィードは、RSSを用いて配信される見出しや要約のデータです。RSSフィードを利用すれば、Webサイトの更新情報や要約を素早くチェックすることができます。多くのブラウザにはRSSフィードを閲覧する機能があります。

STEP 2　文書をセクションに分けて記述する

Webページの構成例

　セクショニング要素（article・aside・nav・section）およびheader要素、footer要素は、Webページを形づくる大枠の要素です。Webページは、これらの要素を並べて構成されています。そこで、これらの要素を使ってどのようにWebページが作られているのかを、例で示しておきましょう。ただし、このような2段組のレイアウトを行うにはCSSが必要となります（詳しくは第4章をご覧ください）。

　次は、「すばる望遠鏡」のサイトのトップページです。このページは、ヘッダ、ナビゲーション、記事、補足情報、フッタの5つの部分から構成されています。

　このページをHTML5でマークアップする場合は、次のようにします。

① ヘッダはheader要素で記述し、その中に見出しをh1要素で記述する。
② ナビゲーションはnav要素で記述する。
③ 記事全体をmain要素（STEP3参照）で記述し、section要素でセクションに分け、個々の記事はarticle要素で記述する。
④ 補足情報はaside要素で記述する。
⑤ フッタはfooter要素で記述し、その中にp要素で著作権情報を入れる。

第2章　HTMLの基本を学ぶ

見出しによるセクションの暗黙的な記述

　HTML5ではHTML 4.01以前のHTMLに対する後方互換性を確保するために、見出しだけでセクションが定義されるようになっています。これを**セクションの暗黙的記述**といいます。見出しの要素(h1〜h6)は、それがセクショニング要素内のはじめの見出しでない場合、次のように暗黙的にセクションを定義します。

> ① **見出しの番号が1つ前の見出しの番号より大きい場合（階層が低い場合）**
>
> 　1つ前の見出しが属するセクションのサブセクションを定義します。
>
> ② **見出しの番号が1つ前の見出しの番号と同じ場合（階層が同じ場合）**
>
> 　1つ前の見出しが属するセクションを閉じて、同じ階層のセクションを定義します。
>
> ③ **見出しの番号が1つ前の見出しの番号より小さい場合（階層が高い場合）**
>
> 　1つ前の見出しが属するセクションを閉じ、さらにその上の階層のセクションを閉じて、1つ前の見出しが属するセクションよりも1つ上の階層のセクションを定義します。ただし、1つ上の階層がない場合は同じ階層のセクションを定義します。

　たとえば、「マークアップの例」で示した『惑星の天文学』のHTML文書は、section要素のタグを省いて次のように書きかえても、h1要素、h2要素、h3要素によって暗黙的にセクションが定義され、同じように階層化され、同じアウトラインを持ちます。

```html
<body>
<!-- ページのヘッダ（本のタイトル） -->
  <header>
    <h1>惑星の天文学</h1>
  </header>
<!-- コンテンツ（本の内容） -->
  <!-- 第1章 -->
  <h2>1章　太陽系の発見</h2>
  <h3>1.1　太陽系を解き明かす試み</h3>
  <p>文明社会に生きる現代人ならだれでも、太陽系は、中心にある太陽の引力...</p>
    :
  <h3>1.2　地球を中心とした古代人の宇宙</h3>
  <p>何百年も前から学識のある人々は、太陽が太陽系のなかでもっとも大きい、...</p>
    :
  <!-- 第2章 -->
  <h2>2章　地球を調べて他の惑星を知る</h2>
  <h3>2.1　惑星の見本「地球」</h3>
  <p>地球は惑星を研究するのに、このうえもなく便利な出発点である。月やいく...</p>
    :
  <h3>2.2　弾性的な地球の振動</h3>
  <p>地球の内部の知識や、それから推論によって得た過去の歴史は、ほとんど地...</p>
    :
</body>
```

　ここで、HTML5の仕様では、**見出しの要素による暗黙的なセクションの記述は避けて、すべてをセクショニング要素を用いて明示的に定義する**ことを強く推奨しています。

048

見出しに副題をつけるには

　たとえば、次の例のように見出しに副題をつけた場合、副題のh2要素により暗黙的にセクションが定義されてしまいます。

```
<body>
  <section>
    <h1>宇宙開発の歴史</h1>
    <h2>スプートニクから火星へ</h2>
    <p>宇宙は人類に残された最後のフロンティアである。このわずか半世紀余りの間...</p>
  </section>
  <section>
    <h1>人類、月に立つ</h1>
    <p>アポロ計画　は、NASAによる人類初の月への有人宇宙飛行計画である。...</p>
  </section>
</body>
```

　このアウトラインは次のようになります。

```
1  宇宙開発の歴史
  1.1  スプートニクから火星へ
2  人類、月に立つ
```

　これを避けて正しいセクション分けをするには、次のようにh2要素をp要素などで置きかえ、h1要素とp要素をheader要素でマークアップします※。

```
<body>
  <section>
    <header>
      <h1>宇宙開発の歴史</h1>
      <p>スプートニクから火星へ</p>
    </header>
    <p>宇宙は人類に残された最後のフロンティアである。このわずか半世紀余りの間...</p>
  </section>
  <section>
    <h1>人類、月に立つ</h1>
    <p>アポロ計画　は、NASAによる人類初の月への有人宇宙飛行計画である。...</p>
  </section>
</body>
```

　すると、header要素内のh1要素がセクションの見出しと見なされます。このとき、アウトラインは次のようになります。

```
1  宇宙開発の歴史
2  人類、月に立つ
```

※ HTML5の最終草案までは、hgroup要素によって主題と副題をマークアップするように規定されていましたが、2014年2月に公表されたHTML5の勧告候補でhgroup要素は削除されました。

第2章　HTMLの基本を学ぶ

例題の構造

　以上で、例題の論理構造を理解する準備ができました。さっそく調べてみましょう。リスト2-3のbody要素はheader要素、section要素、footer要素の3つの部分からなっています。

header要素

　header要素はWebページのヘッダ部分をあらわしています。

```
<header>
   <h1>月の光</h1>
</header>
```

　header要素はセクションを定義しません。h1要素はbody要素におけるはじめての見出しで、body要素の定義するセクションの見出し、すなわちWebページ全体が構成するセクションの見出しとなります。

section要素

　section要素は一般のセクションをあらわします。section要素の中には3つの見出しが記述されています。はじめの見出し

```
<h2>月の光について</h2>
```

は、このセクションの見出しを定義します。次の見出し

```
<h2>月の光をテーマとした和歌</h2>
```

は、h2要素で記述されています。一般に同一セクション内の2番目以降の見出しは、見出しの番号が1つ前の見出しの番号と同じ場合は、前のセクションと同じ階層のセクションを暗黙的に定義します。最後の見出し

```
<h2>月の光の名のついた音楽作品</h2>
```

もh2要素で記述されています。この場合もh2要素によって前のセクションと同じ階層のセクションが暗黙的に定義されます。

footer要素

　footer要素はWebページのフッタ部分をあらわしています。

```
<footer>
   <p>Copyright (C) Cosmos, All rights reserved.</p>
</footer>
```

　footer要素には、Webページの著作権情報が記述されています。footer要素はセクションを定義しません。

STEP 2　文書をセクションに分けて記述する

以上より、例題のアウトラインは次のようになります。

```
1    月の光
  1.1    月の光について
  1.2    月の光をテーマとした和歌
  1.3    月の光の名のついた音楽作品
```

また、リスト2-3のbody要素の中をセクショニング要素を使ってセクションを明示的に記述すれば、リスト2-4のようになります(階層構造が明らかになるように、行の字下げを行っています)。

◉リスト2-4　　　　　　　　　　　　　　　　　　　　　　　　　　　　　　**HTML**

```html
 8  <!-- ヘッダ -->
 9  <header>
10      <h1>月の光</h1>
11  </header>
12  <!-- コンテンツ -->
13  <section>
14      <h2>月の光について</h2>
15      <p>月の光は太陽からの光が月の表面に反射して地球に届…(省略)…たくさんあります。</p>
16      <p>月の明るさは月齢によって大きく変化し…(省略)…金星の1500倍の明るさです。</p>
17  </section>
18  <section>
19      <h2>月の光をテーマとした和歌</h2>
20      <p>「秋風にたなびく雲の絶え間より…(省略)…(新古今和歌集より)</p>
21      <p>「秋の夜の月の光はきよけれど…(省略)…(後撰和歌集より)</p>
22      <p>「冬の夜の池の氷のさやけきは…(省略)…(拾遺和歌集より)</p>
23  </section>
24  <section>
25      <h2>月の光の名のついた音楽作品</h2>
26      <p>ドビュッシー「ベルガマスク組曲第3曲」(月の光)</p>
27      <p>フェルナンド・ソル「20のギター向け練習曲第5番」(月光)</p>
28      <p>ベートーヴェン「ピアノソナタ第14番」(月光)</p>
29  </section>
30  <!-- フッタ -->
31  <footer>
32      <p>Copyright (C) Cosmos, All rights reserved.</p>
33  </footer>
```

051

Column 何のためにマークアップするのか

　HTML文書では、すべての文章がタグでマークアップされて意味づけされています。これは何のために必要なのでしょうか？

　Webページは人間が見るものですので、最終的には人間が見たときにわかりやすいことが重要です。しかし、Webページを表示するのはパソコンやスマートフォンといった機械です。機械は人間ほど融通が利かないので、ここはタイトルであるとか、章はここからここまでとか、これは重要な情報であるなどを判断できません。これらは各文章をマークアップすることではじめて機械が理解できるようになります。その上で、機械は人間が理解しやすいように画面上に表示することが可能となります。また、同じWebページでも、表示画面の小さなスマートフォンなどではその画面に最適化してわかりやすく表示することも可能となります。

　さらに、適切にマークアップされていることは、SEO（検索エンジン対策）でも重要となります。検索エンジンはマークアップされた情報を見て、Webページからタイトルや重要な情報を抜き出し、データベース化しています。このデータベースに検索文字列が見つからない場合は、そのWebページは検索にヒットしません。検索エンジンにヒットするには、多くの人たちが検索するキーワードが文章中にあり、それが適切にマークアップされていることが最低限必要となります。

Column セマンティック・ウェブ

　GoogleやYahoo!といった検索エンジンは、ユーザーが入力したキーワードに関連するWebページを優先順位をつけて探し出してくれます。しかし、どのページが必要であるかはユーザーが見て判断するしかありません。これは、検索エンジンがページ内でどのような語句が使用されているかなどは理解できるが、そのページの意味までは理解することができないことによります。

　1998年にW3Cのティム・バーナーズ＝リーはセマンティック・ウェブ（*semantic web*）という概念を提唱しました。セマンティック（*semantic*）とは「意味論的な」という意味で、セマンティック・ウェブとは「意味を問うことができるWebページ」という意味になります。これはコンピュータなどの機械からWebページの意味を扱うことができるようにして、自動的な情報の収集や分析ができるようにし、Webページを単なる情報の集まりから知識データベースへと進化させるための構想です。この構想が実現すれば、検索エンジンは膨大なWebページからユーザーが必要とする情報をより的確に探し出すことができるようになります。ティム・バーナーズ＝リーは2001年にScientific American誌に論文「The Semantic Web」（邦訳「自分で推論する未来型ウェブ」）を掲載し、世界的に注目されました。

　W3Cはセマンティック・ウェブを実現するために、HTML 4.01の後継の規格としてXHTML2.0の開発へと移行しました。しかし、2007年4月にWHATWGの新しい提案がHTML5として受け入れられ、XHTML2.0の開発は中止されました。しかし、HTML5にはXHTMLにおけるセンマンティック・ウェブの考え方が部分的に継承され、セクションをあらわすセクショニングの要素が新たに追加されています。

STEP 3 文章の意味づけとグループ化を行う

STEP 3 文章の意味づけとグループ化を行う

STEP3では、文章の意味づけを行う要素と文章をグループ化する要素について学びます。意味づけを行う要素としては、強調をあらわすem要素、テキストの重要性をあらわすstrong要素、ルビをふるruby要素、一般的な文章の範囲をあらわすspan要素などをとりあげます。グループ化を行う要素としては、リストをあらわすol要素・ul要素、段落の区切りをあらわすhr要素、一般的な要素のグループ化を行うdiv要素、文書の主要部分をあらわすmain要素などをとりあげます。

演 習

① moonlight.html を変更して保存します

エディタでリスト2-3のmoonlight.htmlを開き、リスト2-5のように変更して、上書き保存します。

● リスト 2-5 [moonlight.html]　　　　　　　　　　　　　　　　　　　　　　　HTML

```html
1  <!DOCTYPE html>
2  <html lang="ja">
3  <head>
4    <meta charset="UTF-8">
5    <title>月の光</title>
6  </head>
7  <body>
8  <!-- ヘッダ -->
9  <header>
10   <h1>月の光</h1>
11  </header>
12  <!-- コンテンツ -->
13  <section>
14    <h2>月の光について</h2>
15    <p>月の光は太陽からの光が月の表面に反射して地球に届いたものです。月の光は古くから神秘的なものととらえられてきました。芸術や文学の作品で月をモチーフにしたものがたくさんあります。</p>
16    <p>月の明るさは月齢によって大きく変化します。最も明るいのは満月のときでおよそ0.2ルクスです。これは全天で太陽に次ぐ明るさで、太陽の50万分の1、<em>金星の1500倍</em>の明るさです。</p>
17    <h2>月の光をテーマとした和歌</h2>
18    <ol>
19      <li>「秋風にたなびく雲の絶え間より　もれ出づる月のかげのさやけさ」(新古今和歌集より)</li>
20      <li>「秋の夜の月の光はきよけれど　人の心の隈は照らさず」(<ruby>後撰<rt>ごせん</rt></ruby>和歌集より)</li>
21      <li>「冬の夜の池の氷のさやけきは　月の光のみがくなりけり」(<ruby>拾遺<rt>しゅうい</rt></ruby>和歌集より)</li>
```

053

●リスト 2-5 [moonlight.html]（続き）　　　　　　　　　　　　　　　　　　　　　　HTML

```
22        </ol>
23        <h2>月の光の名のついた音楽作品</h2>
24        <ul>
25            <li>ドビュッシー「ベルガマスク組曲第3曲」(月の光)</li>
26            <li>フェルナンド・ソル「20のギター向け練習曲第5番」(月光)</li>
27            <li>ベートーヴェン「ピアノソナタ第14番」(月光)</li>
28        </ul>
29    </section>
30    <!-- フッタ -->
31    <footer>
32        <hr>
33        <p>Copyright (C) Cosmos, All rights reserved.</p>
34    </footer>
35  </body>
36  </html>
```

② Web ブラウザで表示します

moonlight.html を Web ブラウザで開きます。すると、表示例2-4のように表示されます。

●表示例 2-4 [moonlight.html]

STEP 3　文章の意味づけとグループ化を行う

解　説

文章の意味づけを行う要素

　文章の意味づけを行う要素は、文章中の特定の文字列に対して「重要である」などの意味づけを行うものです。この例では、テキストを強調するem要素、ルビをふるruby要素などがこの分類に属します。

❶ テキストを強調する [em]

`<em>` 金星の1500倍 `</em>`

em要素（*emphasis*）は語句を強調していることをあらわします。Webページ上でem要素は斜体で表示されます。

> 月の明るさは月齢によって大きく変化します。最も明るいのは満月のときでおよそ0.2ルクスです。これは全天で太陽に次ぐ明るさで、太陽の50万分の1、*金星の1500倍*の明るさです。

em要素を入れ子にすることで、強調の度合いを高めることができます。

`<em><em>` 金星の1500倍 `</em></em>`

　ここで、em要素は重要性を伝えるという意味はありません。重要性を伝えたい場合は、次に述べるstrong要素を使います。

❷ テキストの重要性を示す [strong]

`<strong>` 金星の1500倍 `</strong>`

strong要素は語句の強い重要性をあらわします。Webページ上でstrong要素は太字で表示されます。

> 月の明るさは月齢によって大きく変化します。最も明るいのは満月のときでおよそ0.2ルクスです。これは全天で太陽に次ぐ明るさで、太陽の50万分の1、**金星の1500倍**の明るさです。

strong要素を入れ子にすることで、重要性の度合いを高めることができます。

`<strong><strong>` 金星の1500倍 `</strong></strong>`

第2章　HTMLの基本を学ぶ

---

em要素とi要素、strong要素とb要素の違い

　CSSを用いない場合、em要素とi要素はイタリックで、strong要素とb要素は太字で表示されます。しかし、どのように表示されるかはHTMLでは重要でありません。HTMLでは文書の論理的構造や意味だけを記述し、文字の書式や全体のレイアウトはCSSで設定するのが基本だからです。

　では、これらの要素はどのような意味で使用するのでしょうか。em要素は強調を意味しましたが、i要素は強調の意味を含まず、他と区別したいテキストや印刷される際にイタリック体となるようなテキストをあらわす場合に用います。strong要素は強い重要性を意味しましたが、b要素は重要性の意味を含まず、文書内のキーワードや製品名など前後の内容からその部分を区別したい場合に用います。

---

❸ ルビをふる [ruby・rt・rp]

ルビとは日本語でいう「ふりがな」のことです。この例題では、次の部分でルビをふっています。

```
<ruby>後撰<rt>ごせん</rt></ruby>
```

> 2.　「秋の夜の月の光はきよけれど 人の心の隈は照らさず」（後撰和歌集より）

　ruby要素は、ルビをふる文字列を指定します。rt要素は、その直前の文字列のルビにあたる文字列を指定します。ここで、rtはRuby Textの略で、ルビの文字列をあらわしています。

　この例では「後撰」という文字列全体にルビをふっていますが、1文字ごとにルビをふりたい場合は、次のように1文字ごとにrt要素でルビの文字列を指定します。

```
<ruby>後<rt>ご</rt>撰<rt>せん</rt></ruby>
```

　すると、次のように1文字ずつにルビがふられます。

> 2.　「秋の夜の月の光はきよけれど 人の心の隈は照らさず」（後 撰和歌集より）

　また、ルビに対応していないWebブラウザでルビを表現するためにrp要素が用意されています。ルビがふれない場合は、ルビはルビをふる文字の右側に表示されますが、その際のルビを囲む括弧などの記号を指定します。rpはRuby Parenthesesの略で、ルビをあらわす括弧という意味です。たとえば、

```
<ruby>後撰<rp>［</rp><rt>ごせん</rt><rp>］</rp></ruby>
```

と記述すると、ルビに対応していないWebブラウザでは、次のようにルビが［ ］の中に表示されます。

> 2.　「秋の夜の月の光はきよけれど 人の心の隈は照らさず」（後撰［ごせん］和歌集より）

STEP 3　文章の意味づけとグループ化を行う

❹ 一般的な文章の範囲をあらわす［ span ］

　span要素（*generic inline container*）は、特別な意味あいを持っていない、テキストやa要素、em要素など、フレージング・コンテンツに属する要素をグループ化する要素です。class属性でクラス名をつけたり、id属性でid名をつけることで、その要素内容に意味あいを付加します。

```
<p>ベテルギウス(<span lang="en" class="star">Betelgeuse</span>)はオリオン座のα星で
ある赤色超巨星です。直径は太陽の約900倍あります。シリウス、プロキオンと共に冬の大三角形を形作
ります。</p>
```

❺ HTML5で利用できる文章の意味づけを行う要素

　HTML5では、ここでとりあげた要素以外に、さまざまな文章の意味づけを行う要素があります。HTML5で利用できる文章の意味づけを行う要素の一覧を表2-7に示します。

◉表2-7　文章の意味づけを行う要素の一覧

要素名	意味	要素名	意味
a※	リンクを張るためのアンカーを指定する	mark	注目してほしいテキスト
abbr	長い単語や語句の略語	q	引用文
b	太字表記が通例のテキスト	ruby	ルビを伴ったテキスト
bdi	外部の書字方向に影響を与えないテキスト	s	正確あるいは適切でなくなった内容
bdo	書字方向が指定されたテキスト	samp	プログラムからの出力
br	改行	small	細目などの注釈
cite	出典元のタイトルや作品名	span	一般的なテキストの範囲
code	コンピュータのプログラムコード	strong	重要性を伝えるテキスト
data	コンピュータに理解してほしいデータ	sub	下付文字
del	文書から削除されたテキスト	sup	上付文字
dfn	定義語	time	24時間表記の時刻とグレゴリオ暦の日付
em	テキストを強調して表示	u	ラベルづけされたテキスト
i	イタリック表記が通例のテキスト	var	プログラムの変数や引数
ins	文書に挿入されたテキスト	wbr	テキストの折り返しを許す箇所
kbd	ユーザーがキーボードから入力するテキスト			

※ リンクを設定するa要素については、この章のSTEP6で学びます。

文章をグループ化する要素

　文章をグループ化する要素は、いくつかの文章や要素をひとまとまりのグループとして定義するものです。この例では、段落をあらわすp要素、箇条書きをあらわすol要素やul要素、段落の意味上の区切れをあらわすhr要素などがこの分類に属します。

第2章　HTMLの基本を学ぶ

❶ 番号順リスト［ ol ］

　ol要素（*ordered list - bullet styles*）は番号付きの箇条書きリストを定義します。箇条書きリストの各項目はli要素を並べて作ります。ここで、li要素の終了タグ</li>は省略することができます。使用する番号の種類は、CSSでlist-style-typeプロパティにより変更できます。

```
<ol>
    <li>「秋風にたなびく雲の絶え間より…(新古今和歌集より)</li>
    <li>「秋の夜の月の光はきよけれど…和歌集より)</li>
    <li>「冬の夜の池の氷のさやけきは…和歌集より)</li>
</ol>
```

> 1.　「秋風にたなびく雲の絶え間より もれ出づる月のかげのさやけさ」 （新古今和歌集より）
> 2.　「秋の夜の月の光はきよけれど 人の心の隈は照らさず」 （後撰和歌集より）
> 3.　「冬の夜の池の氷のさやけきは 月の光のみがくなりけり」 （拾遺和歌集より）

　ol要素では、start属性とreversed属性を指定することができます。start属性は番号をふるはじめの数値を指定します。

```
<ol start=5>
    <li>「秋風にたなびく雲の絶え間より…(新古今和歌集より)</li>
    <li>「秋の夜の月の光はきよけれど…和歌集より)</li>
    <li>「冬の夜の池の氷のさやけきは…和歌集より)</li>
</ol>
```

> 5.　「秋風にたなびく雲の絶え間より もれ出づる月のかげのさやけさ」 （新古今和歌集より）
> 6.　「秋の夜の月の光はきよけれど 人の心の隈は照らさず」 （後撰和歌集より）
> 7.　「冬の夜の池の氷のさやけきは 月の光のみがくなりけり」 （拾遺和歌集より）

　reversed属性を使用すると、番号が大きい順にふられます。reversed属性は、Chrome・Safari・Firefoxで使用できます。

```
<ol reversed="reversed">
    <li>「秋風にたなびく雲の絶え間より…(新古今和歌集より)</li>
    <li>「秋の夜の月の光はきよけれど…和歌集より)</li>
    <li>「冬の夜の池の氷のさやけきは…和歌集より)</li>
</ol>
```

> 3.　「秋風にたなびく雲の絶え間より もれ出づる月のかげのさやけさ」 （新古今和歌集より）
> 2.　「秋の夜の月の光はきよけれど 人の心の隈は照らさず」 （後撰和歌集より）
> 1.　「冬の夜の池の氷のさやけきは 月の光のみがくなりけり」 （拾遺和歌集より）

　ここで、reversed属性は論理属性で、reversed="reversed"の部分はreversedと略すことができます。

058

STEP 3　文章の意味づけとグループ化を行う

❷ 箇条書きリスト［ul］

ul要素（*unordered list - bullet styles*）は箇条書きリストを定義します。箇条書きリストの各項目はli要素を並べて作ります。ここで、li要素の終了タグ</li>は省略することができます。使用するマーカーの種類はCSSでlist-style-typeプロパティにより変更できます。

```html
<ul>
    <li>ドビュッシー「ベルガマスク組曲第3曲」(月の光)</li>
    <li>フェルナンド・ソル「20のギター向け練習曲第5番」(月光)</li>
    <li>ベートーヴェン「ピアノソナタ第14番」(月光)</li>
</ul>
```

- ドビュッシー「ベルガマスク組曲第3曲」（月の光）
- フェルナンド・ソル「20のギター向け練習曲第5番」（月光）
- ベートーヴェン「ピアノソナタ第14番」（月光）

❸ 意味上の段落の区切り［hr］

hr要素（*horizontal rule*）は文章の意味上の区切りを意味します。Webページでは水平線として表示されます。表示域の左右全体に表示され、前後で改行が行われます。

```html
<hr>
<p>Copyright (C) Cosmos, All rights reserved.</p>
```

Copyright (C) Cosmos, All rights reserved.

❹ 一般的な要素のグループ化を行う［div］

div要素（*division*）は区切りを意味し、特別な意味あいを持っていない要素をグループ化する要素です。class属性でクラス名をつけたり、id属性でid名をつけることで、その要素内容に意味あいを付加します。

下の例では、ページ全体をcontainerという名前のidを持つdiv要素としてグループ化しています。CSSによりdiv要素にスタイルを設定することで、div要素でグループ化した要素全体のスタイルを指定できます。

```html
<body>
  <div id="container">
    <header><h1>太陽系の惑星</h1></header>
    <nav><p><a href="../index.html">トップページ</a> &gt; 太陽系の惑星</p></nav>
    <section>
      <h1>水星</h1>
      <p>水星は太陽の第1惑星で、太陽からの距離は0.387AUである。地球型の...</p>
    </section>
  </div>
</body>
```

❺ Webページの主要な部分 [main]

main要素はWebページの主要部分をグループ化する要素です。Webページの主要部分とは、サイドバーやナビゲーションリンク、著作権情報、サイトのロゴ、検索フォームなどを除いた、Webページの中心的な内容が記載された部分を指します。main要素を使用することで、ユーザーは容易にWebページの主要部分にアクセスできるようになることが期待されます（現時点で、主要Webブラウザはこのような機能を持っていません）。たとえば、音声で読みあげるブラウザを使用している場合、ナビゲーションなどの余分な部分を飛ばして主要部分だけを読みあげるということが可能となります。

ここでmain要素は、article要素、aside要素、footer要素、header要素、nav要素の子孫要素にはなれません。また、main要素はHTML文書中に1つしか入れることができません。main要素はセクションを定義せず、文書のアウトラインに影響しません。

次の例は、記事が主要部分となっているページであり、記事の一覧をmain要素でグループ化しています。

```html
<body>
  <header><h1>冬の星空</h1></header>
  <main>
    <article>
      <h2>冬の大三角形</h2>
      <p>ベテルギウス、シリウス、プロキオンを結んだ三角形で、三角形の中を天の...</p>
    </article>
    <article>
      <h2>プレアデス星団</h2>
      <p>青い散開星団で、太陽からの距離は400光年ほどである。6千万から1億歳...</p>
    </article>
  </main>
  <footer><p>Copyright (C) Cosmos, All rights reserved.</p></footer>
</body>
```

❻ HTML5で利用できる文章のグループ化を行う要素

HTML5には、ここでとりあげた要素以外に、さまざまなグループ化を行う要素があります。HTML5で利用できるグループ化を行う要素の一覧を表2-8に示します。

●表2-8　文章のグループ化を行う要素の一覧

要素名	意味	要素名	意味
blockquote	引用	hr	意味上の段落の区切れ
dd	dl要素の中の説明文	li	リスト項目
dl	記述リスト	main	文書の主要部分
div	一般的な要素のグループ	ol	順序付きリスト
dt	dl要素の中の項目名	p	段落
figure	キャプションの付いた図など	pre	フォーマット済みテキスト
figcaption	図などのキャプション	ul	箇条書きリスト

STEP 4 HTML文書の木構造を理解する

STEP4では、moonlight.htmlを変更するのを一時休止して、HTML文書の要素の木構造とボックスレイアウトについて解説します。ここで述べる事項は、第3章で解説するCSSによるスタイルの設定を理解する上での基礎になります。

HTML文書の木構造

要素Aが要素Bを含むとき、AをBの親要素、BをAの子要素といいました。HTMLでは、はじめにhtml要素があり、それにhead要素とbody要素の2つの子要素が含まれます。さらに、body要素やhead要素にはいくつかの子要素を含み、またそれらの子要素はいくつかの子要素を含んでいます。このように、すべての要素はhtml要素をはじめとする親子関係で結ばれており、これを**木構造（ツリー構造）**といいます。木構造のはじめであるhtml要素を**ルート要素**といいます。

たとえば、STEP3のリスト2-5の木構造を図にすると、次の図2-1のようになります。

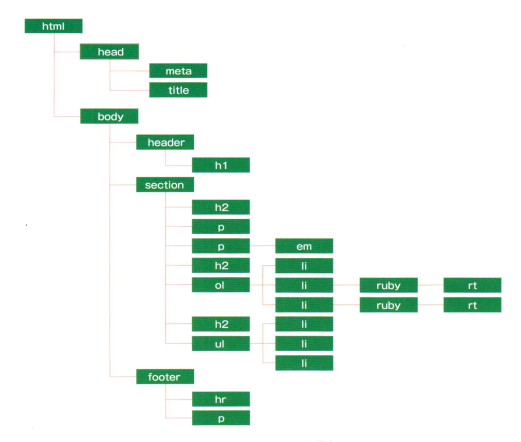

●図 2-1　リスト2-5の木構造

第2章　HTMLの基本を学ぶ

「コンテンツモデル」に従ってマークアップ

　要素は他の要素を自由に子要素にできるわけではなく、要素ごとに子要素にできる要素が規定されています。HTML5では、この規定を**コンテンツモデル**(内容モデル)といいます。HTML文書を作成する場合は、コンテンツモデルに従って適切にマークアップしなければなりません。各要素のコンテンツモデルについては、付録2をご覧ください。たとえば、header要素、h1要素、p要素のコンテンツモデルは、次の表のようになります。

要素名	コンテンツモデル(子要素にできる要素)
h1～h6	フレージング・コンテンツの要素
header	フロー・コンテンツの要素(header要素・footer要素は除く)
p	フレージング・コンテンツの要素

　ここで、フレージング・コンテンツとフロー・コンテンツは、要素の**カテゴリ**と呼ばれているもので、次のような要素の集まりです(カテゴリについては付録1をご覧ください)。

フレージング・コンテンツ
　文書内のフレーズ、つまりテキストを意味づけする要素のカテゴリです。STEP3で説明したem要素、strong要素、span要素などがこのカテゴリに属します。要素以外にマークアップされていないテキストも、このカテゴリに属します。

フロー・コンテンツ
　文書に表示される一般的な内容をあらわす要素のカテゴリです。特定の要素を除いて、ほとんどの要素はこのカテゴリに属しています。p要素、h1～h6要素、セクショニング要素、header要素、footer要素、address要素などは、フロー・コンテンツに属しますが、フレージング・コンテンツには属さない要素です。

　たとえば、リスト2-5の次の部分を考えてみましょう。

```
<header>
    <h1>月の光</h1>
</header>
```

　header要素のコンテンツモデルはフロー・コンテンツで、h1要素はフロー・コンテンツに属し、h1要素のコンテンツモデルはフレージング・コンテンツで、その要素内容は文字列でフレージング・コンテンツに属していますので、これは規定通りの正しいマークアップということになります。一方、

```
<header>
    <h1><p>月の光</p></h1>
</header>
```

とすると、h1要素のコンテンツモデルがフレージング・コンテンツであるにもかかわらず、その要素内容であるp要素はフレージング・コンテンツに属さないため、これは規定に反した誤ったマークアップであるということになります。

062

ブロックボックスとインラインボックスについて

　HTML文書の各要素は、Webブラウザ上で**ボックス**と呼ばれる長方形の領域として表示されます。このことを、要素がボックスを**生成する**といいます。たとえば、リスト2-5の冒頭部分を変更して、要素内のテキストをspan要素でマークアップしてみます。

`<h2><span>`月の光について`</span></h2>`
`<p><span>`月の光は太陽からの光が月の表面に反射して地球に届いたものです。月の光は古くから神秘的なものととらえられてきました。芸術や文学の作品で月をモチーフにしたものがたくさんあります。`</span></p>`

　これを、第3章で学ぶCSSを使ってボックスの境界線を表示すると、次のようになります。

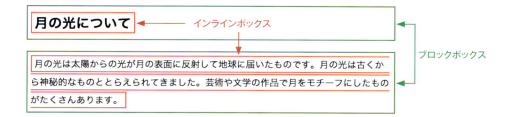

　上図で、h2要素とp要素は緑色の枠で示した1つの長方形として表示されています。このようなボックスを、**ブロックボックス**といいます。ここで、ブロックというのは「ひとかたまり」という意味です。また、span要素は赤色の枠で表示されており、ブロックボックスの中に行単位で改行されて流し込まれています。このようなボックスを**インラインボックス**といいます。ここで、インラインというのは「行の中」という意味です。

　上の例で示した、ブロックボックスとインラインボックスはWebページを構成する最も基本的なボックスであり、一般に次のような特徴を持っています。

> **ブロックボックス**
> 　ブロックボックスは、視覚的にひとまとまりの長方形の領域として表現され、親要素の生成するブロックボックスの中に前後で改行されて上から下へと並べて配置されます。
>
> **インラインボックス**
> 　インラインボックスは、親要素の生成するブロックボックスの中に行単位で上から順番に水平方向に自動的に改行されて流し込まれていきます。

　本書では、ブロックボックスを生成する要素を**ブロック要素**といい、インラインボックスを生成する要素を**インライン要素**ということにします※。STEP3で説明した要素の内、ol要素やdiv要素などの文章をグループ化する要素はブロック要素であり、em要素やstrong要素、spar要素などの文章の意味づけを行う要素はインライン要素です。

※ ブロック要素、インライン要素という用語は、HTML5の仕様では存在しないので、公式なものではありません。HTML 4.01では要素をブロックレベル要素とインライン要素に分類していましたが、HTML5ではこのような分類は廃止され、要素をカテゴリで分類しています。

第2章 HTMLの基本を学ぶ

　本書で説明しているおもなブロック要素とインライン要素の一覧を、表2-9に示します。この他にいくつかのボックスの種類があります。たとえばli要素は、リストボックスを生成します（詳しくは第3章をご覧ください）。

●表2-9　おもなブロック要素とインライン要素

要素の分類	ボックスの種類	おもな要素
ブロック要素	ブロックボックス	address, article, aside, body, div, footer, h1 ～ h6, header, hr, main, nav, ol, p, section, ul
インライン要素	インラインボックス	a, audio, b, br, em, i, img, span, strong, video

　第3章で学ぶように、CSSによりボックスのさまざまな部分を詳細に設定することができます。ボックスはWebページを構成する最小単位といえます。HTMLの要素によって記述された木構造は、Webブラウザの画面においてボックスの包含関係という視覚構造によって表現されます。Webページをレイアウトすることは、ボックスを並べてボックスのスタイル（見た目）をCSSで設定することであるといえます。
　リスト2-5に対して、要素が作るボックスの包含関係を図示すると、図2-2のようになります。

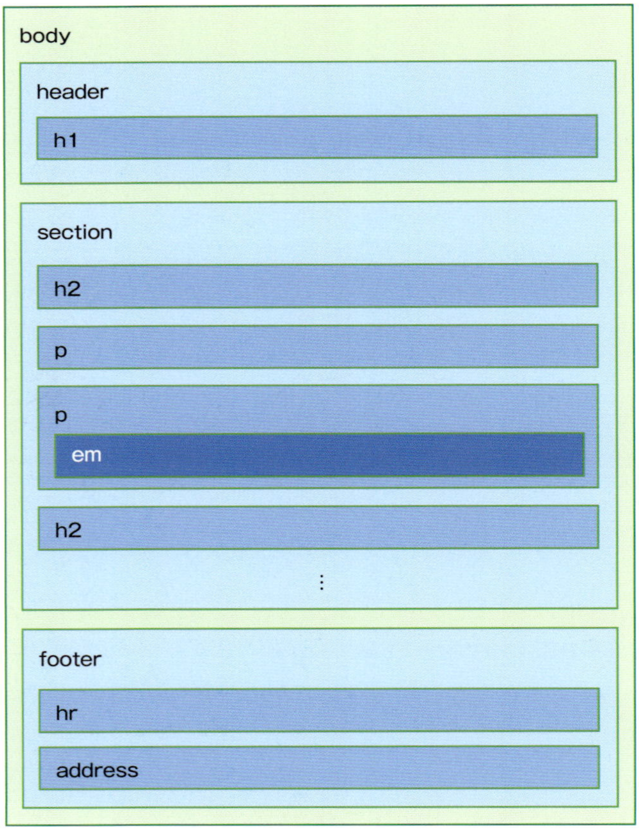

●図2-2　リスト2-5のボックスの包含関係

STEP 4　HTML文書の木構造を理解する

リスト2-5を、CSSによりボックスの境界線を設定してWebブラウザで表示させると、下図のようになります。

```
body          em

header

h1      月の光

section

h2      月の光について

p       月の光は太陽からの光が月の表面に反射して地球に届いたものです。月の光は古くから神秘的な
        ものととらえられてきました。芸術や文学の作品で月をモチーフにしたものがたくさんありま
        す。

p       月の明るさは月齢によって大きく変化します。最も明るいのは満月のときでおよそ0.2ルクスで
        す。これは全天で太陽に次ぐ明るさで、太陽の50万分の1、金星の1500倍の明るさです。

h2      月の光をテーマとした和歌
ol
li      1. 「秋風にたなびく雲の絶え間より もれ出づる月のかげのさやけさ」（新古今和歌集より）
li      2. 「秋の夜の月の光はきよけれど 人の心の隈は照らさず」（後撰和歌集より）
li      3. 「冬の夜の池の氷のさやけきは 月の光のみがくなりけり」（拾遺和歌集より）

h2      月の光の名のついた音楽作品
ul
li      ・ドビュッシー「ベルガマスク組曲第3曲」（月の光）
li      ・フェルナンド・ソル「20のギター向け練習曲第5番」（月光）
li      ・ベートーヴェン「ピアノソナタ第14番」（月光）
hr

footer  Copyright (C) Cosmos, All rights reserved.

p                                          ruby   ruby
```

ここで、body・header・section・footer・h1・h2・p・ol・ul・hr要素はブロックボックスを生成しており、次のように配置されています。

① 親要素の生成するブロックボックスの中に、子要素の生成するブロックボックスがHTML文書の記述順に上から下に縦に並んで配置されています。

② 子要素の生成するブロックボックスの横幅は、親要素の生成するボックスの内側にピッタリとおさまるように調整されています。

③ p要素の生成するブロックボックスの高さは、要素内容であるテキストがちょうどおさまるように調整されています。

④ h1要素、h2要素、p要素の生成するブロックボックスの上下に余白が置かれています。この余白をボックスのマージンといいます。

これらは、ブロックボックス配置の基本事項ですので、確認しておいてください。ボックスの配置については、第3章「STEP13 ボックス設定の基本」の節で詳しく学びます。

065

第2章　HTMLの基本を学ぶ

画像を挿入する

STEP5では、画像を挿入するimg要素について学びます。

演習

① imagesフォルダを作成します

［hpstudy］フォルダの中に［images］フォルダを作成します。今後、このテキストの例題で使用する画像ファイルは、すべてこのフォルダの中に入れていきます。

② 画像をimagesフォルダにコピーします

月の画像luna.jpgを［images］フォルダの中にコピーします。

③ moonlight.htmlを変更して保存します

エディタでリスト2-5のmoonlight.htmlを開き、リスト2-6のように14行目の"<h2>月の光について</h2>"の右端で改行して下に1行追加して入力し、上書き保存します。

●リスト 2-6 [moonlight.html]　　　　　　　　　　　　　　　　　　　　　　　　　　　HTML

```
 1  <!DOCTYPE html>
 2  <html lang="ja">
 :                        (...省略...)
12  <!-- コンテンツ -->
13  <section>
14    <h2>月の光について</h2>
15    <img src="./images/luna.jpg" alt="月光">
16    <p>月の光は太陽からの光が月の表面に反射して地球に届いたものです。月の光は古くから神秘的なものととらえられてきました。芸術や文学の作品で月をモチーフにしたものがたくさんあります。</p>
 :                        (...省略...)
37  </html>
```

④ Webブラウザで表示します

moonlight.htmlをWebブラウザで開きます。すると、表示例2-5のように表示されます。

●表示例 2-5 [moonlight.html]

解 説

画像を挿入する [img]

```
<img src="./images/luna.jpg" alt="月光">
```

　img要素（*embedded image*）は、指定した箇所に画像を埋め込みます。src属性によって挿入する画像ファイルのURLを指定します。alt属性にはなんらかの原因で画像が表示できない場合の代替えテキストを指定します。このように表示できないときの代替えのものを、一般に**フォールバック・コンテンツ**といいます。

　挿入した画像の横幅はwidth属性で、高さはheight属性により設定できます。横幅と高さは、ピクセル単位もしくは％単位で指定します。％単位で指定した値は、img要素を含むブロックボックス（いまの場合はsectionボックス）の幅※に対する比率を意味します。％単位で指定すると、表示するデバイスの画面の大きさに合わせて画像を表示することができます。たとえば、

```
<img src="./images/luna.jpg" alt="月光" width=400px>
```

※ 正確には、ブロックボックスの内容領域の幅に対する比率となります。内容領域については第3章「STEP13 ボックス設定の基本」の項をご覧ください。

と変更すると、画像の幅は400pxとなります。ここで、width属性もしくはheight属性のいずれか1つだけを設定すると他方は縦横比が保たれるよう、自動的に設定されます。

また、

```
<img src="./images/luna.jpg" alt="月光" width=50%>
```

と変更すると、画像がsectionボックスの幅の50%の大きさで表示されます。この際、高さは縦横比が保たれるように自動的に設定されます。下図のように、Webブラウザのウィンドウの幅を変えると、sectionボックスの幅もそれに合わせて変わり、ウィンドウ幅に応じて画像の大きさも変わります。

置換要素と非置換インライン要素

　img要素のように、文字列ではない別のものに置き換えられて表示されるインライン要素を**置換要素**といいます。置換要素としては、次のものがあります。

　　　audio, canvas, embed, iframe, img, math, object, svg, video,
　　　input, button, meter, progress, select, textarea

　置換要素は、他のインライン要素と異なり、分割されずに1つのかたまりとして行に流し込まれます。置換要素ではないインライン要素を、**非置換インライン要素**といいます。

STEP 5　画像を挿入する

img要素で挿入できるファイルの形式

　img要素では、ビットマップ画像の他、スクリプトを伴わないSVGファイルやPDFファイルも挿入できます。ただし、SVGファイルやPDFファイルへの対応は、Webブラウザによって異なります。ビットマップ画像のファイル形式は、一般的にはJPEG、GIF、PNGのいずれかが使われます。以下に、3つのファイル形式の特徴を述べておきますので、目的に応じて使い分けてください。

JPEG　画像を非可逆的に圧縮します。24ビットカラー（約1677万色）で画像を保存でき、写真などの保存に向いています。カラーモードはRGBカラーでなければなりません。透明部分を持てないので、画像は基本的には四角形でページに表示されます。

GIF　1ビットカラー（2色）から8ビットカラー（256色）で画像を保存します。256色を超えて色数が必要でないロゴやリンクボタン、アイコンなどの保存に向いています。透明部分を持つことができるので、任意の形状でページに表示することができます。また、アニメーションの形式があり、すべてのブラウザでプラグインなしにアニメーションを再生することができます。

PNG　画像を可逆的に圧縮します。24ビットカラー（約1677万色）でも8ビットカラー（256色）でも画像を保存できます。24ビットカラーの場合は、カラーモードはRGBカラーでなければなりません。透明部分を持つことができるため、任意の形状でページに表示させることができます。24ビットカラーで保存する場合は、圧縮が可逆的であることから、JPEG画像よりもデータ量が大きくなります（5〜10倍）。

URLを指定する2つの方法

　画像ファイルは、インターネット上のファイルとローカル・ディスク上のファイルのいずれでも挿入することができます。挿入する場合は、画像ファイルのURLをsrc属性に記述します。ここで、URLとはリソース（情報資源）の場所と名前を指し示す識別子です。

　リソースがインターネット上のファイルである場合のURLは、第1章の「**1** Webページについて」ですでにのべました。書式は次のようになります。

　これを、**絶対URL**といいます。

　リソースがローカル・ディスク上のファイルである場合は、**相対URL**で指定します。相対URLとは、**相対パス**でファイルの場所と名前を指定するものです。相対パスとは、特定のディレクトリを起点としてファイルの相対的な位置を示すものです。相対パスでは、起点のディレクトリ（フォルダ）をピリオド1つ"."で、上の階層（親）のディレクトリをピリオド2つ".."であらわします。区切り記号であるスラッシュ"/"は、絶対URLの場合と同じく1つ下

069

の階層への移動をあらわしています。たとえば、次の図のようにファイルが保存されている場合を考えてみましょう。

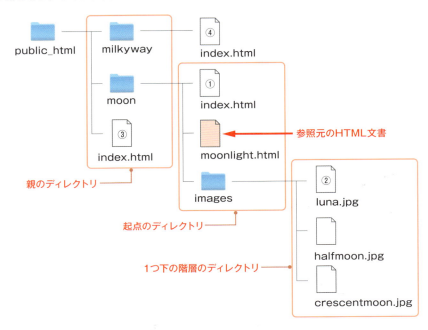

参照元のHTML文書をmoonlight.htmlとすれば、図の①〜④のファイルの相対パスは、次のようになります。

① ./index.html　もしくは　index.html
② ./images/luna.jpg
③ ../index.html
④ ../milkyway/index.html

 重要ポイント

●**相対パスで記述する＝絶対パスは使わない**

　ローカル・ディスク上にあるファイルを指定する方法として、相対パスの他に**絶対パス**があります。たとえば、Windows PCでDドライブの中に［hpstudy］フォルダがあり、［hpstudy］フォルダの中の［images］フォルダの中にluna.jpgがある場合、このファイルの絶対パスは次のようになります。

```
D:/hpstudy/images/luna.jpg
```

　ここで、Webページを記述する場合は、相対パスを使用し、絶対パスは使用しないようにします。絶対パスで記述した場合、Webページを制作しているパソコンでは正しく画像が表示されますが、Webサーバーにアップロードするとサーバー内ではそのような絶対パスで示されるファイルは存在しないため画像は表示されません。

STEP 6　リンクを設定する

リンクを設定する

STEP6では、リンクを設定するa要素について学びます。

演習

① 画像をimagesフォルダにコピーします

太陽の画像sun.jpgを［images］フォルダにコピーします。

② moonlight.htmlを変更して保存します

エディタでリスト2-6のmoonlight.htmlを開き、リスト2-7のように変更して、上書き保存します。

●リスト2-7 [moonlight.html]　　　　　　　　　　　　　　　　　　　　　　HTML

```
 1  <!DOCTYPE html>
 2  <html lang="ja">
            (...省略...)
 8  <!-- ヘッダ -->
 9  <header>
10    <h1>月の光</h1>
11  </header>
12  <!-- コンテンツ -->
13  <section>
14    <h2>月の光について</h2>
15    <img src="./images/luna.jpg" alt="月光">
16    <p>月の光は<a href="./images/sun.jpg">太陽</a>からの光が月の表面に反射して地球に
       届いたものです。月の光は古くから神秘的なものととらえられてきました。芸術や文学の作品で月
       をモチーフにしたものがたくさんあります。</p>
            (...省略...)
24    <h2>月の光の名のついた音楽作品</h2>
25    <ul>
26      <li><a href="http://ja.wikipedia.org/wiki/ベルガマスク組曲">
27         ドビュッシー「ベルガマスク組曲第3曲」(月の光)
28         </a>
29      </li>
30      <li>フェルナンド・ソル「20のギター向け練習曲第5番」(月光)</li>
            (...省略...)
40  </html>
```

③ Webブラウザで表示します

moonlight.htmlをWebブラウザで開きます。すると表示例2-6のように表示されます。"太陽"と"ドビュッシー「ベルガマスク組曲第3曲」(月の光)"の部分に、青い下線が付いて表示されます。これらの部分は他のページにリンクしており、クリックするとそのページに移動します。

●表示例 2-6 [moonlight.html]

STEP 6　リンクを設定する

解 説

リンクを設定する［ a ］

❶ リンクの設定

　a要素(*anchor*)はリンクの目印となるアンカー(錨)を設定します。href属性によってリンク先のURLを指定します。ここで、hrefはHypertext referenceの略です。たとえば、

```
<a href="./images/sun.jpg">太陽</a>
```

では、「太陽」という文字列をアンカーとして設定し、それに./images/sun.jpgというローカルディスク上のファイルをリンクしています。「STEP5 画像を挿入する」でも述べたように、ローカルディスク上のファイルを使用する場合は、必ず相対パスで指定するようにします。

　次の例は、インターネット上のファイル(Wikiペディアのページ)を絶対URLで指定し、リンクを設定しています。

```
<a href="http://ja.wikipedia.org/wiki/ベルガマスク組曲">
    ドビュッシー「ベルガマスク組曲第3曲」(月の光)
</a>
```

　HTML5では、href属性は必須ではありません。href属性を省くと、a要素は**プレースフォルダ**をあらわします。プレースフォルダとは、臨時に場所だけを確保するものを意味します。たとえば、なんらかの理由でリンクが必要でない、もしくはリンク先がない場合に、href属性を指定しないでa要素を配置します。

❷ リンクを設定できる要素

　a要素のコンテンツモデルはトランスペアレントとなっています。トランスペアレント(透過的)というのは、コンテンツモデルが親要素から継承されて親要素と同じであることをいいます。ただし、インタラクティブ要素(a, button, embed, iframe, input, textareaなど)を子要素にすることはできません。例題で、a要素のコンテンツモデルがどのようになっているかを見てみましょう。

▶16行目のa要素

　p要素の子要素となっています。p要素のコンテンツモデルはフレージング・コンテンツですので、a要素のコンテンツモデルもフレージング・コンテンツです。このため、インライン要素を含むことができ、それらにリンクを張ることができますが、ブロック要素を子要素にすることはできません。

▶26行目のa要素

　li要素の子要素となっています。li要素のコンテンツモデルはフロー・コンテンツですので、a要素のコンテンツモデルもフロー・コンテンツです。つまり、インライン要素もブロック要素もどちらも子要素にすることができ、それらにリンクを張ることができます。

第2章　HTMLの基本を学ぶ

❸ リンク先を表示するウィンドウを指定する

a要素にはtarget属性を適用することができます。target属性を用いると、リンク先をWebブラウザのどのウィンドウで表示するかを指定できます。target属性の値を、表2-10に示します。

●表2-10　target属性の値

値	意味
_self	現在のウィンドウ（リンク元と同じウィンドウ）
_parent	現在のウィンドウの親ウィンドウ
_top	最上位のウィンドウ
_blank	新しいウィンドウもしくはタブ
ウィンドウ名	指定した名前のウィンドウ

たとえば、

```
<a href="./images/sun.jpg" target="_blank">太陽</a>
```

とすれば、新しいウィンドウもしくはタブを生成し、その中にリンク先を表示します。新しいウィンドウで表示するか新しいタブで表示するかは、Webブラウザによって異なります。

❹ 指定した位置に移動するには

a要素を使って、Webページの特定の位置に移動するリンクを設定できます。

同一ページ内で移動したい場合は、移動先の要素にid属性（STEP11参照）によって名前をつけ、href属性の値に"#id名"を指定します。ここで、"#id名"を**フラグメント識別子**といいます。たとえば、

```
<a href="#music">音楽作品</a>
 ⋮
<h2 id="music">月の光の名のついた音楽作品</h2>
```

とすれば、「音楽作品」をクリックすると「月の光の名のついた音楽作品」の位置まで移動します。

他のページ内の特定の位置に移動したい場合は、移動先の要素にid属性で名前をつけ、href属性の値を"リンク先のURL#id名"とします。たとえば、次のように文字列「シリウス」にリンクを設定します。

```
<a href="./milkyway.html#sirius">シリウス</a>
```

さらに、同じフォルダ内にmilkyway.htmlを作成し、milkyway.htmlのシリウスのセクションのh1見出しに、次のようにid属性を設定します。

```
<h1 id="sirius">シリウス</h1>
```

「シリウス」をクリックすると、milkyway.htmlが開かれて、idがsiriusである見出しh1まで移動します。

074

STEP 6 リンクを設定する

クリッカブル・マップ [map・area]

クリッカブル・マップは1枚の画像に複数のリンク先を設定しておき、クリックした位置に応じて指定したリンク先にジャンプする機能です。

まず、例を示しましょう。

```
<img src="solar_sys.jpg" alt="太陽系" usemap="solar" width="600" height="400">
<map name="solar">
  <area shape="rect" coords="20,20,80,400" href="sun.jpg" alt="太陽">
  <area shape="circle" coords="288,160,36" href="jupiter.jpg" alt="木星">
  <area shape="poly" coords="492,176,532,176,512,136" href="neptune.jpg" alt="海王星">
</map>
```

このようにすると、次の赤枠の領域にリンクが設定されます。

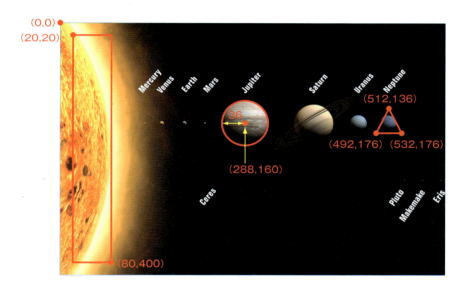

クリッカブル・マップを利用するには、まずmap要素でマップを定義します。map要素内にarea要素を配置し、形状とそのリンク先を指定します。形状の種類をshape属性（表2-11参照）で、リンク先をhref属性で指定します。形状を定義する点の座標はcoords属性で設定します。ここで、画像の左上を原点、右方向をx軸方向、下方向をy軸方向とし、長さはピクセル単位で測ります。map要素にはname属性で名前をつけておきます。次に、img要素（もしくはinput要素、object要素）で画像を挿入し、usemap属性でmap要素のname属性の値を指定して、画像にマップを設定します。

●表2-11 shape属性の値

値	形状	coords属性の値
rect	矩形	左上の頂点のx, y, 右下の頂点のx, y
circle	円形	中心のx, y, 半径r
poly	多角形	頂点1のx, y, 頂点2のx, y, 頂点3のx, y, …

075

STEP 7 パンくずリスト

STEP7では、「パンくずリスト」と呼ばれるハイパーリンクの一覧の作り方を学びます。

演 習

① moonlight.htmlを変更して保存します

エディタでリスト2-7のmoonlight.htmlを開き、リスト2-8のように変更して、上書き保存します。

●リスト2-8 [moonlight.html]　　　　　　　　　　　　　　　　　　　　　　　　　　HTML

```
1  <!DOCTYPE html>
2  <html lang="ja">
             (...省略...)
8  <!-- ヘッダ -->
9  <header>
10    <h1>月の光</h1>
11    <!-- パンくずリスト -->
12    <nav>
13      <a href="./index.html">トップページ</a> &gt;
14      <a href="./moon.html">月</a> &gt; 月の光
15    </nav>
16  </header>
             (...省略...)
```

② Webブラウザで表示します

moonlight.htmlをWebブラウザで開きます。すると、表示例2-7のように表示されます。

●表示例2-7 [moonlight.html]

STEP 7 パンくずリスト

解 説

「パンくずリスト」について

パンくずリストとは、WebページがWebサイトのトップページからどのような順でリンクされているかを一覧としてあらわしたものです。これは、童話『ヘンゼルとグレーテル』でヘンゼルが森で迷子にならないように通り道にパンくずを置いておいたことに由来します。

この例では、表示例2-7の赤枠の部分になります。これは、このページが「月の光」という名前のページで、「トップページ」→「月」→「月の光」という順番でリンクされていることをあらわしています。さらに、「トップページ」と「月」の部分がそれぞれのWebページにリンクされていて、Webサイトの各階層にジャンプできるようにしています。パンくずリストは、リスト2-8では次のように記述されています。

```
<nav>
    <a href="./index.html">トップページ</a> &gt;
    <a href="./moon.html">月</a> &gt; 月の光
</nav>
```

ここで、次の点に注意してください。

① パンくずリストはnav要素の中に作成する

パンくずリストはWebサイト全体のナビゲーションであり、nav要素で記述します。

② ">"は">"で記述する

>は">"をあらわす記号です。HTMLでは"<"や">"はタグをあらわす特別な記号であるため、これらの記号を表示する場合は、それぞれ<および>としなければなりません。ltはless than、gtはgreater thanの意味です。このような特殊文字をあらわす文字列を**文字参照**といいます。HTML5で規定されている文字参照については、次のWebサイトをご覧ください。

http://www.w3.org/TR/html5/syntax.html#named-character-references

ナビゲーションとなるセクション [nav]

nav要素は、ページ上のナビゲーションとなるセクションをあらわします。nav要素は、Webサイトの主要なナビゲーションをあらわすのに適しています。Webサイトの主要なナビゲーションとはそのWebサイトの各ページへ移動するための道案内のリンクであり、Webサイトナビゲーション、もしくは単にサイトナビゲーションと呼ばれます。nav要素は、外部サイトへのリンクなど、そのWebサイトに関係のないリンクには使用しません。

ここで、ページ上のリンクがすべてnav要素内にある必要はありません。フッタなどにある簡単なナビゲーション(サービス規約や著作権情報、トップページへのリンクなど)は、nav要素を使わずfooter要素の中に直接入れます。

077

Column Webサイトナビゲーション

　Webサイトナビゲーションは、Webサイトの道案内のためのリンクです。Webサイトナビゲーションには、次のものがあります。ただし、Webサイトナビゲーションに統一的な分類法があるわけではなく、以下の項目は、こういったものがあるということを示しているに過ぎません。

グローバルナビゲーション

　Webサイトのすべてのページの定位置に表示されるWebサイトの主要ページ（Webサイトの一番上の階層にあるページ）へのリンクのことをいいます。すべてのページに共通して設けられるので、現在閲覧しているページがWebサイトのどの階層にあるかにかかわらず、目的のページに移動することができます。また、グローバルナビゲーションを見ることで、Webサイト全体を把握したり、現在のページがWebサイトの中でどの階層にあるかを把握することができます。

ローカルナビゲーション

　現在のページの上下の階層や同じ階層への相互アクセスを行うためのリンクです。カテゴリの中のコンテンツメニューなどもローカルナビゲーションと考えられます。

パンくずリスト

　現在のページがWebサイトのトップページからどのような順でリンクされているかを一覧としてあらわしたものです。

コンテキストナビゲーション

　Webサイトの階層構造とは無関係に、現在のページに関連するページへのアクセスを行うためのリンクです。

サイトマップ

　Webサイト全体のページをカテゴリ別に分けて、ひと目でわかるように一覧化もしくは図解化したページです。Webサイトを本にたとえると「総目次」にあたります。

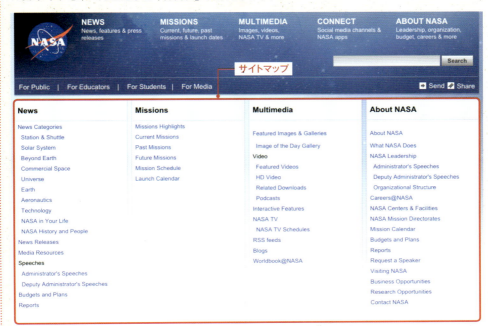

STEP 8 動画と音声を挿入する

STEP8では、HTML5で新しく導入された、動画を挿入するvideo要素と音声を挿入するaudio要素について学びます。

演習

① moviesフォルダを作成します

［hpstudy］フォルダの中に［movies］フォルダを作成します。

② 動画と音声をmoviesフォルダにコピーします

3つの動画ファイルmoonlight_sonata.mp4, moonlight_sonata.ogv, moonligt_soata.webmと、3つの音声ファイルsoru.mp3, soru.ogv, soru.webmを、［movies］フォルダの中にコピーします。

③ moonlight.htmlを変更して保存します

エディタでリスト2-8のmoonlight.htmlを開き、リスト2-9のように変更して、上書き保存します。

●リスト2-9 [moonlight.html]　　　　　　　　　　　　　　　　　　　　　　　HTML

```
 1  <!DOCTYPE html>
 2  <html lang="ja">
             (...省略...)
29    <h2>月の光の名のついた音楽作品</h2>
30    <ul>
31      <li><a href="http://ja.wikipedia.org/wiki/ベルガマスク組曲">
32          ドビュッシー「ベルガマスク組曲第3曲」(月の光)
33        </a>
34      </li>
35      <li>フェルナンド・ソル「20のギター向け練習曲第5番」(月光)<br>
36        <audio src="./movies/soru.webm" controls>
37          <p>ご利用のブラウザでは再生できません</p>
38        </audio>
39      </li>
40      <li>ベートーヴェン「ピアノソナタ第14番」(月光)<br>
41        <video src="./movies/moonlight_sonata.webm" controls width=320px>
42          <p>ご利用のブラウザでは再生できません</p>
43        </video>
44      </li>
45    </ul>
             (...省略...)
```

④ Webブラウザで表示します

moonlight.html をWebブラウザで開きます。すると、表示例2-8のように表示されます。再生ボタンを押して、オーディオと動画を再生してみましょう。

●表示例 2-8 [moonlight.html]

月の光

トップページ > 月 > 月の光

月の光について

月の光は太陽からの光が月の表面に反射して地球に届いたものです。月の光は古くから神秘的なものととらえられてきました。芸術や文学の作品で月をモチーフにしたものがたくさんあります。

月の明るさは月齢によって大きく変化します。最も明るいのは満月のときでおよそ0.2ルクスです。これは全天で太陽に次ぐ明るさで、太陽の50万分の1、金星の1500倍の明るさです。

月の光をテーマとした和歌

1. 「秋風にたなびく雲の絶え間より もれ出づる月のかげのさやけさ」 （新古今和歌集より）
2. 「秋の夜の月の光はきよけれど 人の心の隈は照らさず」 （後撰和歌集より）
3. 「冬の夜の池の氷のさやけきは 月の光のみがくなりけり」 （拾遺和歌集より）

月の光の名のついた音楽作品

- ドビュッシー「ベルガマスク組曲第3曲」（月の光）
- フェルナンド・ソル「20のギター向け練習曲第5番」（月光）

- ベートーヴェン「ピアノソナタ第14番」（月光）

Copyright (C) Cosmos, All rights reserved.

第2章　HTMLの基本を学ぶ

解 説

音声を挿入する［ audio ］

　audio要素はHTML5で新しく追加された要素で、プラグインなしで指定した箇所に音声を埋め込みます。要素内容は、audio要素に対応していないWebブラウザで表示されるフォールバック・コンテンツとなります。たとえば、

```
<audio src="./movies/soru.webm" controls>
  <p>このブラウザでは再生できません</p>
</audio>
```

とすれば、Webブラウザがaudio要素に対応しているときには再生用のプレーヤを表示し、対応していない場合は「このブラウザでは再生できません」と表示します。ここで、src属性は音声ファイルのURLを指定します。controlsの部分は、

```
controls="controls"
```

を省略したもので、これにより再生用のコントロールボタンが表示されます。

　現時点でHTML5の仕様では、どのオーディオ形式をサポートするかは決まっておらず、各ブラウザがサポートするオーディオ形式の種類は表2-12のように異なっています（おもなオーディオ・ファイル形式については、表2-13に示します）。

●表2-12　Webブラウザごとのオーディオ形式の対応状況

Webブラウザ	Ogg Vorbis	MP3	AAC-LC	WebM	WAV
FireFox 35	○	○	○	○	○
Opera 27	○	×	×	○	○
Safari 8.06	△※2	○	○	△※1	○
Chrome40	○	○	○	○	○
IE 8	×	×	×	×	×
IE 9〜IE11	×	○	○	△※1	×

※1　GoogleによるWebM用のプラグインをインストールしておく必要があります。
※2　別途XiPhQTなどをインストールしておく必要があります。

複数の音声ファイルを指定する

　表2-12のように、Webブラウザによって対応する音声コーデックが異なるため、一つの音声ファイルを指定しただけではすべてのWebブラウザで音声を再生することはできません。すべてのWebブラウザで音声を再生できるようにするには、次のようにsource要素を使用して、複数の音声ファイルを指定します。

082

STEP 8　動画と音声を挿入する

```
<audio controls>
  <source src="./movies/soru.mp3" type="audio/mpeg">
  <source src="./movies/soru.webm" type="audio/webm">
  <source src="./movies/soru.ogv" type="audio/ogg">
  <p>ご利用のブラウザでは再生できません</p>
</audio>
```

　ここで、src属性は音声ファイルのURLを指定し、type属性は音声ファイルのMIMEタイプを指定します。このようにすると、audio要素の要素内容内のsource要素を順に見ていき、再生できない音声ファイルを飛ばし、再生できる音声ファイルがあればそれを再生します。最後のp要素は、audio要素に対応していないWebブラウザで表示されるフォールバック・コンテンツとなります。

●表2-13　おもなオーディオ・ファイル形式

ファイル形式	開発元	拡張子	解説
Ogg Vorbis	Xiph.org Foundation	.ogv	ファイル形式Oggに音声圧縮方式であるVorbisを内蔵したものです。サンプリング周波数は8～192KHz、ビットレートは可変で平均32Kbps～500Kbps、チャンネル数は最大255です。Vorbisは同じビットレートならばMP3よりも高音質であるとされています。
MP3	ISO/IECの Moving Picture Experts Group	.mp3	MPEG-1 Audio Layer-3の略で、ビデオの圧縮方式であるMPEG-1の音声部分の圧縮方式です。音楽CD並の音質を保ったまま約1/11（128Kbps）にデータ圧縮することができます。サンプリング周波数は最大48KHzまで、ビットレートは32Kbps～320Kbpsまで、チャンネル数は1もしくは2です。
AAC	ISO/IECの Moving Picture Experts Group	.mov .mp4 .m2ts .m4a .m4b .m4p .3gp .3g2 .aac	Advanced Audio Codingの略で、ビデオの圧縮方式であるMPEG-2もしくはMPEG-4で使われている音声の圧縮方式です。多くの場合、基本機能だけに制限したAAC-LCが用いられています。MP3と同じ音質で、MP3よりも約1.4倍の高い圧縮率が得られます。サンプリング周波数は最大96KHzまで、ビットレートは最大576Kbpsまで、チャンネル数は48までです。
WebM	Google	.webm	オープンでライセンスフリーな音声および動画のファイル形式です。音声圧縮方式はVoribisを、ファイル形式（コンテナ）はMatroskaを採用しています。サンプリング周波数、ビットレート、チャンネル数はOgg Vorbisと同じです。
WAV	Microsoft IBM	.wav	通常は非圧縮ですが、ADPCMやMP3、WMAなどの音声圧縮データを格納することもできます。おもにWindowsで使用されています。サンプリング周波数は11KHz、22KHz、44.1KHzのいずれかです。

第2章　HTMLの基本を学ぶ

MIMEタイプ

　MIME（*Multipurpose Internet Mail Extension*）は、1992年にIETF（インターネット技術特別調査委員会）で定められた、インターネットの電子メールでさまざまなファイルを添付ファイルとして送信できるようにした規格です。WebサーバーとWebブラウザ間の送受信に使われるHTTPプロトコルでは、ファイルの種類をMIMEタイプで区別しています。

　一般にMIMEタイプは、タイプ名/サブタイプ名の形をとります。たとえば、JPEGファイルのMIMEタイプはimage/jpegとなります。一つのタイプ名には一般に複数のサブタイプ名が定義されています。表2-14におもなオーディオ・ビデオファイルのMIMEタイプを示します。

●表2-14　おもなオーディオ・ビデオファイルのMIMEタイプ

ファイル形式	拡張子	MIMEタイプ
Flash	.swf	application/x-shockwave-flash
Flash Video動画	.flv	video/x-flv
AVI動画	.avi	video/x-msvideo
QuickTime動画	.mov　.qt	video/quicktime
MPEG動画	.mpg　.mpeg	video/mpeg
MPEG-4動画	.mp4	video/mp4
H.264動画	.h264	video/h264
Theora動画	.ogv	video/ogg
WebM動画	.webm	video/webm
MP3音声	.mp3	audio/mpeg
AAC音声	.aac　.m4a	audio/aac　audio/mp4　audio/mp4a-latm
Vorbis音声	.ogg	audio/ogg
WebM音声	.webm	audio/webm
WAVE音声	.wav	audio/wav
MIDIサウンド	.mid　.midi	audio/midi

※ audio要素やvideo要素において、type属性でファイルのMIMEタイプを指定する際に、この表をご利用ください。

動画を挿入する［ video ］

　video要素は、HTML5で新しく追加された要素で、プラグインなしで指定した箇所に動画を埋め込みます。要素内容は、video要素に対応していないWebブラウザで表示されるフォールバック・コンテンツとなります。たとえば、

```
<video src="./movies/moonlight_sonata.webm" controls width="320px">
　<p>このブラウザでは再生できません</p>
</video>
```

とすれば、Webブラウザがvideo要素に対応しているときには再生用のプレーヤを表示し、対応していない場合

084

は「このブラウザでは再生できません」と表示します。ここで、src属性には音声ファイルのURLを指定します。controlsの部分は

```
controls="controls"
```

を省略したもので、これにより再生用のコントロールボタンが表示されます。さらに、width属性によりプレーヤの幅を設定しています。この場合、高さは縦横比が保たれるように自動的に設定されます。

現時点でHTML5の仕様では、どのオーディオ形式をサポートするかは決まっておらず、各ブラウザがサポートするビデオ・コーデックの種類は表2-15のように異なっています（おもなビデオ・コーデックについては、表2-16に示します）。

●表2-15　Webブラウザごとのビデオ・コーデックの対応状況

Webブラウザ	Theora	MPEG-4	H.264	WebM
FireFox 35	○	○	○	○
Opera 27	○	×	×	○
Safari 8.06	△※3	○	○	△※2
Chrome 40	○	○	○	○
IE 8	×	×	×	×
IE 9〜IE11	×	○	○	△※1

※1　GoogleによるWebM用のプラグインをインストールしておく必要があります。

※2　別途Pericanなどをインストールしておく必要があります。

※3　別途XiPhQTなどをインストールしておく必要があります。

複数の動画ファイルを指定する

表2-15のように、Webブラウザによって対応する動画形式が異なるため、一つの動画ファイルを指定しただけではすべてのWebブラウザで動画を再生することはできません。すべてのWebブラウザで動画を再生できるようにするには、次のようにsource要素を使用して、複数の動画ファイルを指定します。

```
<video controls width=320px>
    <source src="./movies/moonlight_sonata.mp4" type="video/mp4">
    <source src="./movies/moonlight_sonata.webm" type="video/webm">
    <source src="./movies/moonlight_sonata.ogv" type="video/ogg">
    <p>ご利用のブラウザでは再生できません</p>
</video>
```

ここで、src属性には動画ファイルのURLを指定し、type属性には動画ファイルのMIMEタイプを指定します。このようにすると、video要素の要素内容内のsource要素を順に見ていき、再生できない動画ファイルを飛ばし、再生できる動画ファイルがあればそれを再生します。最後のp要素は、video要素に対応していないWebブラウザで表示されるフォールバック・コンテンツとなります。

第2章　HTMLの基本を学ぶ

ビデオコーデック

　動画（ビデオ）をWebで配信する場合、元の動画データをそのまま配信するとデータ量が大きすぎて、動画を視聴することはできません。そこで、動画データを圧縮することでデータ量を小さくして送信する必要があります。このような処理を**エンコード**（符号化）といいます。エンコードされた圧縮データを元のデータに直すことを**デコード**（復号化）といいます。動画圧縮技術はこのエンコードとデコードの処理方法を規定したもので、これを**コーデック**（Codec ＝ coder/decoder）といいます。データ圧縮のコーデックには、元のデータを完全に復元できる**可逆圧縮**と、そうでない**非可逆圧縮**があります。非可逆圧縮では圧縮処理の途中で情報を間引くためデータは元に戻らなくなりますが、その代わりに高い圧縮率が得られます。とくに、動画や音声では元データのビットレートが非常に大きいため、非可逆圧縮をしてデータ量を小さくし、送受信時のデータのビットレートを小さくする必要があります。非可逆圧縮の場合、データは近似的にしか再現されないため、どのようなビデオ・コーデックを用いるかによって、同じビットレートでも違った画質となります。

●**表2-16　おもなビデオ・コーデック**

ファイル形式	開発元	拡張子	解説
Theora	Xiph.org Foundation	.ogv	Theoraは、On2 Technologiesが開発したVP3を元に、非営利団体であるXiph.org Foundationが開発したライセンスフリーな動画圧縮方式です。Theoraの圧縮率はH.264と比べて低く、同じビットレートならばH.264の方が高画質となります。
MPEG-4	ISO/IECのMoving Picture Experts Group	.mp4	すべてのメディアで高画質な動画を再生するために作られ、同じ画質でMPEG-2よりも2倍以上高い圧縮率を実現しています。規格は年々追加・拡張が行われており、そのたびにPartと呼ばれる規格が作成されます。通常、MPEG-4と呼ばれているものは、1998年に制定されたMPEG-4のPart2を指します。
H.264	ITU-T	.flv .mov 他	ISO/IEC の MPEG-4 Part 10 Advanced Video Coding（MPEG-4 AVC）と同じものです。同じ画質で、MPEG-4 Part2の2倍以上の圧縮率を実現しています。H.264の技術には多数の特許権が含まれており、利用する場合は特許使用料を支払う必要があります。ただし、インターネットでの無料放送に関しては、使用料は無料となっています。
WebM	Google	.webm	オープンでライセンスフリーな動画のファイル形式です。ビデオ・コーデックにOn2 Technologiesが開発したVP8を、オーディオ・コーデックはVorbisを、ファイル形式（コンテナ）はMatroskaを採用しています。VP8はH.264より画質はやや劣りますが、より高速に処理を行うことができ、動画中継やテレビ電話などの用途に適しています。

STEP 8　第2章で作成したHTML文書のソースコード

第2章で作成したHTML文書のソースコード

これまで作成してきたmoonlight.htmlの完成版リスト2-9のすべてを、以下に示します。

◉リスト 2-9 [moonlight.html]　　　　　　　　　　　　　　　　　　　　　　　**HTML**

```html
1  <!DOCTYPE html>
2  <html lang="ja">
3  <head>
4    <meta charset="UTF-8">
5    <title>月の光</title>
6  </head>
7  <body>
8  <!-- ヘッダ -->
9  <header>
10   <h1>月の光</h1>
11   <!-- パンくずリスト -->
12   <nav>
13     <a href="./index.html">トップページ</a> &gt;
14     <a href="./cosmos.html">月</a> &gt; 月の光
15   </nav>
16 </header>
17 <!-- コンテンツ -->
18 <section>
19   <h2>月の光について</h2>
20   <img src="./images/luna.jpg" alt="月光">
21   <p>月の光は<a href="./images/sun.jpg">太陽</a>からの光が月の表面に反射して地球に
     届いたものです。月の光は古くから神秘的なものととらえられてきました。芸術や文学の作品で月
     をモチーフにしたものがたくさんあります。</p>
22   <p>月の明るさは月齢によって大きく変化します。最も明るいのは満月のときでおよそ0.2ルクスです。
     これは全天で太陽に次ぐ明るさで、太陽の50万分の1、<em>金星の1500倍</em>の明るさです。
     </p>
23   <h2>月の光をテーマとした和歌</h2>
```

087

◉リスト 2-9 [moonlight.html]（続き）   **HTML**

```html
24    <ol>
25        <li>「秋風にたなびく雲の絶え間より　もれ出づる月のかげのさやけさ」(新古今和歌集より)</li>
26        <li>「秋の夜の月の光はきよけれど　人の心の隈は照らさず」(<ruby>後撰<rt>ごせん
          </rt></ruby>和歌集より)</li>
27        <li>「冬の夜の池の氷のさやけきは　月の光のみがくなりけり」(<ruby>拾遺<rt>しゅうい
          </rt></ruby>和歌集より)</li>
28    </ol>
29    <h2>月の光の名のついた音楽作品</h2>
30    <ul>
31      <li><a href="http://ja.wikipedia.org/wiki/ベルガマスク組曲">
32          ドビュッシー「ベルガマスク組曲第3曲」(月の光)
33        </a>
34      </li>
35      <li>フェルナンド・ソル「20のギター向け練習曲第5番」(月光)<br>
36        <audio src="./movies/soru.webm" controls>
37          <p>ご利用のブラウザでは再生できません</p>
38        </audio>
39      </li>
40      <li>ベートーヴェン「ピアノソナタ第14番」(月光)<br>
41        <video src="./movies/moonlight_sonata.webm" controls width=320px>
42          <p>ご利用のブラウザでは再生できません</p>
43        </video>
44      </li>
45    </ul>
46  </section>
47  <!-- フッタ -->
48  <footer>
49    <hr>
50    <p>Copyright (C) Cosmos, All rights reserved.</p>
51  </footer>
52  </body>
53  </html>
```

この章の理解度チェック演習

1 次の文章の空欄を埋めて完成しなさい。

HTML文書は要素の集まりである。要素は一般に次のような形をしている。

```
<title>最も簡単なHTML</title>
```

先頭の<title>を ① 、末尾の</title>を ② 、「最も簡単なHTML」の部分を ③ という。 ① の< >の中の文字列を ④ という。要素の中には
のように ① だけからなるものがあり、これを ⑤ という。

2 空白文字とはなにか。また、HTML文章中でどのように扱われるか。

3 次の文章の空欄を埋めて完成しなさい。

HTML文書は、はじめに ① があり、その次にhtml要素がある。html要素には、はじめに ② があり、次に ③ がある。 ② はページに関する設定を記述する。 ③ にはWebページの内容を記述する。

4 ページをセクションに分けて記述する際の注意点を3つ書きなさい。

5 次の文章の空欄を埋めて完成しなさい。

HTML文書の要素は、html要素を共通の祖先とする親子関係で結ばれており、これを ① と呼ぶ。はじめの要素であるhtml要素は ① の根っ子の部分であり ② 要素と呼ばれる。与えられた要素に対して、それがどのような要素を含むことができるかを規定したものを、その要素の ③ という。HTML5では、要素をいくつのカテゴリに分類して、カテゴリを用いて各要素の ③ を規定している。

6 次の要素はどのような意味づけを行うものかを、下の解答群の中から記号で答えなさい。

①p要素　　　　　②h1～h6要素　　　③header要素　　④section要素
⑤footer要素　　　⑥address要素　　　⑦ol要素　　　　⑧ul要素
⑨li要素　　　　　⑩em要素　　　　　⑪strong要素　　⑫hr要素
⑬span要素　　　　⑭div要素　　　　　⑮br要素

解答群

ア.意味上の段落の区切り	カ.番号順リスト	サ.段落
イ.一般的なセクション	キ.フッタ部分	シ.見出し
ウ.一般的な要素のグループ化	ク.一般的な文章の範囲	ス.箇条書きの項目
エ.テキストを強調する	ケ.テキストの重要性を示す	セ.ヘッダ部分
オ.連絡先情報をあらわす	コ.箇条書きリスト	ソ.強制改行

第 2 章 HTMLの基本を学ぶ

7 次の要素を書きなさい。

① HTML文書の保存されているフォルダの中の「photo」フォルダにある「hubble.jpg」という画像ファイルの画像を、幅を200pxとして挿入する。

② HTML文書の保存されているフォルダの1つ外側のフォルダの中の「images」フォルダにある「herschel.jpg」という画像ファイルの画像を、幅を親要素の幅の50%として挿入する。

③ 文字列「Hubble Site」にWebページ「http://hubblesite.org」をリンクする。

④ 文字列「ガニメデ」に、HTML文書の保存されているフォルダの中の「images」フォルダの中にある、「ganymede.jpg」という画像ファイルをリンクする。

8 次のようなアウトラインを持つ文章がある。

```
太陽系について
1．太陽系の起源
2．太陽
3．太陽系の惑星
    3.1．水星
    3.2．金星
    …
4．太陽系の外縁
```

次は、この文章をHTMLでマークアップしたものである。空欄を埋めて完成しなさい。3.1節と3.2節でセクションの暗黙的記述を用いていることと、フッタに著作権情報を入れている点に注意すること。

```
<body>
    <  ①  >
        <h1> 太陽系について </h1>
    <  ②  >
    <  ③  >
        <  ④  >1.太陽系の起源<  ⑤  >
        <p> 太陽系の主要な天体は …</p>
    <  ⑥  >
    <  ③  >
        <  ④  >2.太陽<  ⑤  >
        <p> 太陽は主系列に属する …</p>
    <  ⑥  >
    <  ③  >
        <  ④  >3.太陽系の惑星<  ⑤  >
        <p> 太陽のまわりには …</p>

        <  ⑦  >水星<  ⑧  >
        <p> 水星は太陽系の第1…</p>
        <  ⑦  >金星<  ⑧  >
        <p> 金星は太陽系の第2…</p>
        …
    <  ⑥  >
    <  ③  >
        <  ④  >4.太陽系の外縁<  ⑤  >
        <p> 海王星軌道の外側 …</p>
    <  ⑥  >
    <  ⑨  >
        <p>
            Copyright (c) Cosmos
        </p>
    <  ⑩  >
</body>
```

090

第3章

CSSの基本を学ぶ

CSSは、Webページのスタイルを記述するものです。
ここでは、第2章で作成したmoonlight.htmlのスタイルを
CSSによって設定します。これにより、
CSSの基本的な使い方を学んでいきます。

CONTENTS & KEYWORDS

- **STEP9　CSSの書き方の基本**
  CSSの書式　背景の設定　文字の設定　規則の書き方の基本　プロパティの初期値
  ベンダプレフィックス　色の値　長さの単位
- **STEP10　スタイルの適用方法**
  link要素　@import　style要素　style属性
- **STEP11　基本的なセレクタ**
  タイプセレクタ　ユニバーサルセレクタ　クラスセレクタ　idセレクタ
- **STEP12　スタイルを継承する**
  継承　inherit値　指定値　算出値　利用値　実効値
- **STEP13　ボックス設定の基本**
  ボックス　displayプロパティ　ボックスの種類　ブロックボックス　インラインボックス
  分割不可能なインラインレベルボックス　リストボックス
  ボーダー　パディング　マージン　内容領域の幅と高さ　ブロックボックスの配置
  匿名ブロックボックス　マージンの相殺　オーバーフロー
- **STEP14　さまざまなボックス指定でWebページをデザインする**
  背景色　背景画像　線形グラデーション　コーナーの角丸　透明度　影　リストマーク
- **STEP15　floatによる回り込みの設定を行う**
  浮動化　回り込みの解除　クリアランス
- **STEP16　より高度なCSSの文法**
  属性セレクタ　疑似クラス　疑似要素　セレクタの結合子
  スタイルシートの種類　スタイルの優先順位　詳細度　!important

第3章で作成する例題

第2章で作成したWebページに、CSSを使ってスタイルを設定し、レイアウトします。この例題を通して、CSSの基本的な文法、文字の色や大きさなどテキストを設定するプロパティ、Webページのレイアウトの基本要素であるボックスを設定するプロパティ、浮動化の方法などのCSSの基本事項を学習します。

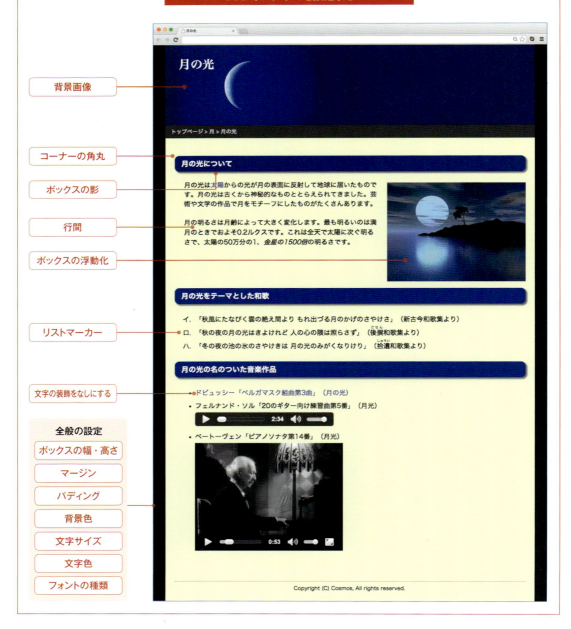

STEP 9 CSSの書き方の基本

STEP9では、CSSの基本的な書き方について学びます。

演習

① moonlight.html を変更して保存します

エディタでリスト2-9のmoonlight.htmlを開き、リスト3-1のように変更して上書き保存します。

◉リスト 3-1 [moonlight.html]　　　　　　　　　　　　　　　　　　　　　　　　　　　　HTML

```html
 1  <!DOCTYPE html>
 2  <html lang="ja">
 3  <head>
 4    <meta charset="UTF-8">
 5    <title>月の光</title>
 6    <style type="text/css">
 7      body { background-color: #ffffcc; }
 8      header h1 { font-size: 1.8em; font-family: serif; }
 9      section h2 { font-size: 1.1em; font-family: sans-serif;
        color: darkblue; }
10    </style>
11  </head>
12  <body>
```

(...省略...)

② Web ブラウザで表示します

moonlight.htmlをWebブラウザで開きます。すると、表示例3-1のように表示されます。背景に色が付き、見出しの大きさや色が変更されたことが確認できます。

◉表示例3-1 [moonlight.html]

093

第3章　CSSの基本を学ぶ

解　説

CSSとは

CSS（*Cascading Style Sheet*）は、HTML5で標準のスタイルシートを記述する言語です。

では、スタイルシートとはなんでしょうか。以前は、HTML文書の文字の色やサイズなどのスタイル（見た目）を設定するのに、おのおのの要素に属性を指定していました。しかし、この方法では文書の論理構造の記述とスタイルの記述が混じってしまい、文書の論理構造がわかりづらくなってしまいます。スタイルシートは、スタイルの設定を別の場所に定義しておき、それを論理構造に対して適用するというものです。スタイルシートを用いることで、文書の論理構造と表現方法を分けることができます。一般に、スタイルシートを用いることで次のようなメリットが生じます。

> ▶ 複数の文書に一貫したデザインを適用できる。
> ▶ 複数文書のスタイルを一括管理することができ、メンテナンスの効率が向上する。
> ▶ 同じ文書に対して、パソコン、スマートフォンなどの出力メディアごとに異なるスタイルを設定できる。
> ▶ スタイル専用の言語を使うことで、よりきめ細やかな表現を設定できる。
> ▶ HTMLが本来の目的である論理構造の記述に徹することができ、開発しやすく読みやすいソースを作れる。

HTML 4.01では、スタイルシートにどのような言語を用いるかをmeta要素で指定する必要がありましたが、HTML5の仕様ではCSSがデフォルトのスタイルシートとなっており、とくにスタイルシート言語がCSSであることを指定する必要はなくなりました。

現在のCSSの標準はCSS 2.1です。最新バージョンであるCSS3は複数のモジュールに分けて策定されており、まだすべてのモジュールが勧告にいたっているわけではありませんが、主要なWebブラウザはCSS3の多くの機能をとり入れています。本書では、CSS3で追加された機能に **CSS3** のマークをつけて示します。

例題のCSS

例題でCSSが記述されているのは、7行目から9行目です。

●リスト3-1 [moonlight.html]　　　　　　　　　　　　　　　　　　　　　　　　　　　　**HTML**

```
 6   <style type="text/css">
 7       body { background-color: #ffffcc; }
 8       header h1 { font-size: 1.8em; font-family: serif; }
 9       section h2 { font-size: 1.1em; font-family: sans-serif;
         color: darkblue; }
10   </style>
```

ここでは、head要素内にstyle要素を入れ、style要素の中にCSSのプログラムを記述しています。この方法は最初にCSSを学ぶときには便利ですが、一般的にはCSSのプログラムは外部ファイルに記述します。外部ファイルにCSSのプログラムを記述する方法については、STEP10で学びます。

094

CSSの書式

リスト3-1のstyle要素の要素内容の最初の行は、

となっています。これは、

body要素に対して、"背景色を#ffffccにする"というスタイルを適用する

という規則をあらわしています。この規則は、次の3つの部分からなっています。

① セレクタ

bodyの部分をセレクタといいます。セレクタは、スタイルを適用する対象をあらわしています。いまの場合は、body要素をスタイルの適用対象とするということになります。

② プロパティ

background-colorの部分をプロパティといいます。プロパティは、スタイルの種類をあらわしています。背景色や文字色、文字の大きさなどのさまざまなスタイルをあらわすプロパティが規定されており、1つの要素に複数のスタイルを設定することができます。

③ 値

#ffffccの部分をプロパティの値といいます。これは、プロパティであらわされるスタイルの設定内容をあらわしています。いまの場合は、#ffffccは色をあらわす色コードで、この値がbackground-colorプロパティの値となっています。

ここで、プロパティとその値はコロン(:)で区切ります。プロパティと値の組を**宣言**といいます。宣言は一つのスタイルをあらわします。一般には、複数の宣言をセミコロン(;)で区切って記述します。これらの宣言をセミコロンで区切ったものを、波括弧 { } でくくります。波括弧 {…} の部分を**宣言ブロック**といいます。セレクタに続いて宣言ブロックを並べたものは、CSSのプログラムを記述する上でのステートメント（プログラムの最小単位で、1つの命令文をあらわすもの）となっており、これを**規則集合**、もしくは単に**規則**といいます。CSSのプログラムは、このような規則集合を並べたものとなっています。ここで、セレクタと宣言ブロックの間や波括弧 { } とプロパティや値などの間に半角スペースを入れていますが、必須ではありません。しかし、半角スペースを入れた方がわかりやすいので、入れておいた方がよいでしょう。

このように、CSSの規則は「HTMLの要素に対して、プロパティの値を設定する」という処理をあらわしています。Webページをレイアウトすることは、HTMLの各要素に対してCSSで適切なプロパティを設定することであるといえます。

例題での設定

まず例題を簡単に説明しておきましょう。その後で、例題に関連するCSSのプロパティやCSSの文法の基本事項をより詳しく解説します。

❶ body 要素の設定

```
7  body { background-color: #ffffcc; }
```

月の光

トップページ > 月 > 月の光

月の光について

background-color: #ffffcc

▶ body 要素に対して、背景色を #ffffcc に設定しています。
- background-color プロパティは背景色を設定します。
- #ffffcc は色（　）をあらわす色コードです。

色コード

色コードは、はじめに #、次に R(Red：赤)、G(Green：緑)、B(Blue：青) それぞれの明るさをあらわす2桁の16進数(00～ff)を並べた6桁の数値となっています。

$$\#\underline{ff}\underline{ff}\underline{cc}$$
$$RGB$$

ここで、00は最小の明るさ、ff は10進数の255で最大の明るさをあらわします。00～ff でRGBごとに256階調の明るさをあらわすことができます。色コードでは、R、G、B の明るさの組み合わせで色をあらわします。次に、いくつかの色の色コードを示します。

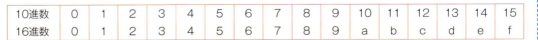

あらわすことのできる色数は、全部で256×256×256＝16777216（約1677万）色です。

16進数

16進数では、次のように0～15までの数を1つの記号であらわします。

10進数	0	1	2	3	4	5	6	7	8	9	10	11	12	13	14	15
16進数	0	1	2	3	4	5	6	7	8	9	a	b	c	d	e	f

16になったら1つ桁を上げて10とあらわします。16進数の位は、右から1の位、16の位、16^2＝256の位 …となります。たとえば、16進数のa5は、10進数では16×10+5＝165となります。

STEP 9　CSSの書き方の基本

❷ ヘッダの見出しの設定

```
8  header h1 { font-size: 1.8em; font-family: serif; }
```

月の光

- ▶ header要素の子孫要素であるh1要素に対して、フォントサイズを1.8em、フォントの種類をセリフに設定しています。
- ▪ "header h1"のように要素名Aと要素名Bを空白文字(半角スペースなど)で区切ると、要素Aの子孫要素である要素Bに対してスタイルを適用するという意味になります。
- ▪ この例では{ }の中に2つのプロパティの設定を記述しています。このように、複数のプロパティの設定を行うには、宣言(プロパティと値の組)をセミコロン(;)で区切ります。
- ▪ font-sizeプロパティには文字の大きさを設定します。emは適用要素の親要素のフォントサイズです。
- ▪ font-familyプロパティはフォントの種類を設定します。serif(セリフ)は日本語の明朝体に相当するフォントをあらわします。

❸ セクションの見出しの設定

```
9  section h2 { font-size: 1.1em; font-family: sans-serif;
   color: darkblue; }
```

月の光について

月の光をテーマとした和歌

月の光の名のついた音楽作品

- ▶ section要素の子孫要素であるh2要素について、フォントサイズを1.1em、フォントの種類をサンセリフに、文字色をdarkblueに設定しています。
- ▪ sans-serif(サンセリフ)は、日本語のゴシック体に相当するフォントをあらわします。
- ▪ colorプロパティは文字の色を設定します。

097

- darkblueは色をあらわすカラーネームです。カラーネームの一覧が付録4にあるのでご覧ください。

背景を設定するプロパティ

要素の生成するボックスの背景に、色やグラデーション、画像を設定することができます。ボックスについてはSTEP13で、背景を設定するさまざまなプロパティについてはSTEP14で詳しく説明します。ここでは、背景色を設定するbackground-colorプロパティについてのみ解説しておきます。

❶ background-colorプロパティ

background-colorプロパティは背景色を設定します。値は、色コードやカラーネームで指定します。background-colorプロパティの初期値はtransparent（透明）となっています。STEP13で学ぶように、背景色は要素の生成するボックスのボーダーを含むその内側に設定されます。

たとえば、例題においてsection要素の子孫要素であるh2要素とp要素の背景色を、次のように設定してみます。

```
section h2 { background-color: lightgreen; }
p { background-color: lightpink; }
```

すると、次のように表示されます。

背景色で塗られた領域は、それぞれsection要素の子孫要素であるh2要素と、p要素の生成するボックス領域を示しています。

発展学習
色の値

CSSで色を指定する値として、以下のものがあります。

① #rrggbb　[例：#ff0e12]
　　rr, gg, bbはRed(赤)、Green(緑)、Blue(青)の明るさをあらわす00〜ffの16進数です。

② #rgb　[例：#fa7]
　　r, g, bは0〜fの16進数で、値は#rrggbbと同じ値になります。たとえば#fa7は、#ffaa77と同じ色をあらわします。

③ rgb(r%, g%, b%)　[例：rgb(10%, 50%, 30%)]
　　r, g, bを0%〜100%で指定します。

④ rgb(r, g, b)　[例：rgb(255, 125, 20)]
　　r, g, bを10進数の0〜255の範囲で指定します。

⑤ rgba(r, g, b, a)　[例：rgba(255, 125, 20, 0.6)]　`CSS3`
　　r, g, bを10進数の0〜255の範囲で指定します。aは透明度で0〜1の間で指定します。0は透明、1は不透明をあらわします。

⑥ hsl(h, s, l)　[例：hsl(120, 100%, 75%)]　`CSS3`
　　hは色相で角度(0〜360)で、sは彩度で0%〜100%の間で、lは輝度で0%〜100%の間で指定します。

⑦ hsla(h, s, l, a)　[例：hsla(120, 100%, 75%, 0.6)]　`CSS3`
　　hslに透明度aを加えたものです。aは0〜1の間で指定します。

⑧ カラーネーム　[例：red]
　　redやblueなどの色の名前で指定します。カラーネームの一覧は、付録4の色見本をご覧ください。

⑨ transparent　[例：transparent]
　　透明であることを指定します。

⑩ currentColor　[例：currentColor]　`CSS3`
　　当該要素のcolorプロパティに指定されている色を指定します。

　これら以外に、ユーザーの使用しているOSで設定されているシステムカラーをキーワードとして設定する方法がありますが、CSS3では非推奨とされていますので、ここでは触れません。
　次の例は、いずれもh1要素内の文字の色を黄色に設定したものです。

```
h1 { color: yellow; }
h1 { color: #fff00; }
h1 { color: #ff0; }
h1 { color: rgb(255,255,0); }
h1 { color: rgb(100%,100%,0%); }
h1 { color: hsl(60,100%,100%); }
```

第3章　CSSの基本を学ぶ

文字を設定するプロパティ

文字を設定するプロパティはいろいろありますが、その中で最も基本的なものを説明します。

❶ font-size プロパティ

font-size プロパティは、要素内で使用されるフォントサイズ（文字サイズ）を設定します。font-size プロパティの値は、長さ、パーセント値、キーワードのいずれかで指定します。

長さ

文字サイズを、24pxのように実数値＋単位で指定します。font-size プロパティでよく使われる単位として、em（親要素の文字サイズ）、px（ディスプレイの1ピクセル）、pt（ポイント）、mm（ミリメートル）があります。

パーセント値

親要素の文字サイズに対する比率を、120%のように実数＋%で指定します。

キーワード

下の表に示す"xx-small"から"xx-large"までの7段階の絶対的な文字の大きさをあらわすキーワードが使えます。medium がWebブラウザの標準的な大きさで、主要Webブラウザでは16ptとなっています。比率はmediumに対する相対的な大きさをあらわしています。

キーワード	xx-small	x-small	small	medium	large	x-large	xx-large
比率	3/5 （60%）	3/4 （75%）	8/9 （88.8..%）	1 （100%）	6/5 （120%）	3/2 （150%）	2 （200%）

また、次の2つのキーワードは、親要素に対する相対的な大きさをあらわしています。

キーワード	意味
smaller	親要素よりも1段階小さい
larger	親要素よりも1段階大きい

たとえば、例題のnav要素に対して、次のように文字の大きさを設定してみます。

```
nav { font-size: x-small; }
```

すると、次のようにnav要素内の文字列は、他の文字よりも小さめに表示されます。

月の光

トップページ > 月 > 月の光 ──── font-size: x-small;

月の光について

STEP12で述べるように、font-size プロパティの値は親要素から子要素に継承されるため、要素にfont-size プロパティの値を設定しておけば、その子要素の文字サイズも同じ値となります。

100

長さの単位

適用要素のサイズを指定する場合は、0.75emというように、実数値＋単位という形で表現します。実数値は整数もしくは小数点を含む10進数であらわされた数値です。単位は、表3-1に示すもののいずれかを指定します。ここで、数値と単位の間に空白などを入れることはできません。

◉表3-1　長さの単位

相対単位		
em	適用要素の文字サイズをあらわす。font-sizeプロパティに適用される場合は、親要素の文字サイズをあらわす。ただし、親要素がない場合はWebブラウザの初期値となる。	
ex	適用要素のxハイトをあらわす。font-sizeプロパティに適用される場合は、親要素のxハイトをあらわす。ただし、親要素がない場合はWebブラウザの初期値となる。	
px	ディスプレイの1画素のサイズ。	
rem	ルート要素の文字サイズをあらわす。ただし、ルート要素の文字サイズがremで指定されている場合はWebブラウザの規定値となる。	CSS3
vw	ビューポート（ブラウザの表示領域）の幅を100とする単位。	CSS3
vh	ビューポート（ブラウザの表示領域）の高さを100とする単位。	CSS3
vmin	ビューポート（ブラウザの表示領域）の幅と高さの小さい方を100とする単位。	CSS3
ch	その要素で使われているフォントの0（ゼロ）の幅をあらわす。	CSS3
絶対単位		
in	インチ＝2.54cm	
mm	ミリメートル	
cm	センチメートル	
pt	ポイント＝1/72in	
pc	パイカ＝12pt	
パーセント値		
%	他の値に対する割合で長さや大きさを指定する。どの値に対する割合であるかはプロパティに依存する。たとえば、font-sizeプロパティに適用する場合は親要素の文字サイズに対するパーセント値に、widthプロパティに適用する場合は親要素の内容領域の幅に対するパーセント値になる。	

単位には、具体的な長さをあらわす**絶対単位**と、別の長さに対する比率によって長さをあらわす**相対単位**があります。また一部のプロパティでは、サイズではなくパーセント（%）を単位とする**パーセント値**を指定することもできます。ここで、pxは出力装置の画素の大きさで相対単位に分類されていますが、これは画面の解像度を変更しない限り固定的なものですので、相対単位とはいっても絶対単位に近いものといえます。

一般的に、大きさを指定する場合は、相対単位を使った方が拡張性が高く管理しやすくなります。また、Webブラウザの利用者がブラウザの文字サイズの初期値やウィンドウの幅などを変更すると、相対単位であらわされた長さはそれに応じて変化するので、利用者にとって扱いやすくなります。一方、絶対単位は、出力装置の大きさや解像度がわかっている場合に、その性質をうまく利用するために使うことができます。

第.3章　CSSの基本を学ぶ

❷ font-family プロパティ

　font-family プロパティは、フォントの種類を設定します。font-family プロパティの値としては、具体的なフォント名（Georgia, TimesNewRomanなど）と、次の**総称ファミリー名**が使用できます。

値	意味
serif	日本語の明朝系に相当するフォント
sans-serif	日本語のゴシック系に相当するフォント
cursive	日本語の筆記体・草書体に相当するフォント
fantasy	装飾がメインとなっているフォント
monospace	等幅のフォント

　たとえばcursiveは、Chromeでは次のように表示されます。

```
section h2 { font-family: cursive; }
```

月の光をテーマとした和歌

　フォント名にスペースを含む場合は、引用符「"」または「'」で囲みます。また、フォントはカンマ（, ）で区切って複数指定することができます。

```
font-family: Georgia,'MS ゴシック ',sans-serif;
```

　この場合、左から順に見ていって、ユーザー環境で利用できるフォントがあった場合、それが使用されます。具体的なフォント名を複数個指定する場合は、最後に総称ファミリー名のいずれかを指定するようにします。この場合、最後の総称ファミリー名は、その前までのフォントが利用できない場合に用いられます。

❸ font-style プロパティ

　font-style プロパティは、フォントをイタリック体・斜体にする場合に用います。font-style プロパティの値としては、次の3つが使用できます。

値	意味
normal	標準書体
italic	イタリック体
oblique	斜体

　ここでitalicを指定した場合、フォントにイタリック体がない場合はobliqueとして処理されます。obliqueを指定した場合、フォントに斜体がない場合は標準書体を強制的に傾けて表示します。
　たとえば、次のように設定すると、section要素の子孫要素であるh2要素内の文字が斜体で表示されます。

```
section h2 { font-style: italic; }
```

月の光をテーマとした和歌

102

STEP 9　CSSの書き方の基本

❹ font-weightプロパティ

font-weightプロパティは、フォントのウェイト（太さ）を設定します。font-weightプロパティの値には、太さをあらわす9段階の数値（100, 200, 300, 400, 500, 600, 700, 800, 900）と、次のキーワードが使用できます。

値	意味
normal	標準（400）
bold	太字（700）
lighter	親要素の太さよりもひとまわり細くする
bolder	親要素の太さよりもひとまわり太くする

ただし、ほとんどのフォントはnormalとboldのみしか対応していません。このため、font-weightの指定はnormalかboldの2つでのみ指定した方がよいでしょう。font-weightプロパティの初期値は、ほとんどの要素に対してはnormalですが、次の要素に対してはboldとなっています。

b, h1～h6, strong, th

たとえば次のように設定すると、footer要素の子要素であるp要素内の文字が太字で表示されます。

```
footer p { font-weight: bold; }
```

Copyright (C) Cosmos, All rights reserved.

❺ font-variantプロパティ

font-variantプロパティは、フォントの字形を設定します。font-variantプロパティの値としては、次の2つが使用できます。

値	意味
normal	通常の字形
small-caps	スモールキャプス

スモールキャプスとは、小文字の高さでデザインされた大文字字形のことをいいます。font-variantをsmall-capsとすることで、小文字の部分が小さな大文字字形で表示されます。フォントがスモールキャプスの字形を持たない場合は、アルファベットの小文字の部分を、大きさはそのままで大文字の字形に変換して表示します。

たとえば次のように設定すると、h1要素内の小文字がスモールキャプスで表示されます。

```
<h1>Moonlight</h1>
```

```
h1 { font-variant: small-caps; }
```

MOONLIGHT

103

❻ line-height プロパティ

line-height プロパティは、行の高さを設定します。値には、実数値、長さ（実数＋単位）、パーセント値（実数値＋%）、normal を使用することができます。実数値は、その要素の文字サイズに対する比率をあらわします。normal とするとWebブラウザが文字サイズから行の高さを決定します。

たとえば、例題でp要素の文字サイズと行の高さを次のように設定してみます。

```
p { font-size: 16px; line-height: 2; }
```

すると、次のように行間が広がって表示されます。

月の光は太陽からの光が月の表面に反射して地球に届いたものです。月の光は古くから神秘的なものととらえられてきました。芸術や文学の作品で月をモチーフにしたものがたくさんあります。

この場合、行の高さは文字サイズ16pxの2倍である32pxとなります。行の文字の上と下の空白領域の高さを半行間といいます。半行間は行の高さから文字サイズを引いて2で割ったもので、いまの場合8pxとなります。行間は半行間の2倍で、いまの場合16pxとなります。

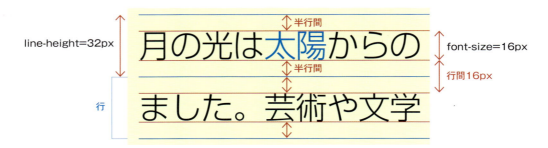

❼ font プロパティ

font プロパティは、フォントの6つのプロパティ（font-style, font-variant, font-weight, font-size, line-height, font-family）の値を一括で設定します。font プロパティは次のように設定します。

```
font: <スタイル> <字形> <ウェイト> <サイズ>/<行の高さ> <フォント>
```

スタイル・字形・ウェイトは記述する順番は問わず、省略可能です。行の高さは省略可能ですが、省略する場合は「/」を除きます。

たとえば、

```
p { font: italic 1.2em/1.5 Impact, sans-serif; }
```

とすると、p要素のフォントスタイルをイタリック体に、フォントサイズを1.2emに、行の高さを1.5に、フォントの種類をImpactもしくはsans-serifに設定します。

STEP 9　CSSの書き方の基本

❽ color プロパティ

color プロパティは、要素内で使用される文字の色を設定します。color プロパティの値は、色コードやカラーネームで指定します。rgba関数を使えば、透明度を設定して半透明にすることもできます。色の値について詳しくは、P.099の発展学習「色の値」をご覧ください。

たとえば、例題でheader要素の子孫要素であるh1要素の文字色を変えてみます。

```
header h1 { color: purple; }
```

> # 月の光

❾ text-indent プロパティ

text-indent プロパティは、1行目のインデントを設定します。値には、長さ（実数＋単位）とパーセント値（実数値＋%）を使用することができます。パーセント値は親要素のボックスの幅に対する比率となります。

たとえば、例題でp要素に対して次のように設定してみます。

```
p { text-indent: 1em; }
```

すると、次のように1行目が1文字分字下げされて表示されます。

> 　月の光は太陽からの光が月の表面に反射して地球に届いたものです。月の光は古くから神秘的なものととらえられてきました。芸術や文学の作品で月をモチーフにしたものがたくさんあります。

❿ text-align プロパティ

text-align プロパティは、文字列の行揃えを設定します。次にtext-align プロパティのおもな値を示します。

値	意味
left	左揃え
right	右揃え
center	中央揃え
justify	ジャスティファイ

たとえば、例題でheader要素の子孫要素であるh1要素に対して、次のように設定してみます。

```
header h1 { text-align: center; }
```

すると、次のように文字列が中央揃えで表示されます。

> 月の光 ●── text-align: center;
>
> トップページ > 月 > 月の光

105

第3章 CSSの基本を学ぶ

⑪ vertical-align プロパティ

vertical-align プロパティは、文字の上下方向の配置を設定します。vertical-align プロパティは、インラインレベル要素（テキストと同じく行に流し込まれる要素）※とテーブルセル要素に適用することができますが、ここではインラインレベル要素の場合について説明します。テーブルセル要素に対する適用については、第5章のSTEP22をご覧ください。インラインレベル要素に対して使用できる値は次のとおりです。

値	意味
baseline	文字のベースラインを親要素のベースラインに合わせる
top	行の上端に揃える
bottom	行の下端に揃える
middle	文字の中央を親要素の文字の中央に合わせる
super	文字のベースラインを上付き文字の位置に合わせる
sub	文字のベースラインを下付き文字の位置に合わせる
text-top	文字を親要素の文字の上端に揃える
text-bottom	文字を親要素の文字の下端に揃える
長さ	親要素のベースラインから文字のベースラインまでの垂直方向の距離を実数＋単位で指定する
パーセント値	親要素のベースラインから文字のベースラインまでの垂直方向の距離をline-height プロパティの値に対する比率で指定する

たとえば、次のHTML文書を考えます。

```
<p>H<span class="sub">2</span>Oはごく一部がH<span class="super">+</span>イオンとOH<span class="super">-</span>イオンに電離しています。</p>
```

これに対して次の規則を適用します（span.sub は class 属性の値が "sub" である span 要素をあらわします。class 属性について詳しくはSTEP11をご覧ください）。

```
span { font-size: 0.8em; }
span.sub { vertical-align: sub; }
span.super { vertical-align: super; }
```

すると、次のように "2" が下付きで、"+" と "-" が上付きで表示されます。

H$_2$Oはごく一部がH$^+$イオンとOH$^-$イオンに電離しています。

※ インラインレベル要素とは、display プロパティの値が inline, inline-block, inline-table のいずれかである要素のことをいいます。フレージング・コンテンツの要素のほとんどは、display プロパティの初期値が inline です。

106

発展学習
フォントの基準線とフォントサイズについて

　欧文のフォントは、いくつかの見えない基準線に沿ってデザインされています。最も基本的な基準線はベースラインです。文字はベースラインを基準に配置されています。小文字のxやa, cなどの高さをxハイトといい、ベースラインから上にxハイトだけの距離にある基準線をミーンラインといいます。欧文はおもに小文字からなるため、フォントの形はベースラインとミーンラインを基準として設計されています。ベースラインから大文字の上端までをアセンダといい、アセンダの上端の基準線をアセンダラインといいます。小文字のdやfなどの上端の基準線をキャップラインといいます。一般に、キャップラインはアセンダラインより下にあります。ベースラインから小文字のpやyの下端までをディセンダといいます。ディセンダの下端の基準線をディセンダラインといいます。

　日本語のフォントには欧文のような細かな基準線はありません。欧文と和文を混在させるときは、日本語フォントに欧文ベースラインの情報を持たせ、欧文ベースラインを基準に配置します。

　デジタルフォントは、活字のボディに相当する仮想ボディと呼ばれる長方形の枠の中にデザインされています。CSSでは、仮想ボディの高さをフォントサイズと呼んでいます。フォントサイズはfont-sizeプロパティで指定することができます。フォントサイズが同じであれば、仮想ボディの高さはフォントの種類や文字にかかわらず一定の値となります。
　一方、仮想ボディの幅は、ほとんどの欧文フォントに対しては文字ごとに異なります。このようなフォントをプロポーショナル・フォントといいます。これとは反対に、仮想ボディの幅が一定であるフォントを等幅フォントといいます。一般的に、プロポーショナル・フォントの方が可読性が高くなります。等幅フォントは、タイプライタや初期のコンピュータで使用されていました。
　実際の文字の形を字面といいます。字面は仮想ボディの内側にある字面枠と呼ばれる長方形の中におさめられています。字面枠の大きさが見た目の文字の大きさとなります。字面枠の大きさはフォントの種類や文字ごとに異なります。つまり、同じ文字サイズでも、見た目の文字の大きさは異なります。下の図は、times, courier, arial, centuryの4つのフォントを同じ文字サイズで表示したものです。

第3章　CSSの基本を学ぶ

⑫ letter-spacingプロパティ

letter-spacingプロパティは、文字間隔（トラッキング）を設定します。使用できる値は次のとおりです。

値	意味
normal	Webブラウザの標準の間隔
長さ	実数値＋単位で指定します（負の値も可）

letter-spacingの値を、正に設定すると文字間隔が広く、負に設定すると文字間隔が狭くなります。
たとえば、例題でh2要素に対してletter-spacingプロパティを設定してみます。

```
h2 { letter-spacing: 0.5em; }
```

すると、letter-spacingの値に応じて次のように表示されます。

normal ——　**月の光の名のついた音楽作品**

0.5em ——　**月 の 光 の 名 の つ い た 音 楽 作 品**

⑬ text-decorationプロパティ

text-decorationプロパティは、文字の下線、上線、取り消し線を設定します。使用できる値は次のとおりです。

値	意味
none	線を引かない（初期値）
underline	下線を引く
overline	上線を引く
line-through	取り消し線を引く
blink	文字を点滅する

a要素に対するtext-decorationプロパティの初期値は"underline"となっているため、標準で下線が引かれます。
値を"none"とすることで下線が引かれなくなります。たとえば、例題でa要素に対して次のように設定してみます。

```
a { text-decoration: none; }
```

すると、次のようにa要素（太陽）の下線が表示されなくなります。

月の光は太陽からの光が月の表面に反射して地球に届いたものです。月の光は古くから神秘的なものととら
した。芸術や文学の作品で月をモチーフにしたものがたくさんあります。

108

⑭ text-shadow プロパティ

text-shadow プロパティは、文字に影を設定します。text-shadow プロパティは次のように設定します。

`text-shadow：<水平方向の距離> <垂直方向の距離> <影のぼかし半径> <影の色>；`

　距離と半径は、長さで指定します。影の色は、色コードやカラーネームで指定します。影のぼかし半径と影の色は省略することができます。影の設定は、カンマ(,)で区切って複数指定することができます。
　たとえば、例題でheader要素の子孫要素であるh1要素に対して次のように設定してみます。

```
header h1 { text-shadow: 2px 2px 2px gray; }
```

　すると、次のようにh1要素の文字に影がつきます。

　次は、影を複数設定した例です。最初の2つは文字にグロー効果(光彩の効果)をつけています(1つだけでは薄いので2つ重ねて濃くしています)。3つめは、横方向のオフセット6px、縦方向のオフセット6px、ぼかしの半径を6pxとし、色をrgba関数で指定して半透明にしています。

```
header h1 {
   font-size: 50px;
   font-family: sans-serif;
   color: lightyellow;
   text-shadow: 0px 0px 4px purple,
                0px 0px 4px purple,
                6px 6px 6px rgba(0,0,200,0.7);
}
```

第3章　CSSの基本を学ぶ

規則の書き方の基本

この章のはじめのP.095「CSSの書式」では、CSSの規則の基本的な書き方を学びました。CSSのプログラムは、このような規則を並べたものとなっています。ここでは、規則を書く際のより詳しいCSSの構文（書き方のルール）について解説します。

❶ 空白文字

セレクタ、プロパティ、値の前後に、空白文字（半角スペース、タブ、改行）を入れることができます。空白文字を適切な場所に入れることで、CSSのソースコードを整形してわかりやすくできます。ただし、全角スペースは空白文字としては扱われないので注意が必要です。CSSの規則の中に全角スペースを入れると構文エラーとなり、そこの部分が無視されます。

たとえば、リスト3-1の8行目は、次のように書いてもまったく同じように機能します。

```
header h1 {
    font-size: 1.8em;
    font-family: serif;
}
```

この例のように、{ の後で改行し、プロパティと値のセットごとに頭にタブで空白を空けて1行ずつ記述する方法は、わかりやすくメンテナンス性が高いため、よく用いられます。

❷ 大文字と小文字

CSSをHTML文書に適用する場合、基本的に大文字と小文字を区別しません。セレクタ、プロパティ、値に大文字を使っても小文字を使っても同じことになります。たとえば、

```
header h1 { font-size: 1.8em }
```

を次のように書いても、同じように機能します。

```
Header H1 { Font-Size: 1.8EM }
```

ただし、CSSの制御下にないHTMLのid名やclass名については、大文字と小文字を区別します。たとえば、

```
p#red { color: red; }
```

は、HTMLの要素<p id="red">...</p>には適用されますが、<p id="Red">...</p>には適用されません。

CSSをXHTMLに適用する場合は、XHTMLでは要素名や属性名が小文字となるため、CSSでのセレクタや属性名は小文字にしなければなりません。また、Web開発用の統合環境やエディタでは、プロパティ名を小文字でしか認識しないものもあります。このようなことを考慮すると、セレクタ、プロパティ、値はすべて小文字で記述しておいた方がよいでしょう。本書では、すべて小文字で統一しています。

110

STEP 9　CSSの書き方の基本

❸ 子孫要素のスタイルを設定するには

　ある要素の子孫である要素にスタイルを設定する場合は、要素とその子孫要素の要素名を空白文字で区切って並べます。

　たとえば、header要素の子孫要素であるh1要素に対して「文字サイズを1.8emとする」というスタイルを設定するには、次のようにします。

```
header h1 { font-size: 1.8em }
```

　この空白文字は子孫結合子と呼ばれます。CSSでは子孫結合子以外に、さまざまな結合子を利用することができます。これ以外の結合子については、STEP16の「セレクタの結合子」のページをご覧ください。

❹ プロパティを複数設定するには

　プロパティを複数設定するときは、宣言ブロックの中に宣言（プロパティと値のペア）をセミコロン（;）で区切って並べます。

　たとえば、header要素の子孫要素であるh1要素に対して「文字サイズを1.8emとし、フォントの種類をセリフにする」というスタイルを設定するには、次のようにします。

```
header h1 { font-size: 1.8em; font-family: serif; }
```

　ここで、最後の宣言の後のセミコロンは省略できます。しかし、後から宣言を追加することを考慮して、最後の宣言の後のセミコロンはつけておいた方がよいでしょう。

❺ 複数のセレクタに対して同じスタイルを設定するには

　セレクタは、カンマで区切って並べることで**グループ化**できます。これにより、一つのスタイルを、複数のセレクタの示す要素に適用することができます。

　たとえば、次はsection要素内のh1要素とsection要素内のh2要素に対して宣言ブロック内のスタイルを設定します。

```
section h1,section h2 {
    font-size: 1.1em;
    font-family: sans-serif;
    color: darkblue;
}
```

　これは、次のように分けて書いても結果は変わりません。

```
section h1 { font-size: 1.1em; font-family: sans-serif; color: darkblue; }
section h2 { font-size: 1.1em; font-family: sans-serif; color: darkblue; }
```

111

第3章　CSSの基本を学ぶ

❻ コメントの書き方

　/*と*/ではさんだ文字列はコメントとなります。ただし、コメントを入れ子にすることはできません。コメントはWebブラウザがレンダリングするときに無視されます。次の例は、各プロパティごとに説明文を入れています。

```
header h1 {
   font-size: 1.8em;      /* 文字の大きさを1.8emに */
   font-family: serif;    /* フォントをセリフに       */
}
```

　このように、適切な場所にコメントを入れておくことで、CSS文書を読んだときに理解しやすくなり、後から編集しやすくなります。ただし、すべての規則にコメントを入れるのは、煩雑になり逆にわかりにくくなるのでおすすめできません。コメントは、基本的にはセクションなどのWebページを作る大きなブロックごとに入れて、とくに説明が必要な箇所に追加で入れるくらいにするのがよいでしょう。次の例は、Webページのヘッダ部分とパンくずリストによるナビゲーションの部分をあらわすために、コメントを入れています。

```
/*  ヘッダ部分
+++++++++++++++++++++++++++++++++++++++++++++++++++++++++++++++++++++++++++++*/
header h1 {
   font-size: 1.8em;
   font-family: serif;
}
/*  パンくずリスト
+++++++++++++++++++++++++++++++++++++++++++++++++++++++++++++++++++++++++++++*/
nav p {
   font-size: 0.70em;
}
```

　コメントは、一時的にCSS文書の一部分を無効にする(マスクする)ためにも用いられます。たとえば、

```
/*
header h1 { font-size: 1.8em }
*/
```

とすれば、header h1 {…}の部分はコメントとなり、この規則は適用されなくなります。

❼ 構文エラーの処理

　CSSの規則に構文エラーがあると、Webブラウザはその部分を無視して(読み飛ばして)レンダリング処理を行います。以下に、おもな構文エラーと、それが発生した場合の処理方法を示します。

① セレクタの書式が解析できない場合

　セレクタの書式が解析できない(文法に合っていない)場合は、その規則全体が無視されます。たとえば、

```
h1, h2 & h3 { color: red; }
```

112

において、セレクタ同士を&で結合するというCSSの構文規則はないので、この行全体が無視されます。

② 未知のプロパティがある場合

　CSSの構文規則にはない未知のプロパティがある場合は、それを含む宣言部分が無視されます。たとえば、

```
h1 { color: red; shadow: 1px 1px yellow; }
```

において、shadowというプロパティはCSSの構文規則にないため、この宣言の部分が無視され、

```
h1 { color: red; }
```

としたのと同じになります。

③ プロパティの値が不正である場合

　CSSの構文規則にはない未知のプロパティの値がある場合は、それを含む宣言の部分のみが無視されます。たとえば、

```
img { margin: 10px; float: center; }
```

において、floatプロパティの値にcenterは許されていないため、この宣言の部分が無視され、

```
img { margin: 10px; }
```

としたのと同じになります。

④ 文字列が途中で終わっている場合

　宣言もしくは規則を記述する文字列が途中で終わっている場合は、その文字列は無視されます。たとえば、

```
p {
    color: red;
    font-size: 1.2em
    line-height: 2;
    background-color: lightblue;
}
```

において、"font-size: 1.2em"の後にセミコロンがないため、"font-size: 1.2em"から"line-height: 2;"までが1つの宣言と見なされますが、この部分は不正であるため無視されて、

```
p {
    color: red;
    background-color: lightblue;
}
```

としたのと同じになります。

第3章 CSSの基本を学ぶ

⑤ スタイルシートが途中で終わっている場合

スタイルシートが最後まで記述されておらず途中で終わっている場合は、括弧やコメントなどをスタイルシートの終端で閉じるように変更されます。たとえば、

```
p { font-size: 0.9em; }
h1 { color: red
```

では最後の波括弧が抜けていますが、次のように扱われます。

```
p { font-size: 0.9em; }
h1 { color: red; }
```

⑥ 未知の＠キーワードがある場合

CSSには通常の規則以外に＠規則というものがあります。＠規則は＠キーワードとそれに続く部分からなりますが、CSSの構文規則にない未知の＠キーワードがある場合は＠規則全体が無視されます。たとえば、

```
@important url("mystyle.css");
h1 { color: red; }
```

において、＠importantという＠規則はないため、第1行目全体が無視されます。

プロパティの初期値

すべての要素に対してそれぞれのプロパティの初期値が、Webブラウザによって設定されています。たとえば、font-sizeプロパティの初期値は、主要Webブラウザでは表3-2のようになっています。

●表3-2 font-sizeプロパティの初期値

要素	初期値	要素	初期値	要素	初期値
h1	2em	x h1	1.5em	big	larger
h2	1.5em	x x h1	1.17em	small	smaller
h3	1.17em	x x x h1	1em	sub	smaller
h4	1em	x x x x h1	0.83em	sup	smaller
h5	0.83em	x x x x x h1	0.67em	rt	50%
h6	0.67em	p	1em	その他	medium

※ xはセクショニング要素(article, aside, nav, section)です。"x h1"はxの子要素であるh1、"x x h1"はxの子要素であるxの子要素であるh1という意味です。

規則によってプロパティの値が設定されていない場合は、そのプロパティの初期値が用いられます。多くの場合、初期値としてHTML5の仕様で定められた標準値が用いられていますが、Webブラウザによって異なる初期値もあり、これにより、WebページのレイアウトがWebブラウザごとに異なってきます。

114

ベンダプレフィックス

　CSS3で新しく導入された草案段階でまだ仕様が確定していないプロパティの一部は、プロパティ名の前にブラウザごとのベンダプレフィックスをつけます。たとえば、box-shadowプロパティをChrome、Safari、Operaで使用する場合は、-webkit-box-shadowとします。-webkit-の部分がベンダプレフィックスです。ベンダはWebブラウザを提供している企業のことで、プレフィックスは接頭辞（頭につける文字列）を意味します。ベンダプレフィックスは、そのプロパティが対応するWebブラウザ専用であることを示すものです。表3-3に、ベンダプレフィックスの一覧を示します。

●表3-3　ベンダプレフィックスの一覧

Webブラウザ	ベンダプレフィックス
Chrome	-webkit-
Safari	-webkit-
FireFox	-moz-
Internet Explorer	-ms-
Opera	-webkit-※

※ Operaは元々は-o-でしたが、Opera15以降では-webkit-をつけます。

　ベンダプレフィックスが付いているプロパティは、今後勧告にいたるまでに仕様の変更や廃止、もしくは新機能の追加などが行われる可能性があります。ベンダプレフィックスは、草案が勧告候補になったときに外すことが推奨されています。すでにいくつかのWebブラウザでは、CSS3の新機能がベンダプレフィックスなしで動作するようになっています。

　ベンダごとに異なるプロパティをより多くのブラウザで有効にするには、次の例のようにプロパティのすべての宣言を記述しておきます。この際、現在ベンダプレフィックスが必要なプロパティでも、将来ベンダプレフィックスが外されたときに備えて、最後にベンダプレフィックスなしの指定を併記しておくようにします。

```
-moz-box-shadow: 10px 10px 10px #050505;
-webkit-box-shadow: 10px 10px 10px #050505;
box-shadow: 10px 10px 10px #050505;
```

　また、次の例のようにプロパティの値がベンダによって異なる場合があります。その場合にも、すべての場合をCSSで記述しておきます。

```
background: -moz-linear-gradient(top centor,yellow 0%,blue 100%);
background: -webkit-gradient(linear,center top,center bottom,from(yellow),to(blue));
background: linear-gradient(top centor,yellow 0%,blue 100%);
```

第3章 CSSの基本を学ぶ

STEP 10 スタイルの適用方法

CSSを外部ファイルに記述して、HTML文書に適用する方法を学びます。

演習

① moon_style.css を作成して保存します

エディタを起動し、新しいファイルを作成し、リスト3-2のように入力し、[hpstudy] フォルダの中に moon_style.cssというファイル名で保存します。文字エンコーディングはUTF-8とします。

◉ **リスト 3-2 [moon_style.css]**　　　　　　　　　　　　　　　　　　　　　　　CSS

```css
body {
    background-color: #ffffcc;
}
header h1 {
    font-size: 1.8em;
    font-family: serif;
}
section h2 {
    font-size: 1.1em;
    font-family: sans-serif;
    color: darkblue;
}
```

② moonlight.html を変更して保存します

エディタでリスト3-1のmoonlight.htmlを開き、リスト3-3のように変更して、上書き保存します。

◉ **リスト 3-3 [moonlight.html]**　　　　　　　　　　　　　　　　　　　　　　HTML

```html
<!DOCTYPE html>
<html lang="ja">
<head>
    <meta charset="UTF-8">
    <title>月の光</title>
    <link rel="stylesheet" href="moon_style.css" type="text/css">
</head>
<body>
<!-- ヘッダ -->
```
　　　　　　　　　　　　　　　　　　　　（...省略...）

③ Webブラウザで表示します

moonlight.htmlをWebブラウザで開きます。すると、表示例3-1（P.093）とまったく同じに表示されます。

STEP 10　スタイルの適用方法

解 説

CSSをHTMLへ適用するには？

　CSSをHTML文書に適用するには、次の4つの方法があります。①〜③でのtype="text/css"はHTML5では
オプションとなっており書く必要はありませんが、後方互換性を保つために入れておきます。

①link要素で外部スタイルシートを読み込む

　スタイルを記述したテキストファイルを、拡張子.cssをつけて保存し、head要素内のlink要素を配置し、href
属性の値にそのファイルのURLを指定して読み込みます。複数の外部スタイルシートを読み込む場合は、ファイ
ルごとにlink要素を記述します。例題では、moon_style.cssというファイルを読み込んでいます。

```
<link rel="stylesheet" href="moon_style.css" type="text/css">
```

②@importで外部スタイルシートを読み込む

　スタイルを記述したテキストファイルを拡張子.cssをつけて保存し、head要素内のstyle要素内で@importに
よりそのファイルを読み込みます。複数の外部スタイルシートを読み込む場合は、ファイルごとに@importで読
み込みます。link要素と違い@importの後に③のstyle要素での記述と同じようにスタイルを追加することができ
ます。次の例では、moon_style.cssというファイルを読み込んでいます。

```
<style type="text/css">
  @import url("moon_style.css");
</style>
```

　ここで、読み込むファイルの指定は、url("moon_style.css")と"moon_style.css"の両方の書式が使用できます。
また、@importステートメントの最後にはセミコロン(;)が必要です。

　@importによる読み込みは、外部スタイルシートの中でも行うことができます。この場合は、@importはすべ
ての宣言の前に記述する必要があります。

③HTML文書のhead要素内のstyle要素に記述する

　head要素内のstyle要素内に、設定したいスタイルを記述します。この場合、スタイルは記述した文書内のみ
で有効となります。特定のHTML文書に特定のスタイルを適用する場合は、この方法も選択肢の一つとなります。

```
<style type="text/css">
  body { background-color: #ffffcc; }
  header h1 { font-size: 1.8em; font-family: serif; }
  section h2 { font-size: 1.1em; font-family: sans-serif; }
</style>
```

117

④ style属性で要素に直接スタイルを設定する

スタイルを適用したい要素に、HTMLのstyle属性で直接スタイルを設定します。

```
<h2 style="font-size: 1.8em; color: red;">月の光について</h2>
```

この中で推奨されているのは、①と②の外部スタイルシートを読み込む方法です。同一の外部スタイルシートを複数のHTML文書に適用することで、一貫したデザインのWebサイトを構築できます。また、HTML文書とCSS文書に分けることで、内容の記述とスタイルの記述を分けることができます。こうしておけば、内容を変更する場合はHTML文書のみを、スタイルを変更する場合はCSSファイルのみを変更すればよいので、Webサイトの管理がしやすくなります。

Webサイトのすべてのページを同じスタイルのデザインにするには、下図のように1つのCSSファイルをWebサイトのすべてのHTML文書に適用します。

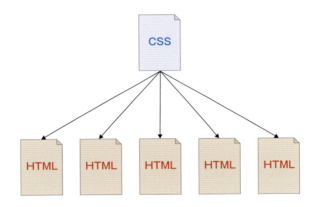

Webサイトの全体としてはデザインを統一し、特定のWebページに対して部分的に固有のスタイルを適用する場合は、下図のように全体のデザインを指定するCSSファイルをすべてのHTML文書に適用した上で、固有のスタイルを記述したCSSファイルを該当するHTML文書に適用します。

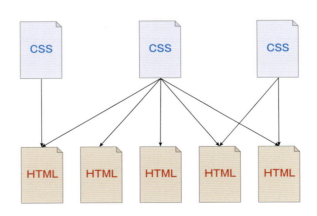

STEP 10　スタイルの適用方法

　重要ポイント

●CSSファイル入力時の注意点：宣言ごとに入力してWebブラウザで確認する

　CSSファイルを作成する場合は、「宣言（プロパティの設定）を一つ入力しては、Webブラウザでその宣言がなにをしているかを確認する」という作業を繰り返しながら入力作業を進めていきましょう。

　たとえば、リスト3-2の4行目から7行目を入力する場合、次のような手順で行います。

① WebブラウザでHTML文書moonlight.htmlを表示しておきます。

月の光

② エディタでCSSファイルにセレクタと宣言ブロックの括弧{}を入力します。

```
header h1 {
}
```

③ font-sizeプロパティの設定の宣言を入力して上書き保存します。

```
header h1 {
   font-size: 1.8em;
}
```

④ Webブラウザで再読み込みして確認します。

月の光

⑤ font-familyプロパティの設定の宣言を入力して上書き保存します。

```
header h1 {
   font-size: 1.8em;
   font-family: serif;
}
```

⑥ Webブラウザで再読み込みして確認します。

月の光

　このように入力していけば、各段階でCSSの文法は正しいものとなり、どの段階で保存してもWebブラウザで入力内容が正しいかどうかをチェックすることができます。こうして、一つ一つの宣言を確認しながら入力作業を進めていくことで、各プロパティの設定を一つ一つ確実に理解することができ、入力エラーも見つけやすくなります。一方、例題を全部入力してからWebブラウザで確認すると、どこの部分にエラーがあるのかを見つけ出すのが難しくなります。

第3章 CSSの基本を学ぶ

STEP 11 基本的なセレクタ

STEP11とSTEP12では、moon_style.cssを変更する作業を一時休止して、CSSの文法に関する基本事項の解説を行います。

CSSでは、セレクタによってHTML文書のどの要素にスタイルを適用するかを指定します。いままで述べてきた要素名をセレクタとするもの以外にも、さまざまなセレクタが用意されています。一般に、セレクタは、要素のパターン（要素に関する条件）を与えるものです。セレクタによって与えられた条件を満たす要素のことを、セレクタに**マッチ**した要素といいます。CSSではこのような**パターンマッチング**によって、スタイルを適用する要素を決定します。

STEP11では基本的なセレクタであるタイプセレクタ、ユニバーサルセレクタ、クラスセレクタ、idセレクタについて解説します。これら以外のセレクタ（属性セレクタ・疑似クラス・疑似要素）およびセレクタの結合子については、STEP16で解説します。

基本的なセレクタ

❶ タイプセレクタ：要素名 { … }

要素名のみをセレクタとしたものを**タイプセレクタ**といいます。指定した要素に対してスタイルを適用するための最も基本的なセレクタです。

次の例では、h1をセレクタとしたタイプセレクタを用いています。この場合、宣言ブロック内で設定されているスタイルは、h1要素に適用されます。

```
h1 { font-size: 1.8em; font-family: serif; }
```

❷ ユニバーサルセレクタ：* { … }

アスタリスク（*）をセレクタとしたものを**ユニバーサルセレクタ**もしくは**全称セレクタ**といいます。ユニバーサルセレクタは、すべての要素をあらわしています。これによって、すべての要素に対してスタイルを適用することができます。

次の例では、宣言ブロック内で設定されているスタイルは、すべての要素に適用されます。

```
* { color: red; font-style: italic; }
```

ここで、この後で説明しているクラスセレクタ、idセレクタおよびSTEP16で説明している属性セレクタ、疑似クラス、疑似要素では、要素名の部分にユニバーサルセレクタを用いることができます。さらに、ユニバーサルセレクタはこれらの場合に省略できます。つまり、要素名がない場合はユニバーサルセレクタとみなされます。

120

❸ クラスセレクタ

① クラスとは

　たとえば、p要素は段落を定義しますが、このままでは文書内のすべての段落に同じスタイルしか適用できません。しかし、「注釈」などの異なる意味あいを持つ段落に対して、異なるスタイルを適用したい場合があります。そこで、HTMLでは要素に**class属性**を使い、**クラス名**をつけて要素を分類できるようになっています。CSSでは、各クラスごとにスタイルを設定できます。

　次の例は、p要素にクラス属性を指定し、クラス名"subtitle"をつけています。

```
<header>
    <h1>宇宙開発の歴史</h1>
    <p class="subtitle">スプートニクから火星へ</p>
</header>
```

　一つの要素に対して、複数のクラス名を設定することができます。この場合は、クラス名の所に複数のクラス名を空白文字(半角スペースなど)で区切って並べます。たとえば、

```
<header>
    <h1>宇宙開発の歴史</h1>
    <p class="subtitle mars">スプートニクから火星へ</p>
</header>
```

とすれば、p要素は"subtitle"という名前のクラスと"mars"という名前のクラスの2つに属するということになります。

クラス名のつけ方

　HTMLでは文章の論理的構造や意味あいだけを記述し、Webページ上のスタイル(見た目)はすべてCSSで記述します。このように、HTMLとCSSの役割分担を明確にすることで、Webページの開発や管理がしやすくなります。クラス名をつけるときにもこのことを考慮する必要があります。たとえば、「その要素の色を赤くしたいのでクラス名をredとする」というのは好ましくありません。クラス名は、スタイルを反映するのではなく、文章中のその要素の意味を反映したものにするようにします。上の例では、p要素はサブタイトルであるとか、火星に関係するという意味あいでクラス名を決めています。これらの意味をあらわすクラスに対して、CSSでスタイルを設定します。このようにすれば、同一の意味あいの部分は、同一のスタイルで表現されることになります。この後で説明するid名も、同様に、文章中のその要素の意味を反映するようにします。

② クラスセレクタの書式

クラスセレクタは、特定のクラス名を持つ要素をスタイルの適用対象とするためのものです。クラスセレクタの記述法には次の2つがあります。

書式1：要素名.クラス名 { … }
書式2：.クラス名 { … }

書式1のように記述すると、クラス名を持つ特定の要素のクラスに対してスタイルを適用します。たとえば、次のようにすると、クラス名が"subtitle"であるp要素に対してスタイルが適用されます。

```
p.subtitle { font-size: 0.9em; color: blue; }
```

書式2のように要素名を省略すると、要素名がユニバーサルセレクタ(*)とみなされ、クラス名を持つすべての要素に対してスタイルを適用します。たとえば、次のようにすると、クラス名が"subtitle"であるすべての要素に対してスタイルが適用されます。

```
.subtitle { font-size: 0.9em; color: blue; }
```

複数個のクラスに属する要素を指定するには、ピリオド(.)でクラス名を連結します。たとえば、次のようにすると、クラス名が"subtitle"であるクラスと、クラス名が"mars"であるクラスの両方に属するp要素に対してスタイルが適用されます。

```
p.subtitle.mars { font-size: 0.9em; color: red; }
```

識別子

一般に識別子とは、名前をあらわす文字列のことを言います。CSSの識別子には、タイプセレクタの名前(要素名)、クラス名、id名、カウンタ変数名があります。CSS3での識別子の名前は、次の条件を満たす任意の長さの文字列です。

① 使用できる文字
(1) アルファベット(A-Z, a-z)・数字(0-9)
(2) ハイフン(-)・アンダースコア(_)
(3) Unicode(ISO 10646)でのコードが16進でA1以上の文字(日本語も使える)
(4) エスケープされた文字および任意のISO 10646文字を数値符号化したもの(たとえば、ピリオド(.)は上に示した文字の一覧には含まれないのでそのままは使えませんが、"\."とエスケープして用いることができます)

② はじめの文字
はじめの文字に、数値(0-9)やハイフン(-)は使用できません。

STEP 11 基本的なセレクタ

❹ id セレクタ

① idとは

HTMLでは、要素に対して**id属性**を指定して、**id名**をつけることができます。idは要素を区別するという意味ではクラスと同じです。しかし、1つのクラス名を文書内で何回でも使えるのに対して、1つのid名は文書内で1回しか使用できません。このため、id名はその要素を特定し、**一意識別子**とも呼ばれます。id名はスタイルのセレクタとして使えるだけでなく、a要素でリンクを設定する場合のフラグメント先や、JavaScriptなどによる文書中のオブジェクトの指定などに利用することができます。ここで、id名は、設定するプロパティではなく、それを用いるべき対象の意味あい(ヘッダ、段落の階層、注釈など)を反映した名称にします。

次の例は、p要素にid属性を指定し、id名"subtitle"をつけています。

```
<header>
    <h1>宇宙開発の歴史</h1>
    <p id="subtitle">スプートニクから火星へ</p>
</header>
```

② id セレクタの書式

idセレクタは、特定のid名を持つ要素をスタイルの適用対象とするためのものです。idセレクタは**一意セレクタ**とも呼ばれます。idセレクタの記述法には次の2つがあります。

書式1：**要素名#id名 { … }**
書式2：**#id名 { … }**

書式1のように記述すると、特定の要素名、特定のid名を持つ要素に対してスタイルを適用します。たとえば、次のようにすると、id名が"subtitle"であるh2要素に対してスタイルが適用されます。

```
p#subtitle { font-size: 0.9em; color: blue; }
```

書式2のように記述すると、特定のid名を持つ要素に対してスタイルを適用します。文書内ではid名を重複して使用できないため、書式2でも該当する要素はあったとしても1つとなり、書式1で指定するのと同じことになります。たとえば、次のようにすると、id名が"subtitle"である要素に対してスタイルが適用されます。

```
#subtitle { font-size: 0.9em; color: blue; }
```

123

STEP 12 スタイルを継承する

スタイルは親要素から子要素へと継承します。継承によって、HTML文書ツリー上のさまざまな要素に対するスタイルの設定を軽量化すると共に、合理的に行うことができます。

継承とは？

要素のプロパティの一部は子孫要素に継承されます。**継承**とは親要素から子要素へ、子要素から孫要素へと、子孫要素にプロパティの値が引き継がれることを言います。Cascading Style SheetのCascadeとは「滝のように落ちる」という意味で、HTMLの木構造において親要素から子要素へスタイルの値が継承されていく様子をあらわしています。たとえば、

```
section { color: red; }
```

とした場合、colorプロパティの値は継承されるため、文字色が指定されていないsection要素の子孫要素の文字色は赤になります。

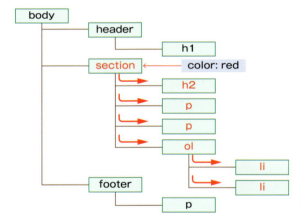

●図3-1　プロパティの継承
要素に設定されたプロパティが子要素さらには子孫要素へと引き継がれる

一方、背景やマージン、パディング、ボーダーなどのプロパティは、値が子要素に継承されません（これらのプロパティに関しては、STEP13をご覧ください）。たとえば、

```
section { background-color: yellow; }
```

とした場合、sectionボックスの背景色は黄色になりますが、この要素内の子要素の背景色は親から継承されないので、設定したい場合はその子要素に新たに背景色を設定しなければなりません。

本書で扱っているプロパティについて、継承するかどうかは付録「3 CSSプロパティの一覧」にありますので、そちらをご覧ください。

プロパティの値の計算方法

継承に関連して、プロパティの値がどのように計算されるのかを説明します。要素のプロパティを設定した場合、次のようにしてWebブラウザで用いられる値（実効値）が決定されます。

① 指定値
プロパティに値が指定されたものを、指定値といいます。プロパティの値が指定されていない場合、プロパティが継承されれば親要素の値を用い、そうでない場合はWebブラウザの初期値を用います。

② 算出値
指定値が絶対値の場合、その値が算出値となります。指定値が相対値である場合は、適切な値に相対値を掛け合わせたものが算出値となります。プロパティの値が継承される場合、算出値が子要素に継承されます。ただし、line-heightプロパティに実数値を指定すると、例外的にその値が継承されます。

③ 利用値
たとえば、widthプロパティを％値で指定した場合、その計算結果はWebブラウザの表示域の幅がわからないと計算できません。このように、レンダリングに依存する値を絶対値として求めたものを、利用値といいます。算出値は場合によって値が変わりませんが、利用値は変わります。

④ 実効値
実際にWebブラウザの表示で用いられる値のことを、実効値といいます。たとえば、文字サイズの算出値が12.15pxである場合を考えます。Webブラウザはpxの整数倍の文字サイズしか表示できないため、算出値を四捨五入などして丸めた値である12pxを実効値として用います。

以上の過程を、body要素の子要素にh1要素がある場合に、次の例で確かめてみましょう。

```
h1 { font-size: 1.2em; }
```

親要素であるbody要素にfont-sizeの指定がないとすると、body要素のfont-sizeの値はWebブラウザの初期値となります。この初期値を16pxとすれば、body要素のfont-sizeの指定値は16pxとなります。このとき、h1要素のfont-sizeの指定値、算出値、実効値は次のようになります。

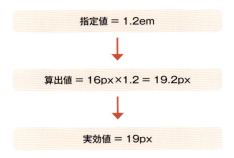

line-heightプロパティの値は数値で指定する

　先に述べたように、line-heightプロパティを実数値で指定した場合は、例外的に算出値ではなく親要素の指定値を継承します。たとえば、section要素の子要素にp要素があって、次のように指定したとします。

```
section { font-size: 16px; line-height: 2; }
p { font-size: 12px; }
```

　この場合、section要素のline-heightプロパティの算出値は2×16px=32pxとなります。line-heightプロパティの値は、子要素のp要素には、section要素に指定した実数値"2"が継承されるため、p要素のline-heightプロパティの算出値は2×12px=24pxとなります。

　上の例で、"line-height: 2em"としてもsection要素の行の高さは文字サイズの2倍となり、同じ結果となります。しかし、両者の子孫に対する継承のされ方は異なります。数値で指定した場合はそのまま継承され、子孫要素の行の高さは子孫要素の文字サイズの2倍となります。一方、長さ（数値＋単位）で指定した場合は算出値が子孫に継承されるため、子孫の行の高さは親の文字サイズの2倍となってしまいます。この場合、子孫の文字サイズが親の文字サイズよりも大きいと、子孫の文字が行をはみ出してしまうこともあります。このように、line-heightプロパティの値を数値で指定しておけば、子孫要素の行の高さは親要素の文字サイズに関係なく、その要素の文字サイズの何倍かという形で設定することができます。

　たとえばbody要素のline-heightを数値で設定しておき、body要素の子孫要素に対してはline-heightの設定をしないようにしておきます。すると、body要素のline-heightを変更するだけで、すべての子要素にその数値が継承され、行の高さはその子要素の文字サイズの数値倍という形で設定されます。

　line-heightを数値で指定することで、全体として統一感のあるデザインにすることができ、また行の高さの管理も容易になります。

inherit値

　継承しないプロパティであっても、プロパティの値としてinheritを指定すると、そのプロパティの値を親要素から強制的に継承させることができます。inheritは英語で「継承する」の意味です。たとえば、

```
section p { border: inherit; }
```

とすれば、section要素の子要素であるp要素のborderは、section要素のborderと同じ値になります。

STEP 13 ボックス設定の基本

STEP 13 ボックス設定の基本

　これから、CSSによるWebページのレイアウト方法を学んでいきます。STEP13では、レイアウトを理解する上での基本概念であるボックスモデルについて学びます。また、div要素を使って文書全体をラッピングして表示枠の幅を固定する方法も学びます。

演 習

① moonlight.html を変更して保存します

　エディタでリスト3-3のmoonlight.htmlを開き、リスト3-4のようにbody要素の内容全体をdiv要素の中に入れるように変更し、上書き保存します。moonlight.htmlはこれ以降変更しませんので、全リストを示しておきます。

◉リスト3-4 [moonlight.html]　　　　　　　　　　　　　　　　　　　　　　　　　　　HTML

```
1  <!DOCTYPE html>
2  <html lang="ja">
3  <head>
4    <meta charset="UTF-8">
5    <title>月の光</title>
6    <link rel="stylesheet" href="moon_style.css" type="text/css">
7  </head>
8  <body>
9  <!-- コンテナ -->
10 <div id="container">
11   <!-- ヘッダ -->
12   <header>
13     <h1>月の光</h1>
14     <!-- パンくずリスト -->
15     <nav>
16       <a href="./index.html">トップページ</a> &gt;
17       <a href="./cosmos.html">月</a> &gt; 月の光
18     </nav>
19   </header>
20   <!-- コンテンツ -->
21   <section>
22     <h2>月の光について</h2>
23     <img src="./images/luna.jpg" alt="月光">
```

127

第3章　CSSの基本を学ぶ

◉リスト 3-4 ［moonlight.html］（続き）　　　　　　　　　　　　　　　　**HTML**

```
24    <p>月の光は<a href="./images/sun.jpg">太陽</a>からの光が月の表面に反射して地
      球に届いたものです。月の光は古くから神秘的なものととらえられてきました。芸術や文学の作
      品で月をモチーフにしたものがたくさんあります。</p>
25    <p>月の明るさは月齢によって大きく変化します。最も明るいのは満月のときでおよそ0.2ルク
      スです。これは全天で太陽に次ぐ明るさで、太陽の50万分の1、<em>金星の1500倍</em>の
      明るさです。</p>
26    <h2>月の光をテーマとした和歌</h2>
27    <ol>
28      <li>「秋風にたなびく雲の絶え間より　もれ出づる月のかげのさやけさ」(新古今和歌集より)</li>
29      <li>「秋の夜の月の光はきよけれど　人の心の隈は照らさず」(<ruby>後撰<rt>ごせん
      </rt></ruby>和歌集より)</li>
30      <li>「冬の夜の池の氷のさやけきは　月の光のみがくなりけり」(<ruby>拾遺<rt>しゅうい
      </rt></ruby>和歌集より)</li>
31    </ol>
32    <h2>月の光の名のついた音楽作品</h2>
33    <ul>
34      <li><a href="http://ja.wikipedia.org/wiki/ベルガマスク組曲">
35        ドビュッシー「ベルガマスク組曲第3曲」(月の光)
36      </a></li>
37      <li>フェルナンド・ソル「20のギター向け練習曲第5番」(月光)<br>
38        <audio src="./movies/soru.webm" controls>
39          <p>ご利用のブラウザでは再生できません</p>
40        </audio>
41      </li>
42      <li>ベートーヴェン「ピアノソナタ第14番」(月光)<br>
43        <video src="./movies/moonlight_sonata.webm" controls width=320>
44          <p>ご利用のブラウザでは再生できません</p>
45        </video>
46      </li>
47    </ul>
48  </section>
49  <!-- フッタ -->
50  <footer>
51    <hr>
52    <p>Copyright (C) Cosmos, All rights reserved.</p>
53  </footer>
54  </div>
55  </body>
56  </html>
```

② moon_style.css を変更して保存します

エディタで moon_style.css を開き、リスト3-2をリスト3-5のように変更し、上書き保存します。

●リスト 3-5 [moon_style.css]　　　CSS

```css
/* 共通設定 */
body {
    margin: 0;
    background-color: #222222;
    font-size: 0.9em;
}
/* コンテナ */
div#container {
    width: 680px;
    margin: auto;
    padding: 20px;
    background-color: #ffffcc;
}
/* ヘッダ */
header h1 {
    font-size: 1.8em;
    font-family: serif;
}
/* コンテンツ */
section h2 {
    font-size: 1.1em;
    font-family: sans-serif;
    color: darkblue;
}
section img {
    display: block;
    margin: auto;
}
li {
    margin: 5px 0px;
}
```

③ Web ブラウザで表示します

moonlight.html を Web ブラウザで開きます。すると、表示例3-2のように表示されます。

●表示例 3-2 [moonlight.html]

解説

ボックスの種類

　第2章「STEP4 ブロックボックスとインラインボックスについて」(P.063)で述べたように、HTML文書の各要素は、Webブラウザ上でボックスとして表示されます。このことを、要素がボックスを生成するといいました。ボックスには、ブロックボックスとインラインボックス以外にいろいろな種類があります。ここでは、要素の生成するおもなボックスの種類について解説します。

　要素の生成するボックスの種類は、おもに要素に対するdisplayプロパティの値によって決まります。次の例で、displayプロパティの値によってどのようなボックスが生成されるかを調べてみましょう。例で使用しているborderプロパティとmarginプロパティについては、この後の「ブロックボックスの設定」のところで説明していますが、気にせずに結果だけを見てください。

例　ボックスの表示例

```
<h1>天の川銀河の近傍の銀河系</h1>
<p>天の川銀河は、局所銀河群に属しています。天の川銀河以外の局所銀河群の中の代表的な銀河系として、
<a>アンドロメダ銀河</a><a>さんかく座銀河</a><a>大マゼラン雲</a>があります。</p>
```

```
h1,p { border: 2px solid blue; }
a    { border: 2px solid red; margin: 2px; }
```

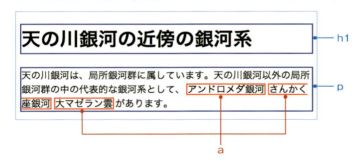

▶ displayプロパティを設定していない場合、h1要素とp要素はブロックボックスを生成し、a要素はインラインボックスを生成します。aボックスはpボックスの中にテキストと一緒に行単位で流し込まれています。

　この例においてa要素のdisplayプロパティの値を変えて、a要素の生成するボックスを調べてみます。例のCSSの規則の末尾に、次に述べる規則を追加して、Webブラウザで表示してみてください。

① ブロックボックス ［ display: block ］

```
a { display: block; }
```

> ▶ a要素はブロックボックスを生成します。ブロックボックスは、親要素の生成するブロックボックスの中に、横いっぱいに広がって、上から下へと縦に並んで配置されます。

② インラインボックス ［ display: inline ］

```
a { display: inline; }
```

> ▶ a要素はインラインボックスを生成します。インラインボックスは、親要素の生成するブロックボックスの中に行ボックスが作られて、行ボックスの中に上の行から順に流し込まれます。ここでinlineは、a要素に対するdisplayプロパティの初期値です。

③ 分割不可能なインラインレベルボックス ［ display: inline-block ］

```
a { display: inline-block; width: 150px; }
```

> ▶ a要素は分割不可能なインラインレベルボックスを生成します。分割不可能なインラインレベルボックスは、インラインボックスと同じように、親要素の生成するブロックボックスの中に上の行から順に流し込まれます。しかし、インラインボックスとは異なり、widthプロパティで幅を指定することができ、また分割されずに一つのかたまりとして配置されます。この場合、幅を150pxとしており、「さんかく座銀河」の分割不可能なインラインレベルボックスは、「アンドロメダ銀河」のボックスの後の行の余白が150px未満であるために、下の行に配置されています。

第3章　CSSの基本を学ぶ

④ リストボックス ［ display: list-item ］

```
a { display: list-item; margin-left: 20px; }
```

天の川銀河の近傍の銀河系

天の川銀河は、局所銀河群に属しています。天の川銀河以外の局所
銀河群の中の代表的な銀河系として、
- アンドロメダ銀河
- さんかく座銀河
- 大マゼラン雲

があります。

▶ a要素はリストボックスを生成します。リストボックスは、左側にマーカーボックスが配置され、その中に
マークが表示されます。要素内容は、マーカーボックスの右側にブロックボックスが配置されて、その中に
表示されます。

⑤ ボックスを生成しない ［ display: none ］

```
a { display: block; }
a:nth-of-type(2) { display: none; }
```

天の川銀河の近傍の銀河系

天の川銀河は、局所銀河群に属しています。天の川銀河以外の局所
銀河群の中の代表的な銀河系として、
アンドロメダ銀河
大マゼラン雲

があります。

▶ displayプロパティの値をnoneとすると、ボックスは生成されず、非表示となります。この例では、2番目
のaボックスを非表示にしています。

　以上、例を通じて要素が生成するボックスの種類について見てきました。一般に、要素がどのようなボックスを
生成するかは、次の2つによって決定されます。

（1）要素のdisplayプロパティの値
　各要素に対して、displayプロパティの初期値が決まっており、それによってその要素が標準でWebページ上でどのよ
うなボックスとして表示されるかが決まります。要素のdisplayプロパティの値は変更することができ、これにより生成
するボックスの種類を変更できます。

（2）要素が置換要素であるかどうか
　img要素などの置換要素は、displayプロパティの値はinlineですが、一般のインラインボックスと異なり、幅と高さ
が定められたボックス（分割不可能なインラインレベルボックス）を生成します。

132

STEP 13　ボックス設定の基本

　表3-4に、おもなdisplayプロパティの値と、生成されるボックスの種類、そのdisplay値を初期値とするおもな要素の一覧を示します。

●**表3-4　おもなdisplayプロパティの値とボックスの種類**

display値（条件）	ボックスの種類	おもな要素
block	ブロックボックス	address, article, aside, body, dd, div, dl, fieldset, form, footer, h1～h6, header, hr, legend, main, nav, ol, option, p, section, ul
inline （非置換インライン要素）	インラインボックス	a, b, br, em, i, label, map, output, span, strong
inline （置換要素）	分割不可能なインライン レベルボックス	audio, iframe, img, video
inline-block	分割不可能なインライン レベルボックス	button, input, meter, progress, select, textarea
list-item	リストボックス	li
flex	フレキシブルボックス	この値を初期値とする要素はありません。
inline-flex	インラインレベルの フレキシブルボックス	この値を初期値とする要素はありません。
run-in	ランインボックス	この値を初期値とする要素はありません。
none	ボックスを生成しない	area, datalist, head, link, meta, source, style, title

　要素の生成するボックスとしては、これらのボックス以外に、テーブル関連のボックス、ルビ関連のボックス、グリッドボックスがあります。ブロックボックス、インラインボックス、リストボックスについては、この後で解説しています。フレキシブルボックスは第4章STEP19で、テーブル関連のボックスは第5章STEP22で解説しています。ランインボックス、インラインレベルのフレキシブルボックス、グリッドボックスは対応しているWebブラウザが限られており、本書では扱いません。

分割不可能なインラインレベルボックス

　分割不可能なインラインレベルボックスは、display値がinlineである置換要素、display値がinline-blockもしくはinline-tableである要素によって生成されます。インラインボックスは複数の行に自動的に分割されて行に流し込まれますが、分割不可能なインラインレベルボックスは、1つの文字と同じように、分割されずに1つのブロックとして行に流し込まれて配置されます。また、インラインボックスに対しては、幅、高さ、上下のマージンを設定できませんが、分割不可能なインラインレベルボックスに対しては設定することができます。

インラインレベルボックス

　インラインボックスと同じように行に流し込まれるボックスを、一般に**インラインレベルボックス**といいます。インラインレベルボックスは、displayプロパティの値がinline, inline-block, inline-tableのいずれかである要素から生成されます。CSS 2.1では、このような要素を**インラインレベル要素**と呼んでいます。インラインレベルボックスは、インラインボックスと分割不可能なインラインレベルボックスに分けることができます。

133

ボックスモデル

　ボックスがどのような部分から作られているか(ボックスモデル)について解説します。CSSを使うと、ボックスの各部分に対してさまざまな設定を行うことができます。Webページをレイアウトするとは、HTML文書の各要素の生成するボックスをCSSで設定することであるといえます。このため、Webページのレイアウトを行うためには、まずボックスモデルを理解する必要があります。

❶ ブロックボックスのモデル

　図3-2のように、ブロックボックスは、**内容領域**、**パディング**、**ボーダー**、**マージン**の4つの領域から構成されます。display値がinline-blockである要素の生成するボックスも、同じ構成要素を持ちます。

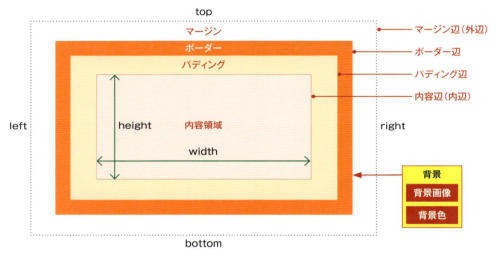

◉図3-2　ブロックボックスの構成要素

内容領域(content)
　テキストや画像などの要素内容が表示される領域です。widthプロパティで幅を、heightプロパティで高さを指定できます。

パディング(padding)
　内容領域とボーダーの間の余白領域です。paddingプロパティなどで、上下左右のパディングの幅を指定できます。パディングは負の値をとることはできません。

ボーダー(border)
　要素のまわりの境界線です。borderプロパティなどで、上下左右のボーダーの太さや色、種類を指定できます。

マージン(margin)
　ボーダーの外側に設定される透明な余白領域で、他のボックスとの間隔を与えます。marginプロパティなどで、上下左右のマージンの幅を指定できます。他の要素は、このマージンの外側に配置されます。マージンの幅は負の値もとれます。

ここで、内容領域、パディング、ボーダー、マージンの外周部を**辺**といいます。上下左右の各辺を、**上辺**、**下辺**、**左辺**、**右辺**といいます。とくに、内容領域の外周部を**内容辺**もしくは**内辺**、マージンの外周部を外辺と呼びます。さらに、各領域の辺から構成される長方形を、それぞれ**内容ボックス**、**パディングボックス**、**ボーダーボックス**、**マージンボックス**といいます。単に要素の生成するボックスといった場合は、マージンボックスのことを指します。

ボックスの背景

背景色や背景画像などの背景は、その要素のボーダー辺の内側（内容領域＋パディング領域＋ボーダー領域）に表示されます。ただし、ルート部であるhtml要素、body要素に対しては、例外的に背景はマージン部分まで含めた部分（マージンボックス）に設定されます。背景色はbackground-colorプロパティで、背景画像はbackground-imageプロパティで指定できます。

ボックスのレイヤー構造

背景色、背景画像、ボーダー、内容領域内の要素内容は、この順番で下から上へと重なって表示されます。

> **例** ブロックボックスの表示例

```
<body>
<p>天の川銀河は我々の太陽系の属する棒渦巻銀河です。約2000億個の恒星を含み、円盤形状をしておりその直径は約10万光年と考えられています。</p>
</body>
```

```
p {
  margin: 30px;                      /* 上下左右のマージンを30pxに                        */
  padding: 30px;                     /* 上下左右のパディングを30pxに                      */
  border: 10px solid darkorange;     /* 上下左右のボーダーを幅10pxの濃いオレンジの実線に  */
  background-color: beige;           /* 背景色をベージュに                                */
}
```

※1 点線と破線はマージン辺と内容辺を示すために書き入れたもので、実際は表示されません。
※2 ボックスを設定するプロパティについては、この後の「ブロックボックスの設定」で詳しく学びます。

❷ インラインボックスのモデル

　インラインボックスは、親要素の生成するブロックボックスの中に行単位に分割された行ボックスが定義され、一番上の行ボックスから順番に水平方向に自動的に改行され流し込まれていきます。行の高さは、ブロックボックスのline-heightプロパティの値およびインラインボックス内の文字サイズとvertical-alignプロパティの値から決定されます（インラインボックスのパディングやマージン、ボーダーの幅とは直接関係しません）。次の例におけるspan要素の生成するインラインボックスの構成要素を、図3-3に示します。

```
<p><span>天の原、振り放け見れば、白真弓、張りて懸けたり、夜道はよけむ。</span>
<span>み空行く、月の光に、ただ一目、相見し人の、夢にし見ゆる。</span></p>
```

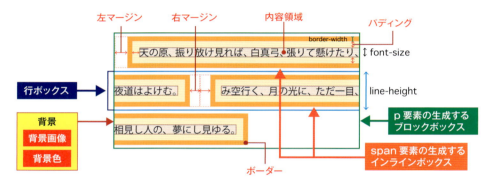

●図3-3　インラインボックスの構成要素

内容領域（content）
　テキストや画像などの要素内容が表示される領域です。内容領域の幅は、含まれる文字の幅の合計です。内容領域の高さは、文字のサイズを基準として決められます。高さの計算方法はCSS 2.1で規定がないため、Webブラウザによって異なります。インラインボックスではwidthやheightプロパティで幅や高さを指定できません。

パディング（padding）
　文字とボーダーの間の余白領域です。

ボーダー（border）
　要素のまわりの境界線です。

マージン（margin）
　ボーダーの外側に設定される透明な余白領域で、他のボックスとの間隔を与えます。ブロックボックスとは異なり左右のマージンのみがあり、上下のマージンは存在しません。他の要素はこのマージンの外側に配置されます。マージンの間隔には負の値もとれます。

背景（background）
　ブロックボックスと同じように、背景色や背景画像などの背景は、その要素のボーダー辺の内側（内容領域＋パディング領域＋ボーダー領域）に表示されます。

❸ リストボックスのモデル

　リストボックスは、リストの番号や記号を表示する**マーカーボックス**と、リスト内容を表示するブロックボックスの2つのボックスからなります。マーカーボックスは、ブロックボックスの枠外に左ボーダー辺に隣接して（左マージンに重なって）配置されます。次のli要素が生成するリストボックスの構成要素を、図3-4に示します。

```
<ol>
    <li>「秋風にたなびく雲の絶え間より　もれ出づる月のかげのさやけさ」(新古今和歌集より)</li>
</ol>
```

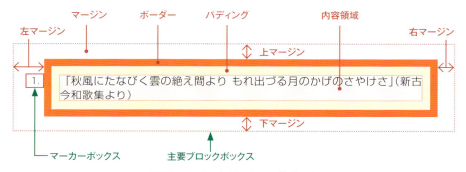

◉図3-4　リストボックスの構成要素

　ここで、リストボックスは全体としてはブロックボックスと同じ長方形領域を占め、ブロックボックスと同じルールでレイアウトされます。このようなボックスを**ブロックレベルボックス**といいます。ブロックレベルボックスに含まれるブロックボックスを**主要ブロックボックス**といいます。ブロックレベルボックスは、displayプロパティの値がblock, list-item, tableのいずれかである要素から生成されます。CSS 2.1では、このようなブロックレベルボックスを生成する要素を、**ブロックレベル要素**と呼んでいます。

主要ブロックボックス

　リスト内容を表示するブロックボックスです。他のブロックボックスと同じように、内容領域、パディング、ボーダー、マージンの4つの領域から構成されます。

マーカーボックス

　リストの番号や記号を表示するインラインボックスです。主要ブロックボックスの左ボーダー辺に隣接して配置されます。マーカーボックスのベースラインが、主要ブロックボックスの第1行目のベースラインに揃います。マーカーボックスはマージンを持ちません。また、パディングやボーダー、背景などの設定もできません。マーカーの内容は主要ブロックボックスのレイアウトになにも影響を与えません。

　ここで、olボックスやulボックス内の上下に隣接するリストボックス（liボックス）の上下のマージンは、相殺して大きい方がボックスの上下の間隔となります。

Column

ブロックレベル要素とインライン要素

HTML 4.01からHTML5に移行する際の大きなハードルとして、要素の分類方法が大きく変わった点があげられます。ここでは、この問題を少し整理してみます。

HTML 4.01では、要素をブロックレベル要素とインライン要素に分類していました。一方、HTML5ではこのような要素の分類は廃止され、要素をカテゴリで分類してきめ細かなコンテンツ・モデルを規定しています。さらに、要素の画面上のスタイルに関することは、HTMLの仕様から排除され、すべてCSSで規定されるようになりました。そこで、HTML 4.01とCSS 2.1でのブロックレベル要素およびインライン要素の概念が、HTML5とCSS3でどのように変更されたかをまとめます。

【HTML 4.01・CSS 2.1】

CSS 2.1では、displayプロパティの値がblock, list-item, tableのいずれかである要素をブロックレベル要素としています。ブロックレベル要素は、ブロックレベルボックスを生成し、親要素の生成するブロックボックスの中に縦に並んで配置されます。また、displayプロパティの値がinline, inline-block, inline-tableのいずれかである要素をインラインレベル要素としています。インラインレベル要素はインラインレベルボックスを生成し、親要素の生成するブロックレベルボックスの中に行ボックスが生成され、行ボックスの中に流し込まれて配置されます。インラインレベルボックスの中で、displayプロパティの値がinlineでかつimg要素などの置換要素でない

ものを、インラインボックスとしています。

【HTML5・CSS3】

CSS3 basic box modelでは、displayプロパティの値がblock, list-item, table, table-*(table-caption, table-cell, table-row, table-row-group, table-header-group, table-footer-group, table-column, table-column-group) のいずれかである要素は、ブロックレベルボックスを生成するとしています。また、displayプロパティの値がinline, inline-block, inline-table, rubyのいずれかである要素は、インラインレベルボックスを生成するとしています。このように、HTML要素がブロックレベル、インラインレベルであるという表現を避けて、このようなレイアウトに関係する表現の規定はCSSで行われるように変更されています。

HTML5では、各要素のdisplayプロパティの初期値を規定しています。displayプロパティの初期値は、フレージング・コンテンツのほとんどの要素はinline、インタラクティブ・コンテンツの要素はinline、li要素はlist-item、table関連要素はtableかtable-*、これら以外はほとんどblockとなっています。つまり、初期値において、フレージング・コンテンツとインタラクティブ・コンテンツのほとんどの要素はHTML 4.01でのインラインレベル要素、その他のほとんどの要素はHTML 4.01でのブロックレベル要素であると見なすことができます。

ただし、要素のdisplayプロパティの値は変更できるため、特定の要素をブロックレベル要素やインラインレベル要素と考えることには意味がありません。あくまでも、「ある要素は標準では（初期値として）ブロックレベルである、もしくはインラインレベルである」ということを言えるだけです。CSS 2.1でもdisplayプロパティの値を変更することはできたので、実質的には変わりはありませんが、CSSの役割がより明確になるように概念を整理したと考えることができます。

ブロックボックスを設定する

ブロックボックスの各領域を設定するプロパティについて解説します。ここで登場するプロパティは、Webページをデザインする上で基本となるものです。他の種類のボックスについても、ブロックボックスと同じ名前の部分については、同じプロパティで設定できます。

❶ ボーダーの設定

ボーダーはボックスの境界線（枠線）です。上下左右のボーダーの幅、スタイル（線の種類）、色を、個別に設定することができます。表3-5に、ボーダーを設定するプロパティを示します。この表で、*のところにはtop, bottom, left, rightのいずれかが入ります。topは上辺、bottomは下辺、leftは左辺、rightは右辺をあらわします。

●表3-5　ボーダーを設定するプロパティ

プロパティ	意味
border	上下左右のボーダーを一括して設定する
border-*	上下左右のボーダーを個別に設定する
border-width	ボーダーの幅を一括して設定する
border-*-width	上下左右のボーダーの幅を個別に設定する
borer-style	ボーダーのスタイルを一括して設定する
border-*-style	上下左右のボーダーのスタイルを個別に設定する
border-color	ボーダーの色を一括して設定する
border-*-color	上下左右のボーダーの色を個別に設定する

① ボーダーを一括で設定する [border]

borderプロパティは上下左右のボーダーを一括で設定します。borderプロパティの書式は次のようになります。

```
border: <線幅> <スタイル> <色>;
```

線幅

線幅は、5pxのように実数値＋単位もしくはキーワードで指定します。使用できるキーワードは次のとおりです。線幅の初期値はmediumとなっています。

キーワード	意味	表示例
thin	細い線	
medium	中くらいの線	
thick	太い線	

第3章 CSSの基本を学ぶ

スタイル

スタイルとはボーダーの線の種類ことで、次の値をとれます。ここで、noneもしくはhiddenとするとボーダーは表示されません。スタイルの初期値はnoneとなっています。

スタイル	表示例	スタイル	表示例
none		hidden	
dotted		dashed	
solid		double	
groove		ridge	
inset		outset	

色

色の値は、色コードやカラーネームなどで指定します。色の初期値はcurrentColor（要素に設定されたcolorプロパティの値）となっています。

たとえば、moon_style.cssに

```
h1 { border: 2px solid red; }
```

を追加すると、h1ボックスの上下左右のボーダーの幅が2px、スタイルがsolid（実線）、色が赤に設定されます。

② 上下左右のボーダーを個別に設定する［border-*］

border-*（*=top, bottom, left, right）は上下左右にボーダーを個別に設定します。たとえば、moon_style.cssに

```
h1 { border-left: 10px solid red; }
```

を追加すると、h1ボックスの左のボーダーのみが設定され、次のように表示されます。

140

STEP 13　ボックス設定の基本

③ 幅・スタイル・色を個別に設定する ［ border-width・border-style・border-color ］

border-widthはボーダーの線幅を、border-styleはボーダーのスタイルを、border-colorはボーダーの色を設定します。

これらのプロパティを使うと、次のように上下左右のボーダーの線幅やスタイル、色をいろいろな方法で設定できます。

```
border-width: 2px;                      /* 上下左右を2px                      */
border-width: 1px 2px 3px 4px;          /* 上を1px、右を2px、下を3px、左を4px  */
border-width: 1px 2px 3px;              /* 上を1px、左右を2px、下を3px         */
border-width: 1px 2px;                  /* 上下を1px、左右を2px                */

border-style: dotted;                   /* 上下左右を点線                      */
border-style: solid dotted dashed none; /* 上を実線、右を点線、下を破線、左をなし */
border-style: solid dotted dashed;      /* 上を実線、左右を点線、下を破線      */
border-style: solid dotted;             /* 上下を実線、左右を点線             */

border-color: red;                      /* 上下左右を赤                        */
border-color: red blue green yellow;    /* 上を赤、右を青、下を緑、左を黄      */
border-color: red blue green;           /* 上を赤、左右を青、下を緑            */
border-color: red blue;                 /* 上下を赤、左右を青                 */
```

④ 上下左右のボーダーのプロパティを個別に設定する
［ border-*-width・border-*-style・border-*-color ］

border-*-widthはボーダーの線幅を、border-*-styleはボーダーのスタイルを、border-*-colorはボーダーの色を上下左右で個別に設定します。ここで、*のところにはtop, bottom, left, rightのいずれかが入ります。

次に、それぞれのプロパティの使用例を示します。

```
border-top-width: 2px;       /* ボーダーの上辺の線幅を2pxに     */
border-left-style: dotted;   /* ボーダーの左辺のスタイルを点線に */
border-bottom-color: red;    /* ボーダーの下辺の色を赤に         */
```

❷ パディングの設定 ［ padding・padding-* ］

パディングはボーダーと内容領域の間の空白領域です。パディングの幅は、上下左右個別に設定することができます。表3-6に、パディングを設定するプロパティを示します。この表で、*のところにはtop, bottom, left, rightのいずれかが入ります。

● 表3-6　パディングを設定するプロパティ

プロパティ	意味
padding	パディングを一括して設定する
padding-*	上下左右のパディングを個別に設定する

パディングの初期値は0で、値は次のいずれかで指定します。

値	意味
長さ	実数値＋単位で指定する
パーセント値	親要素の内容領域に対する比率を意味する

パディングは0以上でなければなりません。

たとえば、moon_style.cssに次を追加して、h1要素のパディングの幅を設定してみましょう。

```
h1 { border: 2px solid red; padding: 20px; }
```

すると、次のように表示されます（点線は内容辺を示しており、実際は表示されません）。

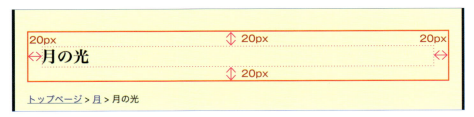

上の例では、paddingプロパティで上下左右のパディングの幅を同じ値に設定しましたが、次のように上下左右の値をいろいろな方法で設定することもできます。

```
padding: 20px;                  /* 上下左右を20px                        */
padding: 10px 20px 30px 40px;   /* 上を10px、右を20px、下を30px、左を40px */
padding: 10px 20px 30px;        /* 上を10px、左右を20px、下を30px        */
padding: 10px 20px;             /* 上下を10px、左右を20px                */
```

また、borderプロパティと同じく、padding-*（*=top, bottom, left, right）プロパティによって、上下左右のパディングを個別に設定することもできます。たとえば、

```
h1 {
  border: 2px solid red;
  padding: 20px;
  padding-left: 30px;
}
```

とすると、2行目で上下左右のpaddingが20pxに設定されますが、3行目で左のパディングの幅が30pxと上書きされて、上下右が20px、左が30pxとなります。この例のように、CSSでは後に記述されたスタイルの設定が優先されます（詳しくはP.187のSTEP16「スタイルの優先順位について」をご覧ください）。

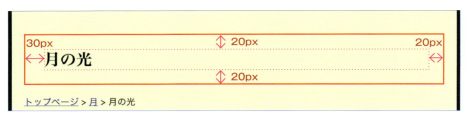

❸ マージンの設定 [margin・margin-*]

　マージンはボーダーの外側の透明領域で、他のボックスとの間隔を与えます。マージンの幅は、上下左右個別に設定することができます。表3-7に、マージンを設定するプロパティを示します。この表で、*のところにはtop, bottom, left, rightのいずれかが入ります。

◉表3-7　マージンを設定するプロパティ

プロパティ	意味
margin	マージンを一括して設定する
margin-*	上下左右のマージンを個別に設定する

　マージンの値は、次のいずれかで指定します。

値	解説
auto	左右のマージンはwidthの値に応じてボックスの幅が親要素の内容領域の幅となるように決定されます。上下のマージンの算出値は0となります。
長さ	実数値＋単位で指定します。
パーセント値	親要素の内容領域に対する比率を意味します。

　マージンは負の値をとることができます。負の値をとった場合は、隣接するボックスはボーダーの内側に入り込んで配置されます。マージンの初期値は0となっていますが、例外があります。たとえば、body要素のマージンの初期値は上下左右8pxとなっています。また、表3-8のように、いくつかの要素に対しては、上下のマージンの初期値は0とは異なり、フォントサイズに比例した値となっています。

◉表3-8　margin-top・margin-bottomプロパティの初期値

p	h1	h2	h3	h4	h5	h6	ul	ol	hr
1em	0.67em	0.83em	1em	1.33em	1.67em	2.33em	1em	1em	0.5em

　たとえば、moon_style.cssに次の規則を追加して、h1要素とnav要素の上下のマージンを40px、左右のマージンを30pxとしてみます。

```
header { border: 2px solid blue; }
h1,nav { border: 2px solid red; margin: 40px 30px; }
```

　すると、次のように表示されます。

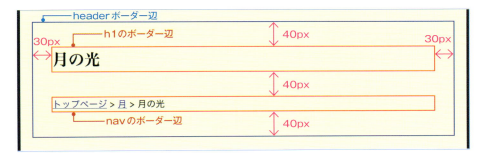

ここで、上下に隣り合うボックスの上下のマージンは相殺して大きい方が用いられます（マージンの相殺については、この後の「ブロックボックスの配置」をご覧ください）。このため、h1ボックスの下マージン40pxとnavボックスの上マージン40pxが相殺されて、h1のボーダーとnavのボーダーの間隔は40pxとなっています。

上の例では、marginプロパティで上下と左右のマージンの幅をそれぞれ設定しましたが、次のように上下左右の値をいろいろな方法で設定することができます。

```
margin: 20px;                  /* 上下左右を20px                      */
margin: 10px 20px 30px 40px;   /* 上を10px、右を20px、下を30px、左を40px */
margin: 10px 20px 30px;        /* 上を10px、左右を20px、下を30px       */
margin: 10px 20px;             /* 上下を10px、左右を20px              */
```

また、borderプロパティやpaddingプロパティと同じく、margin-*（*=top, bottom, left, right）プロパティによって、上下左右のマージンを個別に設定することもできます。

❹ 内容領域の幅と高さの設定 [width・height]

内容領域はテキストなどの要素内容が表示される領域です。表3-9に、内容領域の幅と高さを設定するプロパティを示します。

◉表3-9　内容領域の幅と高さを設定するプロパティ

プロパティ	意味
width	内容領域の幅を設定する
height	内容領域の高さを設定する

ここで、widthとheightプロパティの初期値はautoで、値は次のいずれかで指定します。

値	解説
auto	widthがautoの場合は、マージンまで含めたボックスの幅が親要素の内容領域の幅となるように、内容領域の幅が自動的に決まります。heightがautoの場合は、要素内容がちょうどおさまるように、内容領域の高さが自動的に決まります。
長さ	実数値＋単位で指定します。
パーセント値	親要素の内容領域に対する比率を意味します。

たとえば、moon_style.cssに次を追加して、h1要素の内容領域の幅を400px、高さを80pxとしてみます。

```
h1 {
  border: 2px solid red;
  padding: 20px;
  width: 400px;
  height: 80px;
}
```

すると、次のように表示されます（点線は内容辺をあらわしており、実際は表示されません）。

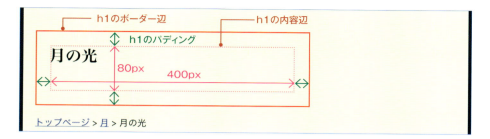

❺ 内容領域の幅と高さの最小値・最大値の設定 ［ min-width・min-height・max-width・max-height ］

内容領域の幅と高さは、表3-10のプロパティで最小値と最大値を設定できます。

●表3-10　内容領域の幅と高さの最小値・最大値を設定するプロパティ

プロパティ	意味
min-width	内容領域の幅の最小値を設定する
min-height	内容領域の高さの最小値を設定する
max-width	内容領域の幅の最大値を設定する
max-height	内容領域の高さの最大値を設定する

min-widthおよびmin-heightプロパティの初期値は0で、値は次のいずれかで指定します。

値	解説
長さ	実数値＋単位で指定します。
パーセント値	親要素の内容領域の幅もしくは高さに対する比率を意味します。

max-widthおよびmax-heightプロパティの初期値はautoで、値は次のいずれかで指定します。

値	解説
auto	最大値がない（いくらでも大きくできる）ことを意味します。
長さ	実数値＋単位で指定します。
パーセント値	親要素の内容領域の幅もしくは高さに対する比率を意味します。

　widthプロパティの値をautoにしておくと、ボックスの幅は親要素の内容領域に合わせて伸縮します。heightプロパティの値がautoの場合、ボックスの高さは要素内容のボリュームに応じて全体をおさめるように伸縮します。min-widthもしくはmin-heightプロパティを指定しておくことで、幅や高さを一定以上に保つことができます。
　max-heightが設定された場合、ボックスの中に要素内容が全部表示できなくなる場合がありますが、この場合は、あふれた内容はボックスからはみ出して表示されます。ただし、後で述べるようにoverflowプロパティの値を設定することで、あふれた内容を非表示にしたり、もしくはスクロールバーを表示してスクロールするようにもできます。

❻ ボックスの大きさ

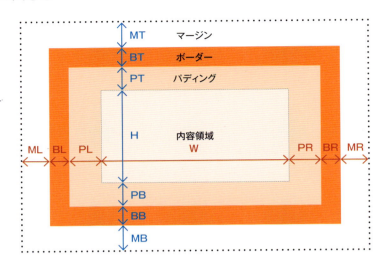

　Webページをレイアウトする場合、ブロックボックスの大きさを正しく把握することが必要となります。上図のように、内容領域の幅(width)と高さ(height)をW, H、上下左右のパディング(padding)をPT, PB, PL, PR、上下左右のボーダー(border)の幅をBT, BB, BL, BR、上下左右のマージン(margin)の幅をMT, MB, ML, MRとすれば、ブロックボックスの幅と高さは次の計算式で求められます。

　　ブロックボックスの幅　　＝ W ＋(PL＋PR)＋(BL＋BR)＋(ML＋MR)
　　ブロックボックスの高さ　＝ H ＋(PT＋PB)＋(BT＋BB)＋(MT＋MB)

　ボーダーを含むボーダーの内側の四角形領域をボーダーボックスといい、ここに背景が表示されます。ボーダーボックスの幅と高さは、次の計算式で求められます。

　　ボーダーボックスの幅　　＝ W ＋(PL＋PR)＋(BL＋BR)
　　ボーダーボックスの高さ　＝ H ＋(PT＋PB)＋(BT＋BB)

ブロックボックスを配置する

　第2章のSTEP4で述べたように、HTML文書の木構造は、Webブラウザの画面においてボックスの包含関係という視覚構造によって表現されます。Webページの一番外側にhtml要素の生成するブロックボックスがあり、その内側にbody要素の生成するブロックボックスが配置されます。bodyボックスの中に、body要素の子要素が生成するブロックレベルボックスが配置され、以下同様に親要素の生成するボックスの中に子要素の生成するボックスが配置されていきます。
　要素の生成するボックスが親要素の生成するボックスの中にどのように配置されるかは、その要素に対するfloatプロパティおよびpositionプロパティの値によって決まります。これらの値によって決まるボックス配置のスキーム(枠組み)として、次の3つがあります。

① 通常フロー
② floatプロパティによる浮動化
③ positionプロパティによる絶対位置決め

さらに、CSS3では次のボックス配置のスキームが提案されています。

④ フレキシブルボックスモデル
⑤ グリッドレイアウトモデル

①の通常フローは、要素にfloatプロパティおよびpositionプロパティが指定されていないときのボックス・レイアウトのスキームで、普通のレイアウトという意味あいです。

ここでは、通常フローにおけるブロックボックスの配置※について説明します。②のfloatプロパティによる浮動化については、STEP15で解説します。③のpositionプロパティによる絶対位置決めについては、本書では扱いません。④のフレキシブルボックスモデルについては、STEP19で解説します。⑤のグリッドレイアウトモデルについては、本書では扱いません。

以下、次の例1と例2を通してブロックボックスの配置のルールを説明します。

例1

```
<section>
  <div id="first">ブロックボックス1</div>
  <div id="second">ブロックボックス2</div>
  <div id="third">ブロックボックス3</div>
</section>
```

例2

```
<section>
  <div id="first">ブロックボックス1</div>
  <div id="second">
    <div id="third">ブロックボックス3</div>
    ブロックボックス2
  </div>
</section>
```

❶ ブロックボックスの内容

通常フローでは、ブロックレベルボックスの中にはブロックレベルボックスのみか、もしくはインラインレベルボックスのみを含むことができます。両者を混在させることはできません。ここでは、ブロックボックスの中にいくつかのブロックボックスが含まれている場合を説明します。

❷ 匿名ブロックボックス

ブロックレベル要素は、一般に子要素としてブロックレベル要素、インラインレベル要素、テキストのいずれも含むことができます。しかし、❶で述べたように、ブロックレベルボックスの中にはブロックレベルボックスとイ

※ より一般的なブロックレベルボックスの配置についても、ブロックボックスの配置と本質的に変わりがありません。ブロックボックスの内容領域を、主要ブロックボックスの内容領域と置き換えれば、そのまま同じルールが成り立ちます。

ンラインレベルボックスを混在して配置することはできません。そこで、子要素にブロックレベル要素とインラインレベル要素(もしくはテキスト)の両方を含む場合は、インラインレベル要素もしくはテキストを、**匿名ブロックボックス**と呼ばれるブロックボックスの中に入れて表示します。すると、ブロックレベルボックスの中にはブロックレベルボックスのみが含まれることになります。たとえば、例2の"ブロックボックス2"という文字列は、下図のように、匿名ブロックボックスの中に入れられます。この匿名ブロックボックスは、idの値がthirdのブロックボックスの下に配置されます。

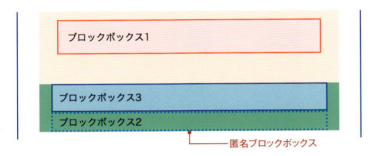

匿名ブロックボックスに対しては、プロパティの指定はできません。しかし、親要素である匿名でない通常のブロックレベル要素から、継承可能なプロパティは継承されます。継承されないプロパティは、そのプロパティの初期値が用いられます。たとえば、marginやpaddingは継承されないため、匿名ブロックボックスについてはつねに初期値の0となります。同様に、borderやbackgroundも指定できないため、匿名ブロックボックスを表示することはできません。

❸ ブロックボックスの配置

通常フローでは、親要素の生成するブロックボックスの内容領域の中に、子要素の生成するブロックボックスが、HTML文書で記述された順番に上から下へとすき間なく縦に並んで配置されます。このとき、次の❹で述べるように、上下方向のマージンおよび親子で隣り合っているマージンが相殺して詰まって表示されます。下の図は、例1に各ボックスのマージンやパディングを設定して表示したものです。

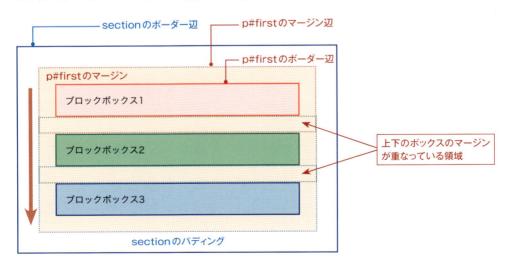

❹ マージンの相殺

① 垂直方向のマージンの相殺

　上下に隣り合うブロックボックスのマージンは、相殺されて大きい方が用いられ、上下のボックスが重なって表示されます。例1において、次のように1番目のdivボックスの下マージンを30px、2番目のdivボックスの上マージンを40pxとしてみます。

```
div#first    { margin: 30px; padding: 15px; border: 2px solid red; }
div#second   { margin: 40px 30px 30px 30px; padding: 15px; border: 2px solid green; }
```

　すると、1番目のdivボックスの下ボーダー辺と2番目のdivボックスの上ボーダー辺の間隔は、30pxと40pxの内で大きい方の40pxとなります。

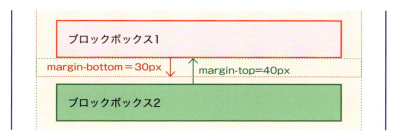

② 親子要素間のマージンの相殺

　親子で隣り合うブロックボックスの上下のマージンは、相殺されて大きい方が用いられます。例2において、次のように、1番目のpボックスの下マージンを30px、2番目のdivボックスの上マージンを40px、3番目のdivボックスの上マージンを50pxとしてみます。

```
div#first    { margin: 30px; padding: 15px; border: 2px solid red; }
div#second   { margin-top: 40px; padding: 0px 20px 10px 20px;; }
div#third    { margin-top: 50px; padding: 10px; border: 2px solid blue; }
```

　すると、2番目のボックスの上マージンと、その子である3番目のボックスの上マージンが隣り合うため、相殺して大きい方の値50pxが用いられます。

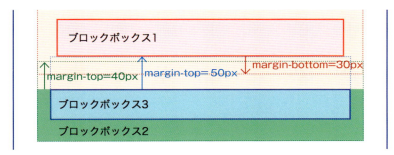

　ここで、2番目のボックスの上パディング、上ボーダーのいずれかが0でない場合は、上マージン同士は隣り合わないため相殺しません。

❺ ボックスの幅の決定

　子要素の生成するブロックボックスの幅Wは、その親要素の生成するブロックボックスの内容領域の幅W_Cとなります。つまり、ボックスの幅は、外側のボックスの幅から内側のボックスの幅へ、外から内へと順に決まっていきます。一番外側のボックスであるhtmlボックスの幅はWebページの表示領域の幅で、これはユーザーによって与えられます。このhtmlボックスの幅から、順番に内側のボックスの幅が決まっていきます。

　前節（P.146）の「❻ ボックスの大きさ」で述べたように、ボックス幅Wの計算式は次で与えられます。

$$W ＝ 内容領域の幅 ＋ 左右のパディングの幅の和 ＋ 左右のボーダーの幅の和 ＋ 左右のマージンの和$$

　この式の右辺において、左右のパディングと左右のボーダーの幅は指定された長さとなります。一方、内容領域の幅と左右のマージンは、長さ以外にauto（自動）を値としてとることができ、それらの値に応じて次のように算出値が決定されます。

① widthがautoの場合

　margin-leftもしくはmargin-rightの指定値がautoであれば、その算出値は0となります。その上で、$W=W_C$となるように、widthの値が自動的に決定されます。例1において

```
div#first   { width: auto; margin-left: auto; margin-right: auto; }
div#second  { width: auto; margin-left: auto; margin-right: 50px; }
div#third   { width: auto; margin-left: 50px; margin-right: 60px; }
```

とすると、次のようになります。

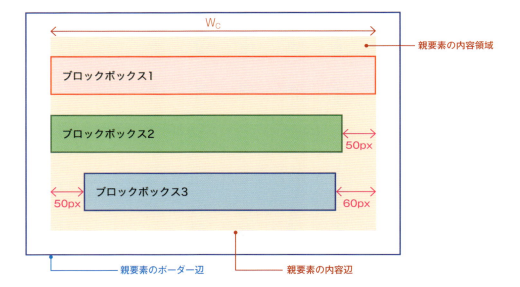

② widthが指定されている場合

widthは指定された値となります。margin-leftとmargin-rightの値は次のように決定されます。

(1) margin-leftとmargin-rightの内、一方が指定され他方がautoの場合は、$W=W_C$となるようにautoの値が算出されます。
(2) margin-leftとmargin-rightが共に指定されているときは、margin-rightの値が無視されて（つまりautoと見なされて）$W=W_C$となるようにautoの値が算出されます（ただし、書字方向が右から左の場合はmargin-leftの値が無視されます）。
(3) margin-leftとmargin-rightが共にautoである場合は、それらの値が等しくなり、かつ$W=W_C$となるようにautoの値が算出されます。

例1において、

```
div#first   { width: 150px; margin-left: auto; margin-right: 50px; }
div#second  { width: 150px; margin-left: 50px; margin-right: 60px; }
div#third   { width: 150px; margin-left: auto; margin-right: auto; }
```

とすると、次のようになります。

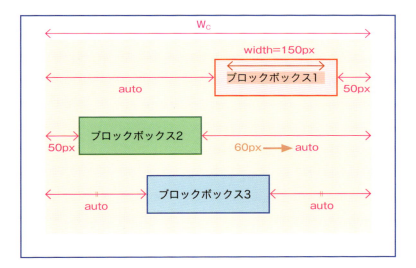

❻ ボックスの高さの決定

要素のheightプロパティの値がautoである場合、ボックスの高さは要素内容がピッタリとおさまるように自動的に設定されます。つまり、ボックスの高さは、内から外へと順に決まっていきます。

要素のheightプロパティの値が指定されている場合、ボックスの高さは子要素の生成するボックスの高さにかかわらず指定された値となります。この際、要素内容がボックスにおさまりきらないでオーバーフローする場合があります。overflowプロパティを設定することで、オーバーフローした場合の表示法を指定することができます。

第3章　CSSの基本を学ぶ

　また、ブロックボックスの上下のマージン(marin-top, margin-bottom)の値がautoである場合、その算出値は0となります。

　次の例を考えてみましょう。

```
<section>
    <h2>月の光について</h2>
    <p id="first">月の光は太陽からの光が月の表面に反射して地球に届いたものです。月の光は古くから神秘的なものととらえられてきました。芸術や文学の作品で月をモチーフにしたものがたくさんあります。</p>
    <p id="second">月の明るさは月齢によって大きく変化します。最も明るいのは満月のときでおよそ0.2ルクスです。これは全天で太陽に次ぐ明るさで、太陽の50万分の1、金星の1500倍の明るさです。</p>
</section>
```

　これは、Webページ上で次のように表示されます(CSSでパディング、ボーダー、マージンの値を設定しています)。

　ここで、2つのpボックスの高さは、要素内容であるテキストがボックス内にちょうどおさまるように決まっています。さらに、sectionボックスの高さは、h2ボックスおよび2つのpボックスが内容領域にちょうどおさまるように決まっています。

STEP 13　ボックス設定の基本

❼ オーバーフローした場合の表示設定 ［ overflow ］

　overflowプロパティは、ボックス内にコンテンツがおさまりきらずにオーバーフローしたときの表示方法を設定します。overflowプロパティは次のいずれかの値をとり、初期値はvisibleです。

値	解説
visible	オーバーフローした内容をはみ出して表示します。
hidden	オーバーフローした内容は表示しません。
scroll	スクロールバーを表示して内容領域内でスクロールできるようにします。
auto	Webブラウザが自動的に処理します。主要なWebブラウザでは、ボーダーボックス内で上下方向のスクロールができるようにします。

　たとえば、先の❻の例で、1番目のpボックスの高さを次のように設定してみます。

```
p#first  { height: 50px; }
```

　すると、1番目のp要素内のテキストがオーバーフローして、ボックスの外にはみ出て表示されます。

　そこで、1番目のpボックスに対して次のようにoverflowプロパティの設定を追加してみます。

```
p#first  { height: 50px; overflow: auto; }
```

　すると、ボックスに縦のスクロールバーが表示されてはみ出た部分は表示されなくなり、スクロールできるようになります。

153

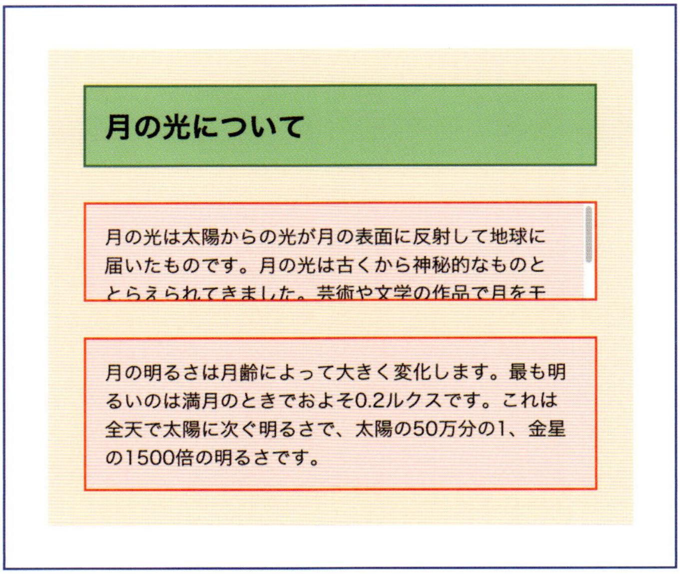

第3章　CSSの基本を学ぶ

次に、overflowプロパティの値をhiddenとしてみます。

```
p#first  { height: 50px; overflow: hidden; }
```

すると、ボックスからはみ出た部分は非表示になります。

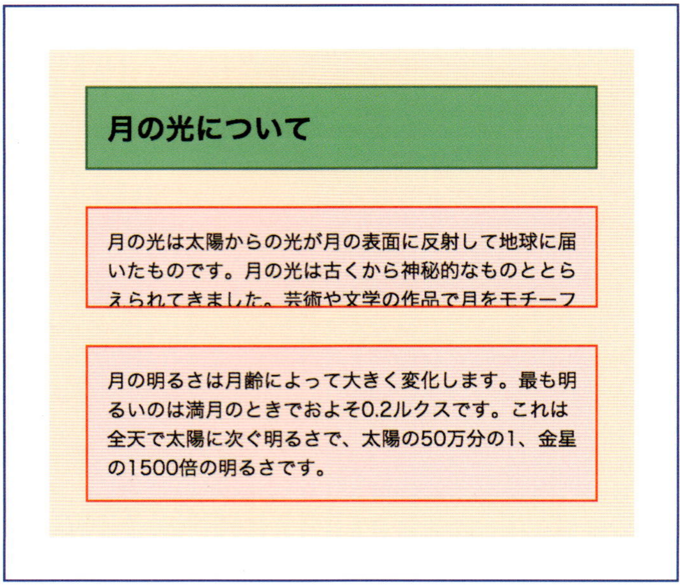

154

STEP 13　ボックス設定の基本

例題での設定

❶ body 要素の設定

● リスト 3-5 [moon_style.css]　　　　　　　　　　　　　　　　　　　　　CSS

```css
body {
  margin: 0;                      ①
  background-color: #000055;      ②
  font-size: 0.9em; }             ③
}
```

① body 要素のmarginのWebブラウザによる初期値は上下左右とも8pxとなっていますが、0に変更していま
　 す。これは、初期値のままだとまわりにbody要素の背景が表示されてしまうので、これを避けるためです。

② 背景色を #000055 としています。

③ 文字サイズをWebブラウザの標準値の0.9倍に設定しています。最新のWebブラウザの文字サイズの標準値
　 はすべて16pxとなっていますので、この場合、

0.9em = 0.9×16px = 14.4px

となりますが、文字サイズはpxの整数倍に丸められるので、実際の設定値は14pxとなります。文字サイズ
は子孫要素に継承するので、body要素で設定した値がWebページ全体の文字サイズの標準となります。つまり、
子孫要素でfont-sizeを指定しない場合は、子要素内の文字サイズもこれと同じになり、em単位などの相対
単位を用いて指定した場合は、body要素の文字サイズに対する相対的な大きさとなります。

❷ div 要素によるラッピング

● リスト 3-4 [moonlight.html]　　　　　　　　　　　　　　　　　　　　　HTML

```html
<body>
<!-- コンテナ -->
<div id="container">
  <!-- ヘッダ -->
  <header>
  …
  </footer>
</div>
</body>
```

　body要素の要素内容全体を、containerという名前のidを持つdiv要素の中に入れてラッピング（＝中に入れて
包み込むこと）しています。div要素自身は特別な意味あいは持たず、他の要素をグループ化して1つのまとまりとし、
文書を構造化するのに用いられます。div要素でラッピングすることで、body要素の要素内容全体に対して、背
景や幅を指定できるようになります。

155

div要素の使用は控えめに

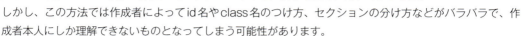

　HTML 4.01までは、HTML5で導入されたセクショニングの要素がなかったため、div要素にid属性やclass属性を指定してセクションなどを区別するために用いていました。

　しかし、この方法では作成者によってid名やclass名のつけ方、セクションの分け方などがバラバラで、作成者本人にしか理解できないものとなってしまう可能性があります。

　HTML5ではこのような問題を解決するために、sectionやarticleなどのセクショニングの要素を導入しました。セクションを区別するには、基本的にはこれらの要素を用いるようにします。div要素は、ここでの例題のように文書全体をラッピングする場合や、HTMLに対応する要素がない場合にのみ使用するとよいでしょう。

❸ div要素の設定

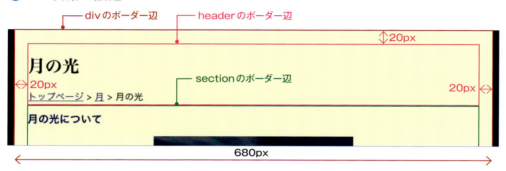

● リスト3-5 [moon_style.css]　　　　　　　　　　　　　　　　　　　　**CSS**

```css
 8  div#container {
 9      width: 680px;                    ①
10      margin: auto;                    ②
11      padding: 20px;                   ③
12      background-color: #ffffcc;       ④
13  }
```

① widthプロパティで幅を680pxに設定しています。ここで、widthプロパティを設定しない場合は、初期値のauto（自動）が用いられるため、親要素であるbody要素の内容領域の幅がdiv要素の幅となります。この場合、body要素の幅はWebブラウザの表示領域の幅であり、div要素の幅もそれに応じて変わることになります。しかし、widthプロパティの値を指定すれば、div要素の幅はWebブラウザの幅を変えても変化しないようになります。widthの代わりにmax-width, mini-widthプロパティでボックスの幅の最大値と最小値を指定することもできます。

② widthプロパティで幅を与えたブロックボックスは、左右のmarginをautoにすると左右にセンタリングされます。つまり、divボックスは一定の幅で画面の中央に表示されます。

③ paddingプロパティでパディングを上下左右20pxに設定しています。これによって、div要素の子要素（header要素、section要素、footer要素）の生成するブロックボックスは、div要素のボーダーから内側に20pxの余白をおいて配置されます。

④ 背景色を#ffffccに設定しています。

❹ ヘッダの見出しの設定

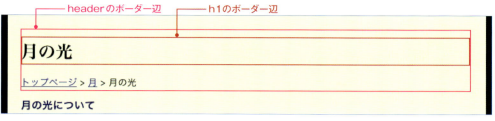

◉ リスト 3-5 [moon_style.css]　　　　　　　　　　　　　　　　　　CSS

```
15  header h1 {
16      font-size: 1.8em;          ①
17      font-family: serif;        ②
18  }
```

① font-sizeプロパティで、ヘッダの見出し(h1要素)の文字サイズを標準の1.8倍としています。ここで、body要素の文字サイズが0.9emで、その算出値が子孫要素に継承されているので、h1要素の文字サイズの算出値は、Webブラウザの標準の文字サイズを16pxとすれば、次のように計算されます。

$$16px \times 0.9 \times 1.8 = 25.92px$$

この値をpxの整数倍に丸めた26pxがh1要素の文字サイズとなります。

② フォントの種類をセリフに設定しています。

❺ セクションの見出しの設定

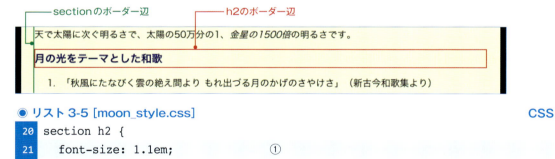

◉ リスト 3-5 [moon_style.css]　　　　　　　　　　　　　　　　　　CSS

```
20  section h2 {
21      font-size: 1.1em;          ①
22      font-family: sans-serif;   ②
23      color: darkblue;           ③
24  }
```

① font-sizeプロパティで、セクションの見出し(h2要素)の文字サイズを標準の1.1倍としています。ここで、body要素の文字サイズが0.9emで、その算出値が子孫要素に継承されているので、文字サイズの算出値は、Webブラウザの標準の文字サイズを16pxとすれば、次のように計算されます。

$$16px \times 0.9 \times 1.1 = 15.84px$$

この値をpxの整数倍に丸めた16pxがh2要素の文字サイズとなります。

② フォントの種類をサンセリフに、文字色をdarkblueに設定しています。

❻ 画像をセンタリングする

● リスト3-5 [moon_style.css]　　　　　　　　　　　　　　　　　　　　　　CSS

```
25  section img {
26      display: block;              ①
27      margin: auto;                ①
28  }
```

① img要素はdisplayプロパティの値がinlineであり、匿名ブロックボックスの中で左揃えとなっています。ここでは、画像を左右でセンタリングするために、img要素のdisplayプロパティの値をblockに変更してブロックボックスを生成させ、marginプロパティの値をautoにしています。そうすると、左右のマージンが同じ値になってセンタリングされます。

❼ 箇条書きの項目の上下のマージンを設定する

● リスト3-5 [moon_style.css]　　　　　　　　　　　　　　　　　　　　　　CSS

```
29  li {
30      margin: 5px 0px;             ①
31  }
```

① ol要素とul要素内のli要素の上下のマージンを5pxとし、上下方向の間隔を空けています。代わりにli要素もしくはol、ul要素にline-heightプロパティの値を指定しても、同じように上下方向の間隔を調整することができます。

STEP 14 さまざまなボックス設定でWebページをデザインする

STEP 14 さまざまなボックス設定でWebページをデザインする

STEP14では、div#container内のブロックボックスの設定を行うことで、Webページをデザインする方法を学びます。

演 習

① 画像をimagesフォルダにコピーします

背景画像bg_luna.jpgを［images］フォルダの中にコピーします。

② moon_style.cssを変更して保存します

エディタでmoon_style.cssを開き、リスト3-5をリスト3-6のように 変更し、上書き保存します。

●リスト 3-6 ［moon_style.css］　　　CSS

```css
 1  /* 共通設定 */
 2  body {
 3    margin: 0;
 4    background-color: #222222;
 5    font-size: 0.9em;
 6  }
 7  a { text-decoration:none; }
 8  a:hover { color: red; }
 9  h1,h2,nav,nav a { color: white; }
10  /* コンテナ */
11  div#container {
12    width: 800px;
13    margin: auto;
14    padding: 0;
15    background-color: #ffffcc;
16  }
17  /* ヘッダ */
18  header h1 {
19    font-size: 1.8em;
20    font-family: serif;
21    margin: 0px;
22    padding: 24px 28px;
23    height:  132px;
24    background-color: #071b7e;
25    background-image: url(./images/
    bg_luna.jpg);
26    background-repeat: no-repeat;
27  }
28  /* パンくずリスト */
29  nav {
30    font-size: 0.8em;
31    font-family: sans-serif;
32    padding: 6px 12px;
33    background-color: #444444;
34  }
35  /* コンテンツ */
36  section {
37    padding: 20px;
38  }
39  section h2 {
40    font-size: 1.1em;
41    font-family: sans-serif;
42    padding: 6px 14px;
43    margin: 20px 0px;
44    background-color: #223399;
45    border-radius: 10px;
46    box-shadow: 3px 3px 3px 1px
    gray;
47  }
48  section p {
49    margin: 20px;
50    line-height: 1.5;
51  }
52  section img {
53    display: block;
```

159

第3章 CSSの基本を学ぶ

◉リスト3-6 [moon_style.css]（続き）　CSS

```
54      margin: auto;
55  }
56  ol,ul {
57      margin-left: 24px;
58      padding-left: 20px;
59      line-height: 2;
60  }
61  ol {
62      list-style-type: katakana-iroha;
63  }
64  /* フッタ */
65  footer {
66      padding: 20px;
67      font-size: 0.8em;
68      text-align: center;
69  }
```

② Webブラウザで表示します

moonlight.htmlをWebブラウザで開きます。すると、表示例3-3のように表示されます。

◉表示例3-3 [moonlight.html]

160

STEP 14　さまざまなボックス設定でWebページをデザインする

解 説

背景を設定する

ボーダーボックス（ボーダーを含むボーダーの内側）には、色・画像・グラデーションなどの背景を指定することができます。

❶ 背景色を設定する ［ background-color ］

background-colorプロパティは、背景の色を設定します。background-colorプロパティの値は、色の値（色コードやカラーネームなど）が使用でき、初期値はtransparent（透明）です。

たとえば、例題において次のように設定すると、section要素内のh2要素の生成するボックスの背景色がlightgreenとなります。

```
section h2 { background-color: lightgreen; }
```

❷ 背景画像を設定する ［ background-image ］

background-imageプロパティは、ボックスの背景画像を設定します。画像ファイルはurl関数を使って指定します。

たとえば、例題において次のように設定してみます。ここで、url関数の( )の中の"./images/bg_sky.jpg"は画像ファイルのURLです。ここで、URLは引用符（"もしくは'）で囲むこともできます。

```
header h1 {
    :
    background-image: url(./images/bg_sky.jpg);
    background-repeat: no-repeat;
}
```

すると、次のようにheader要素内のh1要素の生成するボックスの背景に画像（bg_sky.jpg）が表示されます。

❸ 背景画像の繰り返し方法を設定する [background-repeat]

background-repeatプロパティは、背景画像の繰り返しの方法を設定します。background-repeatプロパティの値には以下のものが使用できます。

値	意味	
repeat	縦横に背景画像を繰り返して表示(初期値)	
repeat-x	横方向に背景画像を繰り返して表示	
repeat-y	縦方向に背景画像を繰り返して表示	
no-repeat	1回だけ表示し、繰り返して表示することはしない	
space	ボックス内にちょうどおさまるように余白を入れて縦横に繰り返す	CSS3
round	ボックス内にちょうどおさまるように大きさを調節して縦横に繰り返す	CSS3

ここで、spaceとroundはCSS3で新しく追加されたものですが、現時点でIE9以降とOpera10.5〜14のみが対応しています。最新版のOperaは対応していません。

background-repeat: repeat;　　　　　　background-repeat: no-repeat;

background-repeat: repeat-x;　　　　　　background-repeat: repeat-y;

background-repeat: space;　　　　　　background-repeat: round;
（Opera 10.5での表示）　　　　　　　（Opera 10.5での表示）

また、次のように横方向と縦方向を個別に設定することもできます。

```
background-repeat: repeat no-repeat;
```

この場合、横方向はrepeat(繰り返す)、縦方向はno-repeat(繰り返さない)となります。この書式では、repeat, no-repeat, space, roundを値として使用することができます。

❹ 背景に線形グラデーションを設定する ［ linear-gradient() ］ CSS3

線形グラデーションをボックスの背景に指定するには、backgroundプロパティの値にlinear-gradient関数を指定します。現時点でFireFoxとOperaではベンダプレフィックスが必要です。
linear-gradient関数の書式は以下のとおりです。

```
linear-gradient(<方向>,<カラーストップ1>,<カラーストップ2>,...)
```

ここで、方向はグラデーションの方向で、角度もしくは次のキーワードで指定します。

値	意味
to top	下から上(0degと同じ)
to right	左から右(90degと同じ)
to bottom	上から下(180degと同じ)
to left	右から左(270degと同じ)
to top left	右下頂点から左上頂点への対角線方向
to top right	左下頂点から右上頂点への対角線方向
to bottom left	右上頂点から左下頂点への対角線方向
to bottom right	左上頂点から右下頂点への対角線方向

カラーストップはグラデーションの色を定義する場所のことで、色の値と位置を空白文字(半角スペースなど)で区切ってあらわします。位置は、長さもしくはパーセント値で指定します。
たとえば、

```
header h1 {
    background: -webkit-linear-gradient(0deg,mediumblue 10%,green 90%);
    background: -moz-linear-gradient(0deg,mediumblue 10%,green 90%);
    background: -o-linear-gradient(0deg,mediumblue 10%,green 90%);
    background: -ms-linear-gradient(0deg,mediumblue 10%,green 90%);
    background: linear-gradient(0deg,mediumblue 10%,green 90%);
}
```

とすると、グラデーションの方向を0°(下から上)とし、ボックスの下端から10%での色をmediumblue、90%での色をgreenに設定した線形グラデーションをボックスの背景に設定します。

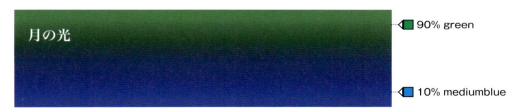

ボックスのコーナーの角丸を設定する

❶ ボックスコーナーの角丸を一括して設定する [border-radius] CSS3

　border-radiusプロパティは、ボックスのコーナーの角丸の半径を設定します。border-radiusプロパティの書式は次のようになります。

```
border-radius:    <左上水平半径> <右上水平半径> <左下水平半径> <右下水平半径>
               /  <左上垂直半径> <右上垂直半径> <左下垂直半径> <右下垂直半径>;
```

　/以降を省略すると、垂直方向の半径は水平方向の半径と等しくなります。それぞれのコーナーの値は、次の例のように省略できます。

```
border-radius: 10px 20px 30px 40px; /* 左上10px 右上20px 左下30px 右下40px   */
border-radius: 10px 20px 30px;      /* 左上10px 右上・左下20px 右下30px      */
border-radius: 10px 20px            /* 左上・右下10px 右上・左下20px         */
border-radius: 10px;                /* 左上・右上・左下・右下10px            */
```

　たとえば、

```
border-radius: 15px;
```

は、ボックスの各コーナーの角丸の水平および垂直方向の半径を15pxに設定します。

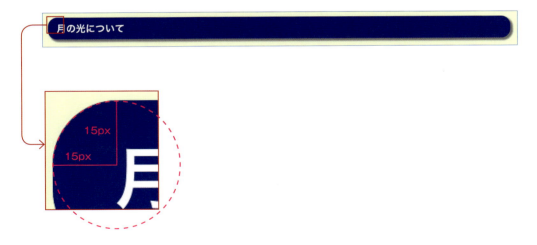

コーナーの角丸は、水平方向と垂直方向の半径が異なる楕円形状とすることもできます。たとえば、

```
border-radius: 20px/15px;
```

とすれば、水平方向の半径が20px、垂直方向の半径が15pxとなります。

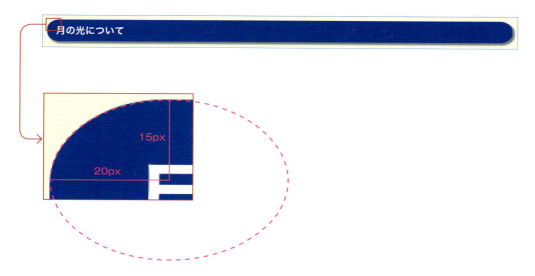

❷ ボックスコーナーの角丸を個別に設定する ［ border-*-radius ］ CSS3

border-*-radiusプロパティ（*＝top-left, top-right, bottom-left, bottom-right）を使って、各コーナーごとに個別に設定することもできます。たとえば、

```
border-top-left-radius: 15px;
border-bottom-right-radius: 15px;
```

とすれば、左上と右下のコーナーの角丸の半径が15px、左下と右上は角丸なしとなります。

ボックスの透明度・影を設定する

❶ ボックスの透明度を設定する ［ opacity ］

　opacityプロパティは、ボックスの透明度を設定します。opacityプロパティの値には0～1の実数値を指定します。0で完全な透明に、1で不透明になります。
　たとえば、

```
<header><h1>MOON LIGHT</h1></header>
```

に対して、次のように設定してみます。

```
header {
  background-image: url(./images/bg_luna.jpg);
  padding: 20px;
  height: 132px;
}
h1 {
  background-color: green;
  color: white;
  opacity: 0.6;
}
```

　すると、header要素内のh1要素の生成するボックスが、半透明になります。

opacity: 1.0;

opacity: 0.6;

STEP 14　さまざまなボックス設定でWebページをデザインする

❷ ボックスの影を設定する ［ box-shadow ］ CSS3

box-shadowプロパティは、ボックスの影を設定します。box-shadowプロパティの書式は、次のようになります。

box-shadow: <横オフセット> <縦オフセット> <ぼかしの半径> <スプレッドの大きさ>
　　　　　<影の色> inset;

insetはオプションで、指定すると影が内側につきます。スプレッドの大きさは影の拡大の大きさをあらわし、正の場合はボックスより影が大きく、負の場合は小さくなります。ぼかしの半径・スプレッドの大きさ・影の色は省略できます。省略すると、それぞれ0, 0, blackとなります。

例題ではsection h2に対して次の設定を行っています。

```
box-shadow: 3px 3px 3px 1px gray;
```

月の光について

この例で、横と縦のオフセットを10pxに変更してみます。

```
box-shadow: 10px 10px 3px 1px gray;
```

月の光について

さらに、ぼかしの半径を10pxに変更してみます。

```
box-shadow: 10px 10px 10px 1px gray;
```

月の光について

最後に、insetオプションでボックスの内側に影をつけて、凹状にへこんだようにしてみます。

```
color: black;
background-color: white;
box-shadow: 2px 2px 5px 1px gray inset;
```

月の光について

167

第3章　CSSの基本を学ぶ

リストマークを設定する

❶ リストマークの種類を設定する［ list-style-type ］

list-style-typeプロパティは、リストマークの種類を設定します。list-style-imageプロパティと一緒に指定した場合は、list-style-imageプロパティの値が優先されます。

CSS3では非常に多くのリストマークが規定されていますが、ここでは多くのWebブラウザで表示できるおもなリストマークを示します。

◉表3-11　すべてのWebブラウザで使用可能なリストマーク

値	意味
circle	白丸(○)
disc	黒丸(●)
square	四角形(■)
decimal	数字(1、2、3、…)
lower-roman	小文字のローマ数字(ⅰ、ⅱ、ⅲ、…)
upper-roman	大文字のローマ数字(Ⅰ、Ⅱ、Ⅲ、…)
lower-alpha	小文字のアルファベット(a、b、c、…)
upper-alpha	大文字のアルファベット(A、B、C、…)
decimal-leading-zero	0をつけた数字(01、02、03、…)
lower-greek	小文字のギリシャ文字(α、β、γ、…)
lower-latin	ラテン語の小文字(a、b、c、…)
upper-latin	ラテン語の大文字(A、B、C、…)

◉表3-12　Chrome・Safari・FireFoxで使用可能なリストマーク

値	意味
hebrew	ヘブライ数字(א、ב、ג、…)
cjk-ideographic	漢数字(一、二、三、…)
hiragana	ひらがな［あいうえお順］(あ、い、う、…)
katakana	カタカナ［アイウエオ順］(ア、イ、ウ、…)
hiragana-iroha	ひらがな［いろは順］(い、ろ、は、…)
katakana-iroha	カタカナ［イロハ順］(イ、ロ、ハ、…)

たとえば、例題において、

```
section ol { list-style-type: lower-roman; }
```

とすると、リストマークが小文字のローマ数字となります。

> ⅰ．「秋風にたなびく雲の絶え間より もれ出づる月のかげのさやけさ」（新古今和歌集より）
>
> ⅱ．「秋の夜の月の光はきよけれど 人の心の隈は照らさず」（後撰和歌集より）
>
> ⅲ．「冬の夜の池の氷のさやけきは 月の光のみがくなりけり」（拾遺和歌集より）

STEP 14　さまざまなボックス設定でWebページをデザインする

❷ リストマークに用いる画像を設定する［ list-style-image ］

　list-style-imageプロパティは、リストマークに用いる画像を指定します。list-style-imageプロパティを指定した場合は、list-style-typeプロパティの値は無視されます。list-style-imageプロパティの値は、画像ファイルをurl関数で指定します。初期値はnone（画像ファイルを指定しない）です。
　たとえば、例題において次のように設定してみます。ここで、url関数の( )の中の"./iamges/eighthnote.png"は、八分音符の画像ファイルのパスです。

```
section ul li { list-style-image: url(./images/eighthnote.png); }
```

　eighthnote.png

すると、次のようにリストマーカーとして画像（eighthnote.png）が用いられます。

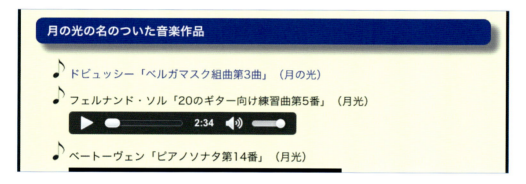

❸ リストマークの表示位置を設定する［ list-style-position ］

　list-style-positionプロパティは、リストマークの表示位置を設定します。list-style-positionプロパティの初期値はoutsideで、リストマークは各項目のボックスの外側のマーカーボックスに表示されます。値をinsideと指定すると、リストマークを各項目のボックス内に表示します。
　たとえば、例題において

```
section ol li { list-style-position: inside; }
```

とすると、リストマークがブロックボックス内に表示されます。

　　　　　inside　　　　　　　　　　　　　outside

例題での設定について

❶ ページ全体のレイアウト

この例では、最もシンプルな1段組を採用し、固定幅としています。一般的な1段組の例とは違って（「STEP19 2段組のレイアウトにする」参照）、nav要素はheader要素の中にあります。header要素、section要素、footer要素はidがcontainerのdiv要素でラッピングされており、段の幅や配置はdiv要素に対して設定しています。

● リスト3-6　[moon_style.css]　　　　　　　　　　　　　　　　CSS

```css
/* コンテナ */
div#container {
  width: 800px;              ①
  margin: auto;              ②
  padding: 0;                ③
  background-color: #ffffcc;
}
```

① 幅を800pxの固定幅としています。可変幅とする場合は、widthプロパティの値をautoとします。widthをautoとする場合は、レイアウトが崩れないように、min-widthプロパティで最小幅、max-widthプロパティで最大幅を指定できます。

② 左右のmarginをautoとすると、divボックスがbodyボックスの内容領域の中で左右にセンタリングされます。

③ パディングを0としています。div要素内のheader、section、footer要素の左右のマージンは指定していないためautoとなっており、算出値は0となっています。そのため、divボックスの幅がheader、section、footerのボーダーボックスの幅となっています。

❷ ヘッダの設定

　ヘッダ部分はh1要素とnav要素からなっています。h1要素にはWebページ全体の見出し、nav要素にはパンくずリストが記述されています。h1ボックスは、高さを指定して背景画像を設定しています。navボックスは背景色を指定し、文字の大きさを小さくし、リンクにマウスを重ねたときの色も指定しています。

● リスト 3-4 [moonlight.html]　　　　　　　　　　　　　　　　　　　　　HTML

```
11  <!-- ヘッダ -->
12  <header>
13    <h1>月の光</h1>
14    <!-- パンくずリスト -->
15    <nav>
16      <a href="./index.html">トップページ</a> &gt;
17      <a href="./cosmos.html">月</a> &gt; 月の光
18    </nav>
19  </header>
```

● リスト 3-6 [moon_style.css]　　　　　　　　　　　　　　　　　　　　　CSS

```
17  /* ヘッダ */
18  header h1 {
19      font-size: 1.8em;                              ①
20      font-family: serif;                            ①
21      margin: 0px;                                   ②
22      padding: 24px 28px;                            ③
23      height:  132px;                                ③
24      background-color: #071b7e;                     ④
25      background-image: url(./images/bg_luna.jpg);   ⑤
26      background-repeat: no-repeat;                  ⑤
27  }
28  /* パンくずリスト */
29  nav {
30      font-size: 0.8em;                              ⑥
31      font-family: sans-serif;                       ⑥
32      padding: 6px 12px;                             ⑦
33      background-color: #444444;                     ⑧
34  }
```

第3章 CSSの基本を学ぶ

① h1要素の文字サイズを大きめの1.8emに、フォントをセリフとしています。h1要素の文字色は共通設定でwhite(白)としています。

② h1要素の上下左右のマージンを0としています。h1要素の上下のマージンの初期値は0ではないため、このような場合注意が必要です。

③ パディングを上下24px、左右28pxとしています。widthは指定していないためautoとなっていて、headerボックスの内容領域の幅となっています。id="container"のdiv要素の内容領域の幅が800pxで、div要素のパディングおよびheader要素のマージンが0であるため、headerボックスの幅も800pxとなっています。h1要素のマージンを0としているため、h1要素のボーダーボックスの幅も800pxとなっています。これから、h1要素の内容領域の幅widthの算出値は次のようになります。

$$800px - 28px - 28px = 744px$$

h1要素のheightの値は132pxなので、h1ボックスの高さは次のようになります。

$$132px + 24px + 24px = 180px$$

④ h1ボックスの背景色を#071b7eとしています。これは、⑤で設定している画像の右端の色です。こうすることで、画像の右側が不連続にならないようにしています。

⑤ h1の背景画像を"./images/bg_luna.jpg"に設定しています。bg_luna.jpgの縦方向の画素数は180pxであり、これとh1ボックスの高さが一致するように③でパディングと高さを設定しています。また、background-repeatをno-repeatとして、画像を繰り返さずに1回だけ描画しています。

⑥ nav要素(パンくずリスト)の文字サイズを小さめの0.8emに、フォントをサンセリフとしています。この場合のように、小さな文字を白抜きにする場合、セリフにすると文字が見えづらくなります。

⑦ nav要素のパディングを上下6px、左右12pxとしています。nav要素のwidthとheightは初期値のautoとなっており、幅はheaderボックスの内容領域の幅(800px)に、高さは要素内容である文字がちょうどおさまる高さになっています。文字の高さは、16px×0.9×0.8 = 11.52pxを丸めた12pxとなっており、これに上下のパディングを加えた値= 12px+6px+6px = 24pxが、nav要素のボーダーボックスの高さとなっています。

⑧ navボックスの背景色を#444444としています。

さらに、共通設定の部分で、a要素のスタイルを次のように設定しています。

● **リスト3-6 [moon_style.css]**　　　　　　　　　　　　　　　　　　　　**CSS**

```
7  a { text-decoration:none; }          ①
8  a:hover { color: red; }              ②
9  h1,h2,nav,nav a { color: white; }    ③
```

① a要素は標準で下線が付いて青色で表示されますが、ここでは下線を取っています。

② a要素にマウスを重ねたときの色をred(赤)にしています。

③ nav要素およびその子要素であるa要素の文字色をwhite(白)としています。

❸ 内容ブロックの設定

section要素にはWebページのおもな内容が記述されています。sectionボックスにはパディングを設定して、まわりに余白を設けています。見出し部分（h1要素・h2要素）はボックスの背景色を設定し、コーナーに丸みをつけてデザインしています。

① 内容ブロック全体のレイアウト

◉ リスト 3-6 ［moon_style.css］　　　　　　　　　　　　　　　　　　　　　　　　　　　　CSS

```
36  section {
37    padding: 20px;                    ①
38  }
```

① 上下左右のパディングを20pxに設定しています。これにより、sectionボックスの周辺に余白を設け、その内側に内容をおさめています。

② 見出しの設定

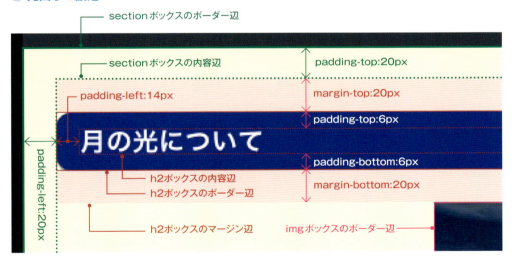

◉ リスト 3-4 ［moonlight.html］　　　　　　　　　　　　　　　　　　　　　　　　　　　　HTML

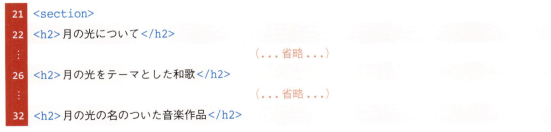

● リスト3-6　[moon_style.css]　　　　　　　　　　　　　　　　　　　　　　　　　CSS

```
39  section h2 {
40      font-size: 1.1em;                    ①
41      font-family: sans-serif;             ①
42      padding: 6px 14px;                   ②
43      margin: 20px 0px;                    ③
44      background-color: #223399;           ④
45      border-radius: 10px;                 ⑤
46      box-shadow: 3px 3px 3px 1px gray;    ⑥
47  }
```

section要素の子要素であるh2要素に対して、次の設定をしています。

① 文字のサイズを少し大きめの1.1emに、フォントをサンセリフとしています。
② パディングを上下6px、左右14pxとしています。
③ マージンを上下20px、左右0pxとしています。
④ 背景色を#223399としています。h2要素の背景色は後で変更しています。
⑤ ボックスのコーナーに半径10pxの丸みをつけています。
⑥ ボックスに影をつけています。横と縦のオフセットを3px、ぼかしの半径を3px、スプレッドの大きさを1px、影の色をgrayとしています。

③ 段落の設定

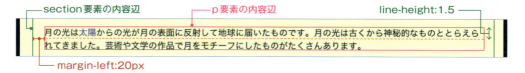

● リスト3-6　[moon_style.css]　　　　　　　　　　　　　　　　　　　　　　　　　CSS

```
48  section p {
49      margin-left: 20px;       ①
50      line-height: 1.5;        ②
51  }
```

section要素の子要素であるp要素の設定をしています。

① 左マージンを20pxとしています。
② 行の高さを文字サイズの1.5倍としています。ここで、p要素の文字サイズはbody要素の文字サイズを継承しており、0.9emとなっています。実際の文字サイズは、算出値16px×0.9＝14.4pxを丸めた値14pxとなっています。

④ 番号順リストの設定

● リスト 3-6 [moon_style.css]　　　　　　　　　　　　　　　　　　　　　　CSS

```
56  ol,ul {
57      margin-left: 24px;              ①
58      padding-left: 20px;             ①
59      line-height: 2;                 ②
60  }
61  ol {
62      list-style-type: katakana-iroha;   ③
63  }
```

ol要素とul要素の設定をしています。

① 左マージンを24px、左パディングを20pxとしています。

② 行の高さを文字サイズの2倍にして行間を空けています。

③ リストマーカーをカタカナ（イロハ順）としています。ここで、list-style-typeプロパティの値は子孫要素に継承するため、ol要素に指定しておくことで、その子要素であるli要素に適用されていることに注意してください。

第3章　CSSの基本を学ぶ

> **ol要素・ul要素ではmarginとpaddingを両方指定する**
>
> 　ol要素やul要素の左の余白を設定するときは、marginとpaddingをセットで設定するようにします。これは、下表のようにInternet Explorerと他のWebブラウザでは、margin-leftとpadding-leftの初期値が異なるためです。たとえば、margin-leftだけ12pxに設定すると、margin-leftとpadding-leftの値は、Internet Explorerでは12pxと0pxに、Chromeでは12pxと40pxになり、異なる設定となってしまいます。
>
> | Webブラウザ | margin-left | padding-left |
> | --- | --- | --- |
> | Internet Explorer | 40px | 0px |
> | Chrome他 | 0px | 40px |

❹ フッタの設定

● リスト3-6　[moon_style.css]　　　　　　　　　　　　　　　　　　　　　　CSS

```
64  /* フッタ */
65  footer {
66      padding: 20px;              ①
67      font-size: 0.8em;           ②
68      text-align: center;         ③
69  }
```

footer要素の子要素の設定をしています。

① 上下左右のパディングを20pxとしています。
② 文字サイズを小さめの0.8emとしています。
③ 行ボックスの中で文字列を左右に中央揃えしています。

176

STEP 15 floatによる回り込みの設定を行う

STEP 15 floatによる回り込みの設定を行う

STEP15では、floatプロパティおよびclearプロパティによる回り込みの設定方法について学びます。

演 習

① moon_style.cssを変更して保存します

エディタでリスト3-6のmoon_style.cssを開き、リスト3-7のように変更し、上書き保存します。

● リスト 3-7 [moon_style.css]　　CSS

```
    (...省略...)
46      box-shadow: 3px 3px 3px 1px
            gray;
47  }
48  section h2 {
49      clear: both;
50  }
51  section p {
52      margin: 20px;
53      line-height: 1.5;
54  }
55  section img {
56      width: 300px;
57      margin: 5px 0px 15px 15px;
58      float: right;
59  }
60  ol,ul {
61      margin-left: 24px;
62      padding-left: 20px;
63      line-height: 2;
64  }
```

② Webブラウザで表示します

moonlight.htmlをWebブラウザで開きます。すると、表示例3-4のように表示されます。

● 表示例 3-4 [moonlight.html]

177

解説

例題での設定について

まず簡単に例題について説明し、その後で浮動化について解説します。

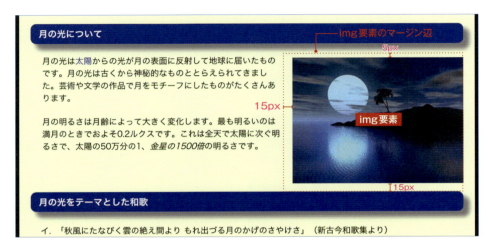

●リスト 3-7 [moon_style.css]　　　　　　　　　　　　　　　　　　　　　CSS

```
55  section img {
56      width: 300px;                    ①
57      margin: 5px 0px 15px 15px;       ②
58      float: right;                    ③
59  }
```

section要素の子要素のimg要素の設定をしています。

① 幅を300pxとしています。heightは初期値のautoとなっており、widthの値から画像の縦横比を保つように自動的に設定されます。

② マージンを上5px、右0px、下15px、左15pxとしています。

③ img要素を浮動化して右側に配置しています。

●リスト 3-7 [moon_style.css]　　　　　　　　　　　　　　　　　　　　　CSS

```
48  section h2 {
49      clear: both;                     ①
50  }
```

① clearプロパティによりh2要素に対する左右の回り込みを解除しています。これにより、画像よりも下にh2要素の生成するブロックボックスが配置されます。

浮動化の設定

floatプロパティでボックスを浮動化することができます。浮動化(float)とは、ボックスを配置した後で、そのボックスを浮かせて他から分離し、左もしくは右に移動することをいいます。この際、浮動化したボックス以外のボックスの要素内容は、浮動化したボックスに対して回り込んで表示されます。

❶ 浮動化を設定する ［ float ］

floatプロパティは、ボックスの浮動化を設定します。floatプロパティは次のいずれかの値をとり、初期値はnoneです。

値	意味
none	ボックスの配置を指定しない
left	ボックスを左に配置する。その後に続く要素の要素内容はその右側に回り込む
right	ボックスを右に配置する。その後に続く要素の要素内容はその左側に回り込む

たとえば、例題において次のように設定すると、imgボックスは浮動化され左に配置されます。この際、p要素の要素内容はimgボックスの右側に回り込んで配置されます。

```
section img { float: left; }
```

float: left;

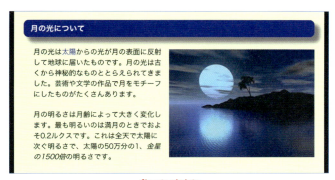

float: right;

ここで、次の点に注意してください。

- ▶ floatを適用した要素の内容領域の幅は、widthプロパティを指定した場合はその幅となります。widthプロパティを指定しない場合（autoの場合）、img要素やvideo要素などの置換要素の場合はその内在寸法となり、それ以外の場合は内容に合わせて縮めた幅となります。
- ▶ displayプロパティの初期値がinlineである要素にfloat:leftもしくはfloat:rightの指定をすると、自動的にdisplayプロパティの値はblockとなります。

❷ 回り込みを解除する ［ clear ］

clearプロパティは、ボックスの回り込みを解除します。clearプロパティは次のいずれかの値をとり、初期値はnoneです。

値	意味
none	回り込みを解除しない
left	左側の回り込みを解除する
right	右側の回り込みを解除する
both	左側と右側の両方の回り込みを解除する

たとえば、例題においてimg要素以降の要素にclearプロパティを設定しないと、それらの要素もimgボックスに回り込んでしまいます。しかし、次のようにclearプロパティを設定することで、設定した要素以降の要素が生成するボックスの内容は回り込まなくなります。

```
section h2 { clear: both; }
```

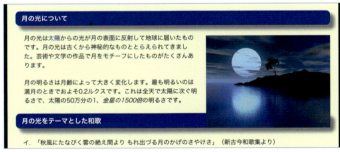

clear: none;

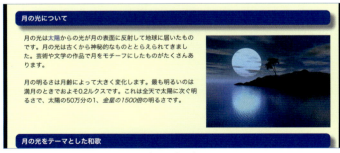

clear: both;

❸ 浮動ボックスのマージンとクリアランス

　通常フローで配置されるボックスの上下のマージンは相殺して大きい方が採用されますが、浮動ボックスの上下のマージンは、他のボックスの上下のマージンと相殺されません。この例題では、h2要素［月の光について］の下マージンとp要素［月の光は…］の上マージンは相殺していますが、h2要素の下マージンとimg要素の上マージンは相殺していません。

　浮動ボックスに回り込んだ要素に関しては、浮動ボックスのマージン辺と回り込んだ要素の要素内容が隣接します。この例題では、p要素の要素内容である文字列がimg要素のマージンボックスに回り込んでいます。この場合、p要素の要素内容とimg要素のボーダーボックスの間隔は、p要素の右マージンには関係せず、img要素の左マージンとなっています。これは、浮動ボックスに回りこむのは、要素の生成するボックスではなく、その要素内容であることをあらわしています。

　また、clearを指定した要素は、ボーダーボックスが浮動ボックスの下マージン辺の下に隣接するように、要素の上マージンの上に**クリアランス**と呼ばれる空白領域を挿入します。clearプロパティを指定するということは、正しくは、クリアランスを挿入するということであるといえます。クリアランスが挿入された結果として、その要素以降の要素内容の回り込みが解除されるということになります。いまの場合、h2要素［月の光をテーマとした和歌］のボーダーボックスの上辺がimg要素の下マージン辺に隣接しています。このため、h2要素のボーダーボックスとimg要素のボーダーボックスの上下の間隔は、h2要素の上マージンには関係せず、img要素の下マージンとなっています。

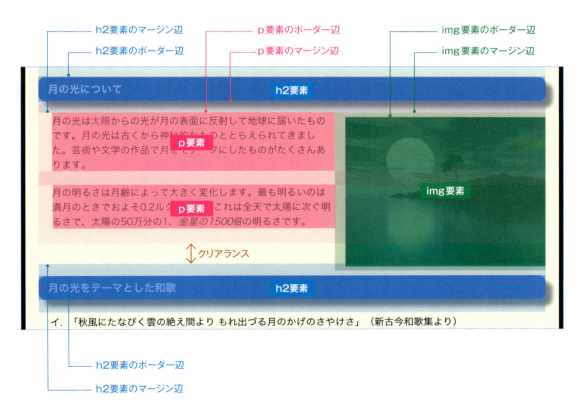

第3章　CSSの基本を学ぶ

STEP 16　より高度なCSSの文法

STEP16では、STEP11で解説した以外のセレクタと、スタイルの設定が競合した場合の処理について解説します。STEP16は、本書を最初に読む場合は飛ばして読んでも差し支えありません。

属性セレクタ・疑似クラス・疑似要素

タイプセレクタ、ユニバーサルセレクタ、クラスセレクタ、idセレクタ、属性セレクタ、疑似クラス、疑似要素を、**単純セレクタ**といいます。STEP11では、タイプセレクタ、ユニバーサルセレクタ、クラスセレクタ、idセレクタについて解説しました。ここでは、それら以外の単純セレクタ（属性セレクタ、疑似クラス、疑似要素）について解説します。

❶ 属性セレクタ

属性セレクタは特定の属性を持つ要素、もしくは特定の属性を持ちそれが特定の値を持つ要素を、スタイルの適用対象とするものです。表3-13に、属性セレクタの一覧を示します。

◉表3-13　属性セレクタの一覧

書式	適用要素	例
要素名 [属性名]	指定した属性名の属性を持つ要素	h1[title] { color; red; }
要素名 [属性名=" 値 "]	指定した属性名の属性を持ち、属性値が指定した値である要素	h1[class="maintitle"] { color: red; }
要素名 [属性名~=" 値 "]	指定した属性名の属性を持ち、属性値が空白文字区切りで複数含まれていて、そのうちの1つが値で指定したものと一致する要素	h1[class~="maintitle"] { color: red; }
要素名 [属性名|=" 値 "]	指定した属性名の属性を持ち、属性値が空白文字区切りで複数含まれていて、そのうちの1つが値で指定した文字列で始まっている要素	*[lang|="en"] { color: red; }
要素名 [属性名^=" 値 "]	指定した属性名の属性を持ち、属性値が値で指定した文字列で始まっている要素	img[href^="http"] { border-color: red; } `CSS3`
要素名 [属性名$=" 値 "]	指定した属性名の属性を持ち、属性値が値で指定した文字列で終わる要素	a[href$=".php"] { color: red; } `CSS3`
要素名 [属性名*=" 値 "]	指定した属性名の属性を持ち、属性値が値で指定した文字列を含む要素	h1[title*="summer"] { color: red; } `CSS3`

STEP 16　より高度なCSSの文法

❷ 疑似クラス

　疑似クラスを用いると、文書の木構造とは関連しない情報や、他の単純セレクタでは表現できない情報にもとづいて、スタイルの適用対象を選択することができます。疑似クラスは、単純セレクタの後にコロン(:)を置き、その後に疑似クラス名を記述します。疑似クラス名は大文字小文字を問いません。以下に、疑似クラスの一覧を示します。

① リンク疑似クラス

　これらはa要素に対してのみ適用できる疑似クラスです。リンク先を訪れたことがあるかどうかに応じてスタイルを適用できます。

疑似クラス名	適用対象	例
:link	まだ見ていない(キャッシュされていない)ページへのリンク	`a:link` `{ color: red; }`
:visited	すでに見た(キャッシュされている)ページへのリンク	`a:visited` `{ color: red; }`

② ユーザーアクション疑似クラス

　ユーザーが要素に対してどのような操作をしているかに応じてスタイルを適用します。

疑似クラス名	適用対象	例
:hover	マウスポインタに重なっている要素	`h1:hover` `{ color: red; }`
:active	選択されている要素	`h1:active` `{ color: red; }`
:focus	フォーカスされている(テキストを入力できる状態である)要素	`input:focus a` `{ color: red; }`

③ ターゲット疑似クラス CSS3

疑似クラス名	適用対象	例
:target	移動先の要素	`#music:target` `{ color: red; }`

④ UI要素状態疑似クラス CSS3

　要素のユーザーインタフェースの状態に応じてスタイルを適用します。

疑似クラス名	適用対象	例
:enabled	disabled属性が指定されていない(有効な)要素	`input:enabled` `{ color: red; }`
:disabled	disabled属性が指定されている(無効な)要素	`input:disabled` `{ color: red; }`
:checked	ラジオボタンやチェックボックスが選択された状態のinput要素	`input:checked` `{ color: red; }`
:indeterminate	typeが"checkbox"でJavaScriptによってindeterminate DOM属性が trueに設定されているinput要素	`input:indeterminate` `{ color: red; }`

183

第3章　CSSの基本を学ぶ

⑤ 言語疑似クラス

疑似クラス名	適用対象	例
:lang(言語コード)	lang属性で言語の種類を指定している場合の、特定の言語の要素	`*:lang(jp) p` `{ line-height:1.6; }`

⑥ 構造疑似クラス `CSS3`

　構造疑似クラスを用いると、文書の木構造に関する情報ではあるが、単純セレクタでは表現できない情報にもとづいてスタイルの適用対象を選択できます。

疑似クラス名	適用対象	例
:root	文書のルート要素	`:root` `{ color: red; }`
:first-child	親要素の最初の子要素である要素	`li:first-child` `{ color: red; }`
:last-child	親要素の最後の子要素である要素	`li:last-child` `{ color: red; }`
:nth-child(an+b)※	親要素の最初からan+b番目の子要素である要素	`li:nth-child(2n+1)` `{ color: red; }`
:nth-last-child(an+b)※	親要素の最後からan+b番目の子要素である要素	`li:nth-last-child(3n+2)` `{ color: red; }`
:only-child	親要素の唯一の子要素である要素	`li:only-child` `{ color: red; }`
:first-of-type	親要素のその要素と同じ要素名の要素の中で、最初の子要素である要素	`p:first-of-type` `{ color: red; }`
:last-of-type	親要素のその要素と同じ要素名の要素の中で、最後の子要素である要素	`p:last-of-type` `{ color: red; }`
:nth-of-type(an+b)※	親要素のその要素と同じ要素名の要素の中で、最初からan+b番目の子要素である要素	`p:nth-of-type(2n+1)` `{ color: red; }`
:nth-last-of-type(an+b)※	親要素のその要素と同じ要素名の要素の中で、最後からan+b番目の子要素である要素	`p:last-of-type(2n+1)` `{ color: red; }`
:only-of-type	親要素のその要素と同じ要素名の要素の中で、唯一の子要素である要素	`p:only-type` `{ color: red; }`
:empty	要素内容が空の要素	`p:empty` `{ background-color: red; }`

※ n=0, 1, 2, …（ゼロ以上の整数）、an+b以外にeven, oddも可能（evenは偶数、oddは奇数をあらわす）。

⑦ 否定疑似クラス `CSS3`

疑似クラス名	適用対象	例
:not(単純セレクタ)※	括弧内に指定した単純セレクタにマッチしない要素	`p:not(.en)` `{ color: red; }`

※ 単純セレクタに、否定疑似クラス、疑似要素は指定できない。

184

❸ 疑似要素

疑似要素は、要素内の特定の部分に対してスタイルを設定するものです。要素名の後にコロンを2つ(::)をつけて、その後に疑似要素名を書きます。なお、CSS2ではセミコロンは1つで記述したため、後方互換性が確保されるように、CSS3に対応したWebブラウザでは、セミコロンは1つでも正しく解釈されます。疑似要素名の一覧を、表3-14に示します。

●表3-14　疑似要素名の一覧

疑似要素名	適用対象/意味	例
::first-line	要素の最初の1行目	p::first-line { color: blue; }
::first-letter	要素の最初の1文字目	p::first-letter { font-size: 2em; }
::before	要素の直前に文字や画像を挿入する(文字や画像はcontentプロパティで指定)	a::before { content: url(arrow.gif); }
::after	要素の直後に文字や画像を挿入する(文字や画像はcontentプロパティで指定)	a::after { content: url(arrow.gif); }

セレクタの結合子

「section p」は、section要素の子孫要素であるp要素にスタイルを適用するという意味でした。CSS1では、これを文脈セレクタと呼んでいます。CSS3では、この文脈セレクタを拡張して、HTML文書の木構造における子孫や兄弟といった前後関係による条件をつけて適用要素を指定することができます。木構造における前後関係は、単純セレクタを**結合子**(空白文字、>、+、~)で区切って並べて表現します。ただし、疑似要素については、最後のセレクタにのみつけることができます。以下の説明では、単純セレクタをAやBなどの大文字のアルファベットであらわします。

❶ 子孫結合子：A B

セレクタAとセレクタBを空白文字(半角スペースなど)で区切ると、BはAの子孫であることをあらわします。

> **例1** header要素の子孫要素であるh1要素に対してスタイルが設定されます。
>
> ```
> header h1 { font-size: 1.8em; }
> ```
>
> **例2** section要素の子孫ではあるが、直接の子要素でないa要素に対してスタイルが設定されます。
>
> ```
> section * a { color: purple; }
> ```

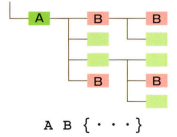

A B { ･･･ }

❷ 子結合子：A>B

セレクタAとセレクタBを＞で区切ると、BはAの直接の子要素であることをあらわします。

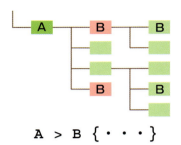

`A > B { ･･･ }`

> **例1** header要素の直接の子要素であるh1要素に対してスタイルが設定されます。

```
header > h1 { font-size: 1.8em; }
```

> **例2** section要素の直接の子要素すべてに対してスタイルが設定されます。

```
section > * { font-size: 0.9em; }
```

> **例3** クラス名が"subtitle"であるすべての要素の直接の子要素であるa要素に対してスタイルが設定されます。

```
.subtitle > a { color: purple; }
```

❸ 隣接結合子：A+B

セレクタAとセレクタBを＋で区切ると、BはAと同じ親要素を持ち（兄弟）、Aのすぐ後に現れていること（直後の弟）をあらわします。

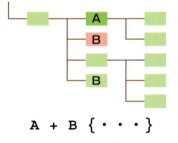

`A + B { ･･･ }`

> **例1** h1要素のすぐ後に現れるp要素に対してスタイルが設定されます。

```
h1 + p { margin-top: 2em; }
```

> **例2** h1要素のすぐ後に現れるp要素の子孫要素であるa要素に対してスタイルが設定されます。

```
h1 + p a { color: purple; }
```

❹ 間接結合子：A~B `CSS3`

セレクタAとセレクタBを〜で区切ると、BはAと同じ親要素を持ち（兄弟）、Aの後に現れていること（弟）をあらわします。

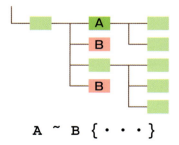

`A ~ B { ･･･ }`

> **例** h1要素の後（直後でなくともよい）に現れるp要素に対してスタイルが設定されます。

```
h1 ~ p { font-size: 0.8em; }
```

STEP 16　より高度なCSSの文法

スタイルの優先順位について

❶ スタイルシートの種類

CSSでは、次の3種類のスタイルシートがあります。

制作者のスタイルシート	ユーザー・スタイルシート	Web ブラウザの デフォルトスタイルシート
Web サイト制作者の作成した スタイル定義ファイル	Web ページの閲覧者がブラウザに 設定することで利用する スタイル定義ファイル	Web ブラウザがすべての要素 に対して設定している 各プロパティの初期値

❷ スタイルの優先順位

　CSSのスタイルは複数のスタイルシートで記述されており、同じ要素に対する同じプロパティの指定が異なる場所で複数回現れる可能性があります。このスタイル設定の重複は、同一のスタイルシートの中でもありえます。この場合、同じスタイル設定どうしは競合してしまいます。CSSでは、スタイル設定が競合した場合、それらに優先順位をつけて、最も優先順位の高いスタイル設定がWebページのレンダリングに使用されます。

　スタイル設定に優先順位をつける基本原則として次の①、②、③があり、①よりも②、②よりも③が優先されます。

① 後に記述されているスタイルが優先される

　一般に、スタイル設定の競合があった場合、先に読み込まれた設定を後から読み込まれた設定が上書きするので、文書の上から見ていって後に記述されているスタイル設定が優先されます。

　たとえば、次のように設定したとします。

```
h1 { color: red; }
h1 { color: green; }
h1 { color: blue; }
```

　この場合、h1要素に対するcolor プロパティの設定が競合していますが、最後の規則が優先され、h1要素の文字色はblueとなります。

② 個別性の高いセレクタの設定が優先される

　次の例を考えてみます。

```
p#lead  { color: blue; }
p.notes { color: green; }
p       { color: black; }
.notes  { color: red; }
```

187

id名が"lead"であるp要素に対しては、「後に記述されているスタイルが優先される」という原則を用いれば、3行目の規則が採用されて文字色は黒になるはずですが、実際は1行目の規則が採用されて文字色は青となります。これは、セレクタp#leadとセレクタpを比較すると、前者の方がより個別的なものであるからです。つまり、セレクタp#leadで指し示される要素の集合は、セレクタpで指し示される要素の集合よりも小さなものになっています。このように、CSSではセレクタの個別性の高い規則の方が優先されます。

Webブラウザは、このような個別性の高さを評価するために、**詳細度**という値を計算して、その値が大きいセレクタは個別性が高いと判断しています。詳細度は、次のように計算されます。

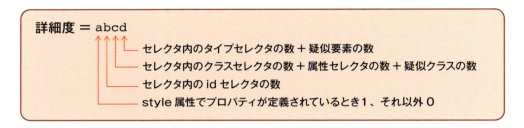

なお、ユニバーサルセレクタは詳細度に寄与しません。前出の例で計算すると次のようになります。

```
セレクタp#leadの詳細度    ＝　0101
セレクタ.notesの詳細度    ＝　0010
セレクタpの詳細度          ＝　0001
セレクタp.notesの詳細度   ＝　0011
```

ここで、要素 <p class="notes">〜</p> があったとすると、2、3、4行目のセレクタにマッチしますが、この3つのセレクタの中で、セレクタp.notesの詳細度が0011と最も高く、この規則が優先されて文字色は緑となります。

③ !importantを付けた宣言と3種類のスタイルシートの優先順位

「プロパティ：値」の後に空白文字（半角スペースなど）で区切って!importantを記述すると、その宣言によるスタイルの設定が最優先となります。!importantがついた宣言を**最重要度宣言**といいます。たとえば、

```
p { font-size: x-large !important; }
```

を外部スタイルシートに記述してlink要素で読み込んだとすると、他のスタイルの適用方法で同じp要素にfont-sizeのスタイルが記述されていても無視されます。

一般に、3種類のスタイルシート内のスタイル設定が競合した場合、!importantまで考慮したスタイル設定の優先順位は次のようになります。

この章の理解度チェック演習

1 次の文章の空欄を埋めて完成しなさい。

CSSは文書のスタイルを設定するもので、次のような規則を並べたものです。

```
body { background-color: #ffffcc; }
```

bodyの部分は ① と呼ばれ、スタイルを適用する対象をあらわしています。background-colorの部分は ② と呼ばれ、スタイルの種類をあらわしています。#ffffccの部分は ③ と呼ばれ、スタイルの設定内容をあらわしています。 ② と ③ をコロン（:）で結んだものを ④ といいます。スタイルを複数個指定する場合は、 ④ をセミコロン（;）で区切って並べます。 ① 、 ② 、 ③ の前後には空白文字を入れることができ、これによって規則をわかりやすく書くことができます。

2 次のCSSの規則を書きなさい。

① p要素の文字サイズを親要素の1.2倍に設定する。

② h1要素の文字色を赤、フォントの種類をserifにする。

③ h1要素とh2要素に対して、文字の色を青にする（一つの規則でまとめて書くこと）。

④ section要素の子孫要素であるh2要素に対して、文字の大きさを親要素の文字サイズの1.5倍にする。

3 次の文字のスタイルを設定するプロパティを書きなさい。

① 文字の色　　　　　　　　② 文字サイズ　　　　　　③ フォントの種類

④ イタリック体・斜体の設定　⑤ フォントのウェイト　　⑥ 行の高さ

⑦ 1行目のインデント　　　⑧ 文字列の行揃え　　　　⑨ 文字の垂直方向の配置

4 次のHTML文書について、下記の設問に答えなさい。

```html
<body>
  <section>
    <h1>タイトル</h1>
    <p id="subtitle">サブタイトル</p>
    <p>説明文</p>
    <h2 class="comments">コメントタイトル</h2>
    <p class="comments">コメント</p>
  </section>
</body>
```

① 次のCSSの規則を適用した場合、「タイトル」、「説明文」、「コメント」の文字サイズはいくつになるか。

```css
body { font-size: 16px;  }
h1{ font-size: 1.4em; }
.comments  { font-size: 0.8em; }
```

② 次のCSSの規則を適用した場合、「サブタイトル」、「説明文」、「コメントタイトル」、「コメント」の文字色は何になるか。

```
#subtitle    { color: red;   }
p.comments   { color: green; }
p            { color: black; }
.comments    { color: blue;  }
```

5 次はブロックボックスのモデルをあらわしている。A〜Fの名称とA、B、C、E、Fを設定するプロパティを書きなさい。

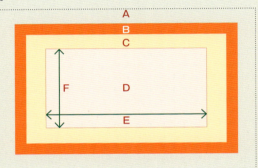

6 次のCSSの規則を書きなさい。

① h1要素の背景色を青に設定する。
② header要素の背景画像を、相対パス"./images/bg_sample.jpg"の画像に設定する。
③ h2要素の下ボーダー辺を、幅を2px、スタイルを点線、色を赤に設定する。
④ p要素の上下のパディングを10px、左右のパディングを20pxに設定する。
⑤ section要素の上マージンを30pxに設定する。
⑥ div要素のボーダーボックスの幅を264px、左右のボーダーの幅を2px、左右のパディングを30pxに設定する。

7 次の事項について、簡単に説明しなさい。

① ブロックボックス　　② インラインボックス　　③ 分割不可能なインラインレベルボックス
④ 匿名ブロックボックス　　⑤ マージンの相殺

8 次の文章の空欄を埋めて完成しなさい。

浮動化とは、ボックスを配置した後で、そのボックスを浮かせて他から分離し、左もしくは右に移動することをいいます。たとえば、img要素を浮動化させて右に移動させるには次のようにします。

```
img { [ ① ] }
```

ボックスを浮動化すると、その後に記述されたボックスの内容は、浮動化したボックスに回り込んで表示されます。この回り込みを解除するには [②] プロパティを解除したいボックスに指定します。

2段組のページを作る

この章では、グローバルナビゲーション・メニューの作り方と、2段組のページの作り方を学びます。はじめにトップページ(index.html)を作り、それにグローバルナビゲーション・メニューをつけ、最後に2段組のレイアウトにします。
2段組はCSS3で新しく導入されたフレキシブルボックスレイアウトによって行います。
また、従来のfloatプロパティを使った段組の方法も紹介します。
最後に、iframe要素を使って、コンテンツの内容を切り替える方法を紹介します。

CONTENTS & KEYWORDS

STEP17　トップページを作る
　　　　index.html　@import
STEP18　メニューを作る
　　　　display: block
STEP19　2段組のレイアウトにする
　　　　フレキシブルボックスレイアウトによる段組　Holy Grailレイアウト
　　　　floatによる段組　clearfix　overflow: hidden
STEP20　iframeを使って内容を切り替える
　　　　iframe要素　Googleマップの表示

第4章 2段組のページを作る

第4章で作成する例題

　グローバル・ナビゲーションメニュー、2段組のレイアウト、iframe要素を使ってページ内容を切り替える例題を作成します。

グローバル・ナビゲーションメニューを作る

2段組のレイアウトにする

iframe要素で画面を切り替える

iframe要素
左フレームのリンクを選択すると、対応するHTML文書がこのフレームに埋め込まれて表示されます。

STEP 17　トップページを作る

STEP 17　トップページを作る

STEP17では、新しくトップページのHTMLファイルindex.htmlを作成し、それに前節で作成したCSSのスタイルシート・ファイルmoon_style.cssを適用します。さらに、トップページ独自のスタイルの変更をtop_specialstyle.cssに記述し、@importで適用します。

演 習

① 画像をimagesフォルダにコピーします

背景用の画像bg_galaxies.jpgを［images］フォルダの中にコピーします。

② index.htmlを作成して保存します

エディタで新しいファイルを作り、リスト4-1のように入力し、［hpstudy］フォルダの中にindex.htmlという名前で保存します。

●リスト 4-1 [index.html]　　　　　　　　　　　　　　　　　　　　　　　HTML

```
 1  <!DOCTYPE html>
 2  <html lang="ja">
 3  <head>
 4    <meta charset="UTF-8">
 5    <title>Cosmos</title>
 6    <link rel="stylesheet" href="moon_style.css" type="text/css">
 7    <style type="text/css">
 8      @import url("top_specialstyle.css");
 9    </style>
10  </head>
11  <body>
12  <!-- コンテナ -->
13  <div id="container">
14    <!-- ヘッダ -->
15    <header>
16      <h1>Cosmos</h1>
17      <p>宇宙の神秘に触れてみよう</p>
18    </header>
19    <!-- メイン・コンテンツ -->
20    <main>
21      <section>
```

193

第4章　2段組のページを作る

●**リスト 4-1 [index.html]**（続き）　　　　　　　　　　　　　　　　　　　**HTML**

```
22        <h2>Cosmos について</h2>
          <p>太古の昔から、人類は夜瞬く星々をみて様々なことを考えてきました。この宇宙には果
          てがあるのか。この宇宙はいつ始まったのか。宇宙の星々には我々と同じような生命体が存
          在するのか。そして、我々とは何なのか。現代科学の発達によって、宇宙に関する知識は100
23        年前とは比べようもないほど豊かになりました。しかし一方で、精密な観測の結果により、ダー
          クマターの存在や宇宙の加速膨張など、現代科学では説明のつかないこともあらわれてきて
          います。宇宙は、人類にとっていつまでも神秘に満ちた探求の対象であるにちがいありません。
          </p>
24        <p>このサイトでは、こうした宇宙に関する様々な話題をとりあげていきます。</p>
25      </section>
26    </main>
27    <!-- フッタ -->
28    <footer>
29      <hr>
30      <p>Copyright (C) Cosmos, All rights reserved.</p>
31    </footer>
32  </div>
33 </body>
34 </html>
```

③ top_specialstyle.css を作成して保存します

エディタで新しいファイルを作り、リスト4-2のように入力し、[hpstudy] フォルダの中にtop_specialstyle
.cssという名前で保存します。

●**リスト 4-2 [top_specialstyle.css]**　　**CSS**

```
1  /* コンテナ */
2  div#container {
3    width: 720px;
4  }
5  /* ヘッダ */
6  header {
7    padding: 25px;
8    background-color: black;
9    background-image: url(./images/
   bg_galaxies.jpg);
10   background-repeat: no-repeat;
11   height: 70px;
12   line-height: 1;
13 }
14 header h1 {
15   font-size: 2em;
16   font-family: serif;
17   margin: 0;
18   padding: 0;
19   height: auto;
20   background-color: transparent;
21   background-image: none;
22 }
23 header p {
24   color: lightskyblue;
25   font-size: 0.8em;
26   font-family: sans-serif;
27   text-shadow: 0px 0px 2px
   rgba(255,255,0,0.8);
28   margin: 4px 0px;
29 }
```

194

STEP 17　トップページを作る

④ Webブラウザで表示します

index.htmlをWebブラウザで開きます。すると、表示例4-1のように表示されます。

●表示例4-1 ［index.html］

解説

トップページのファイル名はindex.html

　第1章で述べたように、WebページのURLはファイル名を省略すると、通常はファイル名をindex.htmlとしたことになります。そのため、通常トップページのURLはindex.htmlとします。

@import

●リスト 4-1 ［index.html］　　　　　　　　　　　　　　　　　　　　　　　　　　　　　　　HTML

```
6    <link rel="stylesheet" href="moon_style.css" type="text/css">
7    <style type="text/css">
8      @import url("top_specialstyle.css");          ①
9    </style>
```

① @importで"top_specialstyle.css"を取り込んでいます。6行目で"moon_style.css"が取り込まれ、その下に@importがあるので、linkと@importで重複している規則は@importで取り込んだ方が上書きされ優先されます。この例で重複していて上書きされているのは、次のとおりです。

| div#container | 幅を800pxから720pxに変更しています。 |
| header h1 | margin, padding, height, background-color, background-imageの値を初期値にリセットしています。 |

195

第4章 2段組のページを作る

STEP 18 メニューを作る

STEP18では、ページの上部にグローバルナビゲーション・メニューを作成する方法を学びます。

演 習

① index.htmlを変更して保存します

エディタでindex.htmlを開き、リスト4-1をリスト4-3のように変更して、上書き保存します。

ここで、22行目から25行目では他のHTMLファイルへのリンクを設定していますが、リンク先のファイル(profile.html, planets.html, my_favorite.html)も可能であれば作っておきます。

●リスト4-3 [index.html]　　　　　　　　　　　　　　　　　　　　　　　　　　　　　　　　**HTML**

```
                          (...省略...)
17        <p>宇宙の神秘に触れてみよう</p>
18      </header>
19      <!-- メニュー -->
20      <nav>
21        <ul id="menu">
22          <li><a href="./profile.html">プロフィール</a></li>
23          <li><a href="./planets.html">太陽系の惑星</a></li>
24          <li><a href="./moonlight.html">月の光</a></li>
25          <li><a href="./my_favorite.html">リンク</a></li>
26        </ul>
27      </nav>
28      <!-- メイン・コンテンツ -->
                          (...省略...)
```

② top_specialstyle.cssを変更して保存します

エディタでtop_specialstyle.cssを開き、リスト4-2の下に30行目以降をつけ加えてリスト4-4のように変更し、上書き保存します。

●リスト4-4 [top_specialstyle.css]　　　　　　　　　　　　　　　　　　　　　　　　　　**CSS**

```
          (...省略...)              32        margin-bottom: 30px;
28    margin: 4px 0px;              33        padding: 0;
29  }                               34        font-size: 0.95em;
30  /* メニュー */                  35      }
31  nav {                          36  ul#menu {
```

196

```
→  37      margin: 0;
→  38      padding-left: 0;
→  39      height: 30px;
→  40      background-color: dodgerblue;
→  41  }
→  42  ul#menu li {
→  43      width: 120px;
→  44      float: left;
→  45      list-style-type: none;
→  46  }
→  47  ul#menu li a {
→  48      display: block;
→  49      background-color: dodgerblue;
→  50      border-right: 1px solid white;
→  51      line-height: 30px;
→  52      font-family: sans-serif;
→  53      text-decoration: none;
→  54      text-align: center;
→  55      color: white
→  56  }
→  57  ul#menu a:hover {
→  58      color: white;
→  59      background-color: deepskyblue;
→  60      text-shadow: 0px 0px 1px yellow;
→  61  }
→  62  ul#menu a:active {
→  63      color: orange;
→  64  }
```

③ Webブラウザで表示します

index.htmlをWebブラウザで開きます。すると、表示例4-2のように表示されます。マウスをメニュー項目に重ねると、背景色が変わり文字の周りに光彩がついて表示されます。マウスでメニュー項目をクリックすれば、リンク先のページが表示されます。

●表示例 4-2 [index.html]

第4章　2段組のページを作る

解　説

メニューの作り方

　メニューはリンクを張るためのa要素をブロック要素に変更して横に並べればできます。しかし、メニューは一種のリストと考えることができるので、ここではリストを記述するul要素およびli要素でメニューを作っています。

❶ ulボックスをnavボックス内にすき間なく配置する

●リスト4-4［top_specialstyle.css］　　　　　　　　　　　　　　　　　　CSS

```
31  nav {
32     margin-bottom: 30px;
33     padding: 0;                        ①
34     font-size: 0.95em;                 ②
35  }
36  ul#menu {
37     margin: 0;                         ①
```

① navボックスのパディングとulボックスのマージンを0にして、navボックスの中にulボックスをすき間なく配置しています。

② 文字サイズを0.95emとしています。この値は、nav要素の子孫要素であるa要素に継承されます。

- プロフィール
- 太陽系の惑星
- 月の光
- リンク

❷ liボックスにfloatを設定し、ulボックスの中に横に並べる

●リスト4-4［top_specialstyle.css］　　　　　　　　　　　　　　　　　　CSS

```
36  ul#menu {
37     margin: 0;
38     padding-left: 0;                   ①
39     height: 30px;                      ②
40     background-color: dodgerblue;      ③
41  }
42  ul#menu li {
43     width: 120px;                      ④
```

198

```
44      float: left;                            ⑤
45      list-style-type: none;                  ⑥
46  }
```

① ChromeなどIE以外のWebブラウザでは、padding-leftの初期値は40pxとなっています。通常は、このパディングの領域に箇条書きのマーカーを表示します。⑥でli要素のマーカーをなしにしていますが、それでもpadding-leftの値は変更されません。そこで、padding-leftの値を0に指定して、li要素の箇条書きの内容がulボックスの左端から始まるようにしています。

② ulボックスの高さを30pxとしています。これがメニューの高さとなります。

③ ulボックスの背景色をdodgerblueとしています。この色は、liボックスがない部分のulボックスの背景色となります。

④ liボックスの幅を120pxとしています。

⑤ liボックスを左に配置し、後に続く内容を右側に回り込ませて配置するようにしています。この結果、liボックスはulボックスの中で左から順に横に並びます。

⑥ 箇条書きのマーカーをなしにしています。①でpadding-leftを0としているため、マーカーの領域もなくなっています。

❸ aボックスをliボックス全体とし、aボックス全体をクリックできるようにする

●リスト4-4 ［top_specialstyle.css］   CSS

```
47  ul#menu li a {
48      display: block;                         ①
49      background-color: dodgerblue;           ②
50      border-right: 1px solid white;          ③
51      line-height: 30px;                      ④
52      font-family: sans-serif;                ⑤
53      text-decoration: none;                  ⑤
54      text-align: center;                     ⑤
55      color: white                            ⑤
56  }
```

① a要素はインライン要素ですが、ブロック要素に変更しています。これで、リンク項目内の全体に背景色を塗ったり、項目内の全体をクリック可能にできます。

② aボックスの背景色をulボックスの背景色と同じdodgerblueとしています。

③ aボックスの右側の境界線を1px幅の白い実線としています。この線が各メニュー項目の区切り線となります。

④ 行ボックスの高さの最小値を30pxとしています。これによりaボックスの高さも30pxとなります。
⑤ aボックス内の文字に対して、フォントをサンセリフにし、下線をなしにし、行ボックスの中で中央揃えにし、色をwhite(白)にしています。

❹ aボックスにマウスを重ねたときと、クリックしたときの設定を行う

◉リスト 4-4 ［top_specialstyle.css］　　　　　　　　　　　　　　　　　　　　　　　　　**CSS**

```
57  ul#menu a:hover {
58      color: white;                          ①
59      background-color: deepskyblue;         ①
60      text-shadow: 0px 0px 1px yellow;       ①
61  }
62  ul#menu a:active {
63      color: orange;                         ②
64  }
```

① aボックスにマウスを重ねたとき、文字色をwhiteに、背景色をdeepskyblueに、文字のまわりに黄色の光彩がつくようにしています。
② aボックスをマウスでクリックして選択したときに、文字色がorangeになるようにしています。

STEP 19　2段組のレイアウトにする

STEP 19　2段組のレイアウトにする

STEP19では、CSS3で新しく導入されたフレキシブルボックスレイアウトを用いて、トップページを2段組の
レイアウトにします。CSS 2.1まではfloatとclearを用いた回り込みの設定により多段組のレイアウトをしてい
ましたが、CSS3ではフレキシブルボックスレイアウトを用いることで、多段組のレイアウトがより簡単になりました。

演 習

① index.htmlを変更して保存します

エディタでindex.htmlを開き、リスト4-3をリスト4-5のように変更し、上書き保存します。ここでは、nav
要素とmain要素をidがcontentであるdiv要素でラッピングし、footer要素（37～39行目）内のhr要素を削
除しています。また、スタイルシートは次の②で新しく作成するcosmos_style.cssとしています（6行目）。

●リスト 4-5 [index.html]　　　　　　　　　　　　　　　　　　　　　　　　　　　　　　　　　HTML

```
                              (...省略...)
3  <head>
4    <meta charset="UTF-8">
5    <title>Cosmos</title>
6    <link rel="stylesheet" href="cosmos_style.css" type="text/css">
7  </head>
8  <body>
                              (...省略...)
15   </header>
16   <!-- コンテンツ -->
17   <div id="content">
18     <!-- メニュー -->
19     <nav>
                              (...省略...)
26     </nav>
27     <!-- メイン・コンテンツ -->
28     <main>
                              (...省略...)
34     </main>
35   </div>
36   <!-- フッタ -->
37   <footer>
38     <p>Copyright (C) Cosmos, All rights reserved.</p>
39   </footer>
                              (...省略...)
```

201

第 4 章　2段組のページを作る

② cosmos_style.css を作成して保存します

エディタで新しいファイルを作ってリスト4-6のように入力し、[hpstudy] フォルダの中にcosmos_style. cssという名前で保存します。

●リスト 4-6 [cosmos_style.css]　　　CSS

```css
/* 共通設定 */
body {
  margin: 0;
  background-color: #222222;
  line-height: 1.5;
  font-size: 0.9em;
  color: white;
}
/* コンテナ */
div#container {
  min-width: 520px;
  max-width: 920px;
  margin: auto;
  padding: 0px;
}
/* ヘッダ */
header {
  background-color: black;
  background-image: url(./images/
bg_galaxies.jpg);
  background-repeat: no-repeat;
  height: 64px;
  padding: 28px 24px;
  line-height: 1;
  font-family: serif;
}
header h1 {
  color: crimson;
  font-size: 2.3em;
  margin: 0px;
}
header p {
  font-size: 1em;
  text-shadow: 1px 1px 1px black;
  margin: 4px 0px;
}
/* コンテンツ */
div#content {
  display: flex;
  display: -webkit-flex;
}
/* サイドメニュー */
nav {
  flex: 0 0 140px;
  -webkit-flex: 0 0 140px;
  padding-top: 15px;
  background-color: #ffffee;
  border-right: 1px solid #666666;
}
ul#menu {
  border-top: 1px solid #666666;
  margin: 12px;
  padding: 0;
}
ul#menu li {
  list-style-type: none;
}
ul#menu li a {
  display: block;
  line-height: 2.2;
  text-decoration: none;
  font-size: 0.9em;
  font-family: sans-serif;
  color: black;
  border-bottom: 1px solid #666666;
  padding-left: 5px;
}
ul#menu a:hover {
  color: white;
  background-color: #333333;
}
```

STEP 19　2段組のレイアウトにする

```
71  /* メインコンテンツ */
72  main {
73      padding: 10px 20px 20px;
74      font-family: sans-serif;
75  }
76  main h1,main h2 {
77      font-size: 1.3em;
78      margin-top: 1.2em;
79  }
80  main p {
81      margin-left: 20px;
```

```
82  }
83  /* フッタ */
84  footer p {
85      border-top: solid 1px #666666;
86      background-color: #333333;
87      font-size: 0.9em;
88      text-align: center;
89      padding: 10px;
90      margin: 0;
91  }
```

③Webブラウザで表示します

index.htmlをWebブラウザで開きます。すると、表示例4-3のように表示されます。

●表示例 4-3 ［index.html］

2段組のレイアウト

203

解 説

例題では、2段組をおこなうのにCSS3で新しく導入された**フレキシブルボックスレイアウト**を用いています。そこで、はじめにWebページ全体のレイアウト方法とフレキシブルレイアウトについて説明し、その後で例題を説明します。また、floatプロパティを用いた従来の段組の方法についても解説します。

ページ全体のレイアウト方法

Webページをレイアウトする場合、まずWebページ全体をどのようにレイアウトするかを決めます。Webページ全体のレイアウトを決めるおもなポイントとして、次の2つがあります。

❶ 段組を何段にするか

よく使われる段組のパターンとして、次のようなものがあります。

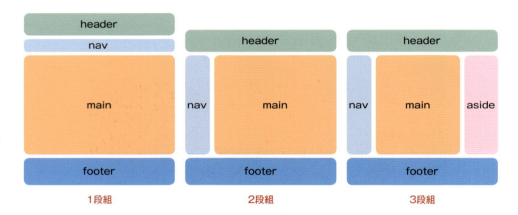

header要素にはWebページ全体の見出しを、nav要素にはこのページが属するWebページへのリンクを、main要素にはWebページのおもな内容を、aside要素には補足記事や広告などページの主題と関係のない内容を、footer要素には文書作成者の連絡先や文書に関する著作権情報を記述します。

❷ 主要なボックスの幅を可変にするか固定にするか

1段組の場合は、各ボックスの幅をウィンドウに合わせて可変にするか、固定幅にするかを決めます。2段組や3段組の場合は、navボックスやasideボックスは固定幅にする場合がほとんどで、mainボックスを可変にするか固定にするかを決めます。ボックスの幅を可変にしてWebページの横幅が変わってもレイアウトが崩れないようにする手法を、**リキッドレイアウト**といいます。ここで、幅を無制限に変更できるようにしてしまうと、可読性が低下する場合があります。これを避けるには、min-widthプロパティ、max-widthプロパティを用いて、可変幅に最小値と最大値を指定します。

フレキシブルボックスレイアウト

　CSS3ではdisplayプロパティの新しい値としてflexが追加されました。flexはflexible（柔軟な）という意味です。displayプロパティの値がflexに指定されたボックスの中では、ボックスの配置を縦横いずれの方向にも配置でき、ボックスを親ボックスのサイズに応じて伸縮させてピッタリとおさめることができます。さらに、ボックスを複数行に配置したり、配置方向を垂直方向に揃えたり、配置順をHTMLでの記述順ではなく任意の順番に指定することもできます。これらにより、複雑なボックスのレイアウトを簡単に実現できます。

　ここでは、nav要素、main要素、aside要素の3つの要素を、フレキシブルボックスレイアウトで3カラムの段組でレイアウトする方法を説明します。

❶ 段組する要素をdiv要素でラッピングする

段組を設定したい要素を、適当なid名をつけたdiv要素でラッピングします。

```
<div id="content">
    <nav> … </nav>
    <main> … </main>
    <aside> … </aside>
</div>
```

❷ ボックスレイアウトを設定する ［ display: flex ］ CSS3

　div要素のdisplayプロパティをflexに設定します。すると、div要素内の要素がdiv要素の作るブロックボックスの中に横並びとなります。この際、各要素のブロックボックスの高さは、最も高いブロックボックスに揃えられます。div要素を**flexコンテナ**、その子要素であるnav要素、main要素、aside要素を**flexアイテム**といいます。SafariとiOSのブラウザに対しては、flexにプレフィックスが必要です。

```
div#content { display: flex; display: -webkit-flex; }
```

❸ ボックス幅の伸縮を設定する ［ flex ］ CSS3

flexアイテムに対して、widthプロパティの設定をなくし、

```
flex: ＜伸び率＞ ＜縮み率＞ ＜基本幅＞;
```

とします。ここで、SafariとiOSのブラウザに対しては、flexプロパティにプレフィックスが必要です。それぞれの意味は次のとおりです。

伸び率

0以上の整数値で指定します。flexコンテナの幅がflexアイテムの幅の合計より大きい場合、各flexアイテムの幅を基本幅から伸ばして、その合計がflexコンテナの幅となるようにします。すべてのflexアイテムに対する伸び率の合計に対する伸び率の比率が、これを指定したflexアイテムの伸び率となります。伸び率の初期値は0で、この場合は伸びません。

縮み率

0以上の整数値で指定します。flexコンテナの幅が、flexアイテムの幅の合計より小さい場合、各flexアイテムの幅を基本幅から縮ませて、その合計がflexコンテナの幅となるようにします。すべてのflexアイテムに対する縮み率の合計に対する縮み率の比率が、これを指定したflexアイテムの縮み率となります。縮み率の初期値は1です。縮み率を0とすると縮みません。

基本幅

長さ、パーセント値、autoのいずれかで指定します。flexアイテムの伸縮する前の幅です。長さで指定するとその長さとなります。パーセント値はflexコンテナの幅に対する比率となります。初期値はautoで、この場合はwidthプロパティの算出値となります。

たとえば、

```
nav   { flex: 0 0 120px; -webkit-flex: 0 0 120px; }
main  { flex: 2 1 400px; -webkit-flex: 2 1 400px; }
aside { flex: 1 1 150px; -webkit-flex: 1 1 150px; }
```

とすると、navボックスの幅は固定で120pxとなります。mainボックスとasideボックスの基本幅はそれぞれ400px、150pxとなります。flexコンテナの幅がflexアイテムの幅の合計より大きいときは、mainボックスとasideボックスの幅が伸びます。伸び幅の比率は、mainボックスとasideボックスで2：1となります。

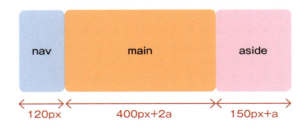

flexコンテナの幅がflexアイテムの幅の合計より小さいときは、mainボックスとasideボックスの幅が縮みます。縮み幅の比率は、mainボックスとasideボックスで1：1となります。

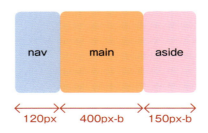

❹ ボックスの配置の順番を指定する［order］ CSS3

flexアイテムの配置順を、HTML文書での記述順にかかわらずに設定したい場合は、

```
order: <番号>;
```

とします。ここで、SafariとiOSのブラウザに対しては、orderプロパティにプレフィックスが必要です。番号は左から配置する場合の順番です。

```
nav    { order: 1; -webkit-order: 1; }
aside  { order: 2; -webkit-order: 2; }
main   { order: 3; -webkit-order: 3; }
```

❺ Holy Grailレイアウト

Holy Grailレイアウトとは、次の条件を満たす3段組のレイアウトのことをいいます。

① 中央の主コンテンツが可変幅で、左右のサイドバーが固定幅である。
② 中央の主コンテンツがHTML文書の最初に記述されていて、左右のサイドバーがその後に記述されている。
③ 3つのカラムはどのような高さでもとることができ、最大の高さのカラムに他のカラムも揃ってすべて同じ高さとなる。

Holy Grailとは、キリストが最後の晩餐で用いた「聖杯」のことで、探求しても絶対達成できない理想を意味します。Holy Grailレイアウトは、HTML文書として論理的な順序で記述され(②)、見た目にも美しい(①、③)ため、まさに理想のレイアウトといえます。これまで、Holy Grailレイアウトを実現するためのさまざまな方法が提案されてきましたが、いずれも不完全なものでした。しかし、フレキシブルボックスレイアウトを使うと、完全なHoly Grailレイアウトを行うことができます。

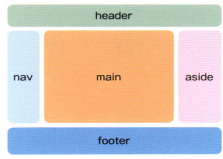

Holy Grailレイアウト

第4章 2段組のページを作る

次に、フレキシブルボックスレイアウトを用いた Holy Grail レイアウトの例を示します。

```html
<header>header</header>
<div id="container">
   <main>main</main>
   <nav>nav</nav>
   <aside>aside</aside>
</div>
<footer>footer</footer>
```

```css
#container > main,
#container > nav,
#container > aside,
header, footer {
   margin: 4px;
   padding: 8px;
   border: 1px solid #777;
   border-radius: 8px;
   font-size: 1.5em;
}
#container {
   min-width: 826px;
   min-height: 300px;
   display:          flex;
   display: -webkit-flex;
}
#container > main {
   background-color: orange;
         flex: 1 1 300px;
   -webkit-flex: 1 1 300px;
         order: 2;
   -webkit-order: 2;
}
#container > nav {
   background-color: lightblue;
         flex: 0 0 150px;
   -webkit-flex: 0 0 150px;
         order: 1;
   -webkit-order: 1;
}
#container > aside {
   background-color: lightpink;
         flex: 0 0 200px;
   -webkit-flex: 0 0 200px;
         order: 3;
   -webkit-order: 3;
}
header, footer {
   background-color: lightgreen;
   min-width: 800px;
   min-height: 60px;
}
```

Webブラウザで表示すると、次のようになります。

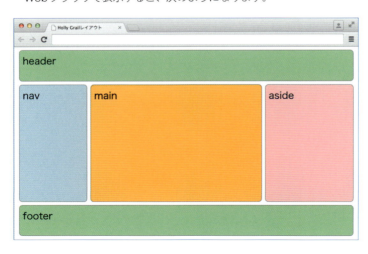

例題での設定：2段組のレイアウト

例題では、次のようにフレキシブルボックスレイアウトを用いて2段組を実現しています。

❶ nav要素とmain要素をdiv要素でラッピングし、div要素をflexコンテナとする

●リスト4-6 [cosmos_style.css]　　　　　　　　　　　　　　　　　　　　　CSS

```css
37  div#content {
38      display: flex;
39      display: -webkit-flex;
```

これにより、divボックスの中のnavボックスとmainボックスは自動的に横並びとなり、ボックスの高さは最大の高さを持つボックスに揃えられます。

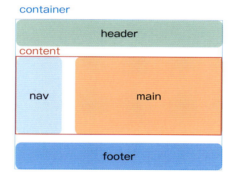

❷ 各要素のブロック幅の設定

●リスト4-6 [cosmos_style.css]　　　　　　　　　　　　　　　　　　　　　CSS

```css
10  div#container {
11      min-width: 520px;           ①
12      max-width: 920px;           ①
13      margin: auto;               ①
            （...省略...）
42  nav {
43      flex: 0 0 140px;            ②
44      -webkit-flex: 0 0 140px;    ②
            （...省略...）
```

① containerの最小幅を520px、最大幅を920pxとしています。ウィンドウの幅が520px以上920px未満であれば、containerの幅はウィンドウの幅となります。ウィンドウの幅が520px未満であればcontainerの幅は520pxに、920px以上であればcontainerの幅は920pxに固定されます。header要素、content、footer要素の幅は指定していないので、それらの幅はcontainerの幅となります。

② nav要素の幅をflexプロパティにより固定値140pxとしています。ここでmain要素の幅は、containerの幅に合わせて自動的に伸縮します。

例題での設定：サイドメニュー

●リスト 4-6 ［cosmos_style.css］　　　　　　　　　　　　　　　　　CSS

```
41  /* サイドメニュー */
42  nav {
43      flex: 0 0 140px;                    ①
44      -webkit-flex: 0 0 140px;            ①
45      padding-top: 15px;
46      background-color: #ffffee;
47      border-right: 1px solid #666666;
48  }
49  ul#menu {
50      border-top: 1px solid #666666;      ②
51      margin: 12px;                       ②
52      padding: 0;                         ②
53  }
54  ul#menu li {                            ③
55      list-style-type: none;              ③
56  }
57  ul#menu li a {
58      display: block;                     ④
          (...省略...)
67  ul#menu a:hover {                       ⑤
68      color: white;                       ⑤
69      background-color: #333333;          ⑤
```

① nav要素の幅は140pxの固定幅にしています。また、2段組のレイアウトで説明したように、nav要素の高さはmain要素の高さと同じになります。

② ul要素はnav要素のパディングとul要素のマージンの設定により、右図のようにnav要素の中に配置されています。ul要素の上境界に実線を設定しています。

③ li要素のマーカーをなしに設定しています。floatの設定はしていないので、ブロックボックスであるliボックスは縦に並びます。

④ a要素をブロック要素に変更しています。これで、リンク項目内の全体に背景色を塗ったり、項目内の全体をクリック可能にできます。

⑤ a要素にマウスを重ねたときに、背景の色と文字の色が変わるように設定しています。

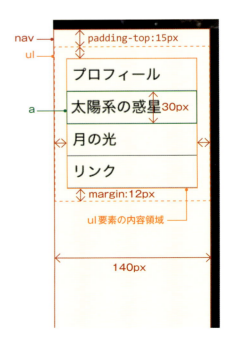

floatプロパティによる段組の方法

これまで解説したフレキシブルボックスレイアウトによる段組を行うには、WebブラウザがCSS3のdisplayプロパティの新しい値"flex"に対応している必要があります。そうでない場合に段組を行う一般的な方法として、floatプロパティによるボックスの浮動化を用いる方法があります。ここでは、floatプロパティによる2段組と3段組の方法を紹介します。

❶ 幅の固定された2段組

次は、Webページの典型的な2段組のレイアウト例です。header要素にはWebページ全体の見出しを、nav要素にはこのページが属するWebサイトのページへのリンクを、main要素にはWebページのおもな内容を、footer要素には文書作成者の連絡先や文書に関する著作権情報を記述します。

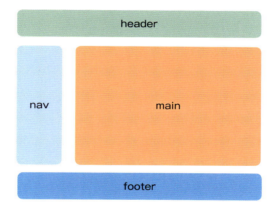

このようなWebページを作るには、次のようにHTML文書を記述します。ここでは、idがcontainerのdiv要素で、body要素の内容をラッピングしています。

```html
<body>
  <div id="container">
    <header><h1>header</h1></header>
    <nav>
      <ul>
        <li><a href="link1.html">リンク1</a></li>
        <li><a href="link2.htm2">リンク2</a></li>
        <li><a href="link3.htm3">リンク3</a></li>
      </ul>
    </nav>
    <main>
      <p>content</p><p>content</p><p>content</p><p>content</p>
    </main>
    <footer><p>footer</p></footer>
  </div>
<body>
```

第4章　2段組のページを作る

　このHTML文書を、2段組のレイアウトにする方法を説明します。ここで、各ボックスの幅は固定値を用いることにします。たとえば、divボックスの幅を760px、navボックスの幅を145px、mainボックスの幅を555pxとすると、navボックスとmainボックスの間隔は

$$760px - 145px - 555px = 60px$$

となります。navボックスを左に配置するためにfloat:leftを、mainボックスを右に配置するためにfloat:rightを指定します。ここでマージンを適切に設定すれば、main要素に対してfloat:leftを指定して行うこともできます。footerボックスに対しては回り込みを解除して下に配置するので、clear:bothを指定します。また、headerボックスとその下の2段組の部分の間隔は10px、footerボックスとその上の2段組の間隔を10pxとします。以上の指定をCSSで行うと、次のようになります。

```css
div#container {
   width: 760px;
}
header {
   background-color: limegreen; padding: 10px; border-radius: 7px;
   margin-bottom: 10px;
}
nav {
   background-color: lightblue; padding: 10px; border-radius: 7px;
   width:145px; margin-bottom: 10px; float: left;
}
main {
   background-color: orange; padding: 10px; border-radius: 7px;
   width: 555px; margin-bottom: 10px; float: right;
}
footer {
   background-color: deepskyblue; padding: 10px; border-radius: 7px;
   clear: both;
}
```

　このCSSによるスタイルをHTML文書に適用すれば、Webブラウザでは次のように表示されます。

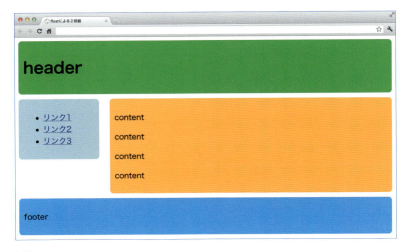

STEP 19　2段組のレイアウトにする

❷ 左が固定幅で右が可変幅の2段組

❶のHTML文書で、mainボックスの幅をWebページの表示域の幅に合わせて可変にするには、次のようにします。

```
div#container {
  min-width: 600px; max-width:900px;margin: 0px auto;
}
header {
  background-color: limegreen; padding: 10px; border-radius: 7px;
  margin-bottom: 10px;
}
nav {
  background-color: lightblue; padding: 10px; border-radius: 7px;
  width:145px; margin-bottom: 10px; float: left;
}
main {
  background-color: orange; padding: 10px; border-radius: 7px;
  margin-left:180px; margin-bottom: 10px;
}
footer {
  background-color: deepskyblue; padding: 10px; border-radius: 7px;
  clear: both;
}
```

　ここで、nav要素に対してはfloat:leftを指定して左寄せにしていますが、main要素に対してはfloatの指定を行っていないことに注意してください。つまり、main要素はnav要素に回り込ませています。しかし、これだけだとmain要素の内容がnav要素の下に回り込んでしまうので、main要素の左マージンをnav要素のボーダーボックスの幅(145px＋10px＋10px＝165px)＋15px＝180pxとしています。これにより、main要素のボーダーボックスはnav要素のボーダーボックスの右側15pxの位置に固定されます。また、全体をラッピングしているdiv要素の幅の最小値と最大値を指定し、divボックスをbodyボックスの中でセンタリングしています。

※ main要素にfloatを指定すると、幅が要素内容にぴったりフィットする設定となり、要素内容によって幅が変わってしまいます。widthをパーセント値で指定すれば左右いっぱいにできますが、値の設定が微妙で、場合によってはmainボックスがnavボックスの下に移動してレイアウトが崩れてしまいます。

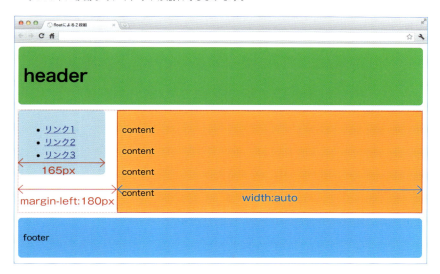

213

❸ 左右が固定幅で中が可変幅の3段組

　次は、Webページの典型的な3段組のレイアウト例です。header要素にはWebページ全体の見出しを、nav要素にはこのページが属するWebサイトのページへのリンクを、main要素にはWebページのおもな内容を、aside要素には補足記事や広告などページの主題と関係のない内容を、footer要素には文書作成者の連絡先や文書に関する著作権情報を記述します。

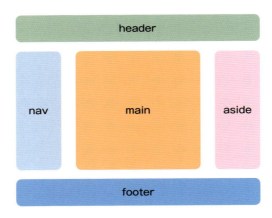

　このようなWebページを作るために、次のような順番でHTML文書を記述します。main要素をaside要素の後にしているところに注意してください。

```html
<body>
  <div id="container">
    <header><h1>header</h1></header>
    <nav>
      <ul>
        <li><a href="link1.html">リンク1</a></li>
        <li><a href="link2.htm2">リンク2</a></li>
        <li><a href="link3.htm3">リンク3</a></li>
      </ul>
    </nav>
    <aside>
      <p>advertising</p><p>advertising</p><p>advertising</p><p>advertising</p>
    </aside>
    <main>
      <p>content</p><p>content</p><p>content</p><p>content</p>
    </main>
    <footer><p>footer</p></footer>
  </div>
<body>
```

　このHTML文書を、mainボックスの幅を可変とした3段組のレイアウトにするには次のようにします。

```
div#container {
  min-width:600px; max-width:900px; margin: auto 0px;
}
header {
  background-color: limegreen; padding: 10px; border-radius: 7px;
  margin-bottom: 10px;
}
nav {
  background-color: lightblue; padding: 10px; border-radius: 7px;
  width:145px; float: left;
}
aside {
  background-color: pink; padding: 10px; border-radius: 7px;
  width: 145px; float: right;
}
main {
  background-color: orange; padding: 10px; border-radius: 7px;
  margin: 10px 180px;
}
footer {
  background-color: deepskyblue; padding: 10px; border-radius: 7px;
  clear: both;
}
```

考え方は「❷ 左が固定幅で右が可変幅の2段組」の場合と同じです。nav要素をfloat:leftで左浮動ボックスに、aside要素をfloat:rightで右浮動ボックスにして、main要素をそれらに回り込ませています。この際、mainボックスの左のマージンをnav要素のボーダーボックスの幅＋15pxに、右マージンをaside要素のボーダーボックスの幅＋15pxとして、浮動ボックスの下に回り込まないようにしています。また、全体をラッピングしているdiv要素の幅の最小値と最大値を指定し、divボックスをbodyボックスの中でセンタリングしています。

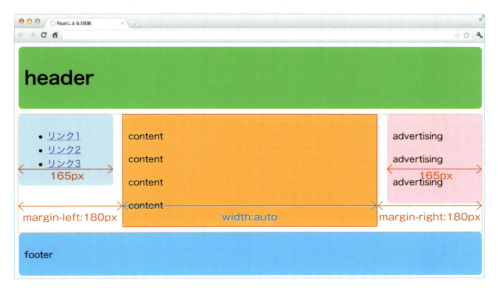

第 4 章　2段組のページを作る

❹ floatによる段組の不具合を解消する

　floatプロパティを用いて段組を行う場合、子要素を浮動化させると、浮動化したボックスの高さがheightプロパティの算出値に影響しないようになり、問題を引き起こします。

　例で示しましょう。❶の例のHTML文書で、次のようにnav要素とmain要素をdiv要素でラッピングしてみます。

```html
<body>
  <div id="container">
    <header><h1>header</h1></header>
    <div id="content">
      <nav>
        <ul>
          <li><a href="link1.html">リンク1</a></li>
          <li><a href="link2.htm2">リンク2</a></li>
          <li><a href="link3.htm3">リンク3</a></li>
        </ul>
      </nav>
      <main>
        <p>content</p><p>content</p><p>content</p><p>content</p>
      </main>
    </div>
    <footer><p>footer</p></footer>
  </div>
<body>
```

　さらに、❶の例のCSSに次を追加して、div要素のボーダーを表示してみます。

```css
div#content { border: 5px solid red; }
```

　すると、次のように表示されます。

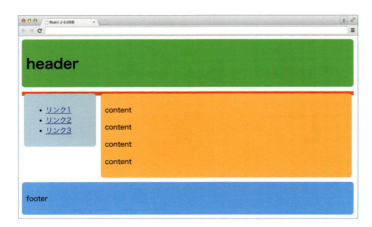

216

これは、divボックスの高さが0となっていることを示しています。これでは、navボックスとmainボックスに対して共通の背景を持たせることができません。

では、どうしてこのようなことが起こるのでしょうか。通常フローでは、heightの値がautoである場合、heightの算出値は要素内容がちょうどおさまるように決められます。しかし、要素が浮動化されると、通常フローの配置の処理から外され、親要素の高さの決定には影響しなくなります。今回の場合、div要素の子要素（nav要素とmain要素）はすべて浮動化しているので、div要素内に通常フローで配置する要素はなくなり、そのためにheightの算出値が0になります。

この問題を解消する方法として、次の2つの方法があります。

①overflowプロパティを用いる方法

```
div#content { overflow: hidden; }
```

overflowの値がvisible以外の要素では、heightの値がautoの場合、heightの算出値は子要素の高さで決まります。この子要素は浮動化されているものも対象となります。そのため、divボックスのheightの算出値は、navボックスとmainボックスをおさめるように決定されます。

②clearfix

```
div#content::after {
  content: "";
  display: block;
  clear: both;
}
```

::after疑似要素（STEP16参照）とcontentプロパティを使ってdiv要素の要素内容の最後に空文字""を挿入し、ブロック要素化して、回り込みを解除しています。このブロックボックスは高さが0であり、浮動化したボックスの下に配置されます。その結果、浮動化されたボックスの高さがdiv要素のheightプロパティの算出値となります。この方法をclearfixといいます。

①、②のいずれの場合も次のように表示され、divボックスはnavボックスとmainボックスを囲むようになります。

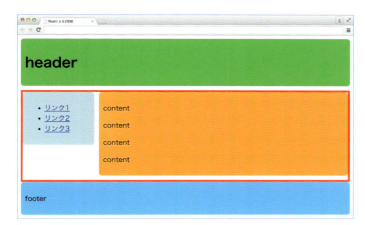

第4章　2段組のページを作る

STEP 20　iframeを使って内容を切り替える

STEP20では、iframe要素を使ってナビゲーションで選択したWebページを2段組のコンテンツ部分に表示させる方法を学びます。

演習

① index.htmlを変更して保存します

エディタでindex.htmlを開き、リスト4-5をリスト4-7のように変更し、上書き保存します。

●リスト4-7 [index.html]　　　　　　　　　　　　　　　　　　　　　　　　　　　　HTML

```
1  <!DOCTYPE html>
2  <html lang="ja">
3  <head>
4    <meta charset="UTF-8">
5    <title>Cosmos</title>
6    <link rel="stylesheet" href="cosmos_style.css" type="text/css">
7  </head>
8  <body>
9    <!-- コンテナ -->
10   <div id="container">
11     <!-- ヘッダ -->
12     <header>
13       <h1>Cosmos</h1>
14       <p>宇宙の神秘に触れてみよう</p>
15     </header>
16     <!-- コンテンツ -->
17     <div id="content">
18       <!-- メニュー -->
19       <nav>
20         <ul id="menu">
21           <li><a href="./toppage.html" target="maincontent">トップページ</a></li>
22           <li><a href="./profile.html" target="maincontent">プロフィール</a></li>
23           <li><a href="./planets.html" target="maincontent">太陽系の惑星</a></li>
24           <li><a href="./moonlight2.html" target="maincontent">月の光</a></li>
25           <li><a href="./my_favorite.html" target="maincontent">リンク</a></li>
26         </ul>
27       </nav>
28       <!-- メイン・コンテンツ -->
```

218

STEP 20　iframeを使って内容を切り替える

```
29    <main class="inline">
30      <iframe id="maincontent" name="maincontent" src="./toppage.html">
        </iframe>
31    </main>
32  </div>
33  <!-- フッタ -->
34  <footer>
35    <p>Copyright (C) Cosmos, All rights reserved.</p>
36  </footer>
37  </div>
38 </body>
39 </html>
```

② toppage.html を作成して保存します

エディタでindex.htmlを開き、リスト4-5をリスト4-8のように変更して、[hpstudy] フォルダの中にtoppage.htmlという名前で別名で保存します。

●リスト 4-8 [toppage.html]　　　　　　　　　　　　　　　　　　　　　HTML

```
1  <!DOCTYPE html>
2  <html lang="ja">
3  <head>
4    <meta charset="UTF-8">
5    <title>Cosmos</title>
6    <link rel="stylesheet" href="cosmos_style.css" type="text/css">
7  </head>
8  <body>
9    <!-- メイン・コンテンツ -->
10   <main>
11     <section>
12       <h2>Cosmosについて</h2>
13       <p>太古の昔から、人類は夜瞬く星々をみて様々なことを考えてきました。この宇宙には果て
         があるのか。この宇宙はいつ始まったのか。宇宙の星々には我々と同じような生命体が存在す
         るのか。そして、我々とは何なのか。現代科学の発達によって、宇宙に関する知識は100年前
         とは比べようもないほど豊かになりました。しかし一方で、精密な観測の結果により、ダーク
         マターの存在や宇宙の加速膨張など、現代科学では説明のつかないこともあらわれてきています。
         宇宙は、人類にとっていつまでも神秘に満ちた探求の対象であるにちがいありません。</p>
14       <p>このサイトでは、こうした宇宙に関する様々な話題をとりあげていきます。</p>
15     </section>
16   </main>
17 </body>
18 </html>
```

第4章　2段組のページを作る

③ planets.htmlを作成して保存します

太陽系の惑星を紹介するページを作成します。まず、［hpstudy］フォルダの中に［photo］フォルダを作成し、惑星の写真（earth.jpg, jupiter.jpg, mars.jpg, mercury.jpg, venus.jpg）を入れておきます。次に、エディタで新しいファイルを作り、リスト4-9のように入力し、［hpstudy］フォルダの中にplanets.htmlという名前で保存します。

●リスト4-9 [planets.html]　　　　　　　　　　　　　　　　　　　　　　　　　　HTML

```
1  <!DOCTYPE html>
2  <html lang="ja">
3  <head>
4    <meta charset="UTF-8">
5    <title>Planets</title>
6    <link rel="stylesheet" href="cosmos_style.css" type="text/css">
7  </head>
8  <body>
9    <main>
10     <h2>太陽系の惑星</h2>
11     <ul class="planets">
12       <li>
13         <img src="./photo/mercury.jpg" alt="水星">
14         <p class="description">水星は太陽系の第一惑星である。地球型の惑星で、太陽系
           の惑星で最も小さい。公転周期は約88日であり、離心率が0.2程度の楕円軌道を描いて太
           陽の周りを回っている。</p>
15       </li>
16       <li>
17         <img src="./photo/venus.jpg" alt="金星">
18         <p class="description">金星は太陽系の第二惑星である。地球型の惑星で、太陽系
           の惑星の中で、大きさと平均密度が地球に最も近い。しかし、大気のほとんどは二酸化炭素で、
           大気圧は地表で約90気圧ある。</p>
19       </li>
20       <li>
21         <img src="./photo/earth.jpg" alt="地球">
22         <p class="description">地球は太陽系の第三惑星である。太陽系のハビタブルゾー
           ンにある唯一の惑星で、地表に多量の水を湛え、多様な生物が存在している。</p>
23       </li>
24       <li>
25         <img src="./photo/mars.jpg" alt="火星">
26         <p class="description">火星は太陽系の第四惑星である。地球型の惑星で、地表に
           酸化鉄が大量に含まれているため赤く見える。大気は希薄で、大気圧は地球の0.75%程度
           しかない。</p>
```

220

STEP 20　 iframeを使って内容を切り替える

```html
27          </li>
28          <li>
29              <img src="./photo/jupiter.jpg" alt="木星">
30              <p class="description">木星は太陽系の第五惑星である。ガスを主成分とする木星型
            の惑星である。直径は地球の11倍で、太陽系の惑星の中で大きさ、質量とも最大の惑星である。
            </p>
31          </li>
32      </ul>
33    </main>
34  </body>
35  </html>
```

④ その他のHTML文書を作成して保存します

リンク先のファイル（profile.html, moonlight2.html, my_favorite.html）も可能であれば作っておきます。

⑤ cosmos_style.cssを変更して保存します

エディタでcosmos_style.cssを開き、リスト4-6をリスト4-10のように変更して、上書き保存します。

●リスト 4-10 [cosmos_style.css]　　CSS

```css
 84  footer p {
 85      border-top: solid 1px #666666;
 86      background-color: #333333;
 87      font-size: 0.9em;
 88      text-align: center;
 89      padding: 10px;
 90      margin 0;
 91  }
 92  /* インラインフレーム */
 93  main.inline {
 94      padding:0px;
 95      min-width:650px;
 96  }
 97  iframe#maincontent {
 98      height: 700px;
 99      width: 100%;
100      border: none;
101  }
102  /* 太陽系の惑星 */
103  ul.planets{
104      padding: 0;
105  }
106  ul.planets li {
107      display: block;
108      margin-top: 20px;
109      width: 610px;
110      height: 100px;
111  }
112  ul.planets img {
113      float: left;
114      height: 98px;
115      border: 1px solid white;
116  }
117  p.description {
118      float: left;
119      margin: 0 0 0 15px;
120      width: 450px;
121      height: 90px;
122      padding: 5px;
123      line-height: 1.6;
124  }
```

221

⑥ Webブラウザで表示します

index.htmlをWebブラウザで開きます。すると、表示例4-4のように表示されます。左のリンクをクリックすると、右のフレームにそのページが表示されます。表示例4-4は、「太陽系の惑星」を選択した場合のものです。

●表示例 4-4 ［index.html］

解説

iframe要素について

❶ iframe要素とは？

iframe要素は、**インラインフレーム**（*inline frame*）を作成するための要素です。インラインフレームとは、ウィンドウの特定の領域内に別のWebページを埋め込むフレームのことをいいます。たとえば、次のリスト4-11をWebブラウザで開くと、表示例4-5のように、planets.htmlの内容がiframeボックスの中に表示されます。

●リスト 4-11 [example_iframe.html]　　　　　　　　　　　　　　　　　　　　　　　　HTML

```
 1  <!DOCTYPE html>
 2  <html lang="ja">
 3  <head>
 4    <meta charset="UTF-8">
 5    <title>iframの例</title>
 6  </head>
 7  <body>
 8    <h1>iframeの例</h1>
 9    iframeを用いると、他のWebページを枠の中に表示することができます。<br>
10    <iframe src="./planets.html" width=620px height=400px></iframe>
11  </body>
12  </html>
```

●表示例 4-5 [example_iframe.html]

223

第 4 章　2段組のページを作る

❷ iframe 要素の属性

src 属性
　埋め込む Web ページの URL を src 属性で指定します。

width 属性・height 属性
　width 属性と height 属性により横幅と高さを設定します。横幅と高さは、ピクセル単位もしくはウィンドウの大きさに対する比率を % 単位で指定できます。width 属性を % 単位で指定すると、その値は iframe を含む直近のブロックボックスの min-width の値に対する比率となります。height 属性を % 単位で指定すると、算出値は auto となります。auto の解釈は Web ブラウザによって異なります。width と height の指定は、CSS の width と height プロパティの指定で置きかえることができます。埋め込まれた Web ページの大きさが iframe ボックスの大きさよりも大きい場合は、縦もしくは横のスクロールバーが表示され、スクロールして表示域を変えることができます。

name 属性
　name 属性により、フレーム内のコンテンツの内容に名前をつけることができます。name 属性の値である名前は、a 要素の target 属性の値として指定することで、リンク先を iframe 要素のフレーム内に表示できます。

　その他に、sandbox 属、seamless 属性、srcdoc 属性を指定できます。

❸ iframe 要素の要素内容
　要素内容にはテキストのみを含むことができます。しかし、video 要素とは違い、要素内容であるテキストは、src 属性で指定した Web ページが読み込めなかった場合のフォールバック・コンテンツ（代替え）としては扱われないので、注意が必要です。

例題での設定について

　この例題では、2段組の右側のメインコンテンツの部分に、iframe 要素によって他の Web ページを表示しています。左側のナビゲーションの各 a 要素で、target 属性の値に iframe 要素の name 属性の値を指定することで、ナビゲーションの項目をクリックすると該当する Web ページが iframe ボックスの中に表示されます。

●リスト 4-7 [index.html]　　　　　　　　　　　　　　　　　　　　　　　　　**HTML**

```
29  <main class="inline">                                              ①
30    <iframe id="maincontent" name="maincontent" src="./toppage.html">
      </iframe>                                                        ②
31  </main>
```

① class 名 "inline" の main 要素の中に iframe 要素を入れています。
② iframe 要素によって、他のページをインライン表示しています。id 名を "maincontent"、名前を "maincontent" としています。src 属性の値を "./toppage.html" にしています。これが、最初に表示される Web ページとなります。後で述べるように、ナビゲーションのリンクをクリックすることで、表示する Web ページを切り替えることができます。

224

STEP 20　iframeを使って内容を切り替える

●リスト 4-10 [cosmos_style.css]　　　　　　　　　　　　　　　　　　　　CSS

```css
92  /* インラインフレーム */
93  main.inline {
94    padding: 0px;                    ①
95    min-width: 650px;                ②
96  }
97  iframe#maincontent {
98    width: 100%;                     ③
99    height: 700px;                   ④
100   border: none;                    ⑤
101 }
```

① iframe要素をおさめているmain要素のpaddingを0にして、iframeボックスがすき間なくぴったりmainボックスの中におさまるようにしています。

② iframeボックスをおさめているmainボックスの幅の最小値を650pxとしています。

③ iframeボックスの幅をmainボックスの内容領域の幅の100%としています。100%とすると、iframeボックスの幅はmainボックスのmin-widthで指定した650pxに設定されます。長さを指定すればその長さとなり、autoとすると300pxに設定されます。

④ iframeボックスの高さを700pxとしています。iframeボックスの中に表示されたWebページの高さがこの値を超える場合は、スクロールバーが表示されます。ここで、height: 100%もしくはheight: autoとしても、iframeボックスの高さは内容の高さとはなりません。内容の高さに応じてiframeボックスの高さを変えるためにはJavaScriptを用いる必要があります。

⑤ デフォルトでiframeボックスのボーダーの幅は2pxとなっていますが、それをなし(0px)にしています。

●リスト 4-7 [index.html]　　　　　　　　　　　　　　　　　　　　　　HTML

```html
21  <ul id="menu">
22    <li><a href="./toppage.html" target="maincontent">トップページ</a></li>      ①
23    <li><a href="./profile.html" target="maincontent">プロフィール</a></li>       ①
24    <li><a href="./planets.html" target="maincontent">太陽系の惑星</a></li>       ①
25    <li><a href="./moonlight2.html" target="maincontent">月の光</a></li>          ①
26    <li><a href="./my_favorite.html" target="maincontent">リンク</a></li>         ①
27  </ul>
```

① a要素でリンクを設定した場合、target属性でiframeのname属性の値を指定すると、リンク先はそのiframeボックスの中に表示されます。Chrome、Safari、IE、Operaの場合は、iframeにid属性を設定し、target属性の値をiframe要素のid名としても同様に機能します。Firefoxの場合は、name属性の値を指定したときにのみ動作し、id属性の値では動作しません。

225

iframeを使ってGoogleマップを表示するには?

Googleマップで検索した地図を、自分のWebページに表示する方法を紹介します。

① Googleマップで表示したい地図を検索します

次のURLをWebブラウザで表示し、キーワードを入力して目的の場所を検索します。

```
http://maps.google.co.jp/
```

ここでは、例として「石垣島天文台」を検索しています。

②「地図を埋め込む」ウィンドウを表示します

ウィンドウの下部にある歯車のマーク ✿ をクリックするとメニューが表示されるので、「地図を共有または埋め込む」を選択します。次に、「地図を埋め込む」タグを選びます。

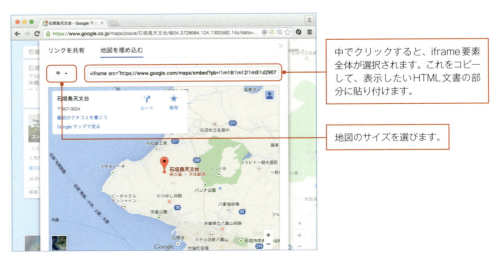

中でクリックすると、iframe要素全体が選択されます。これをコピーして、表示したいHTML文書の部分に貼り付けます。

地図のサイズを選びます。

③ iframe要素をコピーしHTML文書にペーストします

地図の上の枠内にあるiframe要素(`<iframe width=...></iframe>`)をコピーしてHTML文書にペーストすれば、そのHTML文書にGoogleマップの地図を埋め込むことができます。ここで、枠の左にあるメニューから地図のサイズ(小、中、大、カスタムサイズ)を選べ、ウィンドウの右下にある＋、－のボタンで拡大縮小を行えます。

```html
<!DOCTYPE html>
<html lang="ja">
<head>
    <meta charset="UTF-8">
    <title>Google mapを表示する</title>
</head>
<body>
    <h1>石垣島天文台</h1>
    <p>石垣島天文台は、沖縄県石垣島にあります。九州・沖縄では最大の口径105センチメートルの反射望遠鏡「むりかぶり望遠鏡」があります。</p>
    <iframe src="https://www.google.com/maps/embed?pb=!1m18!1m12!1m3!1d29073.939470833262!2d124.13005817990485!3d24.372868392711116!2m3!1f0!2f0!3f0!3m2!1i1024!2i768!4f13.1!3m3!1m2!1s0x345fdfe82c9beba1%3A0x2751292b8c31559c!2z55-z5Z6j5bO25aSp5paH5Y-w!5e0!3m2!1sja!2sjp!4v1421911479604" width="600" height="450" frameborder="0" style="border:0"></iframe>
</body>
</html>
```

↑ Googleマップからコピーした部分

ここで、Googleマップを埋め込むiframe要素のwidth, height, style属性は削除して、代わりにCSSのwidthプロパティ、heightプロパティ、borderプロパティでおのおの設定することができます。frameborder="0"の部分は、IE8以前で表示されるボーダー以外のインラインフレームの境界線を消すためのものですので、そのまま残しておきます。

この章の理解度チェック演習

1 次のリストを下図のようなメニューとして表示するためのCSSの規則を書きなさい。ここで、aボックスとliボックスの幅を150px、高さを25px、liボックスのパディングを3pxとすること。liボックスの右ボーダーを点線とするが、最後のliボックスについてはlast-child疑似クラスを用いて右ボーダーをなしとすること。マウスをメニュー項目に重ねたときに背景の色を変えるようにすること。

```html
<nav>
  <ul id="menu">
    <li><a href="home.html">ホーム</a></li>
    <li><a href="contents.html">展示内容</a></li>
    <li><a href="access.html">アクセス</a></li>
    <li><a href="inquiry.html">問い合わせ</a></li>
  </ul>
</nav>
```

2 次のHTML文書のdiv要素(id="main")内のボックスを下図のような3段組のレイアウトにするためのCSSの規則を、floatプロパティを使った場合とフレキシブルボックスレイアウトを使った場合で、それぞれ書きなさい。ただし、挿入している画像の幅はすべて320pxであるとする。

```html
<header><h1>宇宙望遠鏡</h1></header>
<div id="main">
  <section>
    <img src="hubble.jpg"><h2>ハッブル宇宙望遠鏡</h2>
    <p>1990年4月に米国のNASAが打ち上げた。直径2.4mの反射望遠鏡を収めており、...</p>
  </section><section>
    <img src="herschel.jpg"><h2>ハーシェル宇宙望遠鏡</h2>
    <p>2009年5月にヨーロッパ宇宙機構が打ち上げた赤外線宇宙望遠鏡である。...</p>
  </section><section>
    <img src="wmap.jpg"><h2>WMAP</h2>
    <p>2001年6月に米国のNASAが打ち上げた。宇宙マイクロ波背景放射を観測する...</p>
  </section>
</div>
```

テーブルを作る

データを縦横2次元に並べたものを、テーブルもしくは表といいます。テーブルを使うことで、情報をわかりやすく提示することができます。この章では、HTMLでテーブルを作る方法について学びます。

CONTENTS & KEYWORDS

STEP21 **テーブルを作るHTML要素**
テーブルを構成する要素　列のグループ化　複数列・複数行にまたがるセル

STEP22 **テーブルのスタイルを設定する**
ボーダーのレンダリング方法　テーブル要素に指定できるプロパティ
セルのパディング・ボーダーとセルの幅　列幅を決める　ボーダーの優先順位
セル内の水平方向の配置　セル内の垂直方向の配置　テーブルのレイヤー構造

第 5 章 テーブルを作る

第5章で作成する例題

まず、HTMLだけでテーブルを作ってみます。次に、CSSを使ってスタイルを設定してレイアウトします。これらの例題を通して、テーブルをマークアップする要素、テーブルのスタイルを設定するプロパティについて学びます。また、セルを行や列にまたがって表示する方法、テーブルのレイヤー構造についても学習します。

HTMLでテーブルを作成する

表1.太陽系の惑星

惑星名	軌道長半径 (天文単位)	直径 (地球=1)
水星	0.387	0.38
金星	0.723	0.95
地球	1.000	1.00
火星	1.524	0.53
木星	5.203	11.21
土星	9.555	9.41
天王星	19.19	4.01
海王星	30.11	3.88
最大値	30.11	11.21

セルを行や列にまたがるように拡張する

小惑星帯と準惑星	
小惑星帯	アステロイドベルト
	カイパーベルト
準惑星	ケレス
	冥王星
	ハウメア
	マケマケ
	エリス

CSSでスタイルを設定する

表1.太陽系の惑星

惑星名	軌道長半径 (天文単位)	直径 (地球=1)
水星	0.387	0.38
金星	0.723	0.95
地球	1.000	1.00
火星	1.524	0.53
木星	5.203	11.21
土星	9.555	9.41
天王星	19.19	4.01
海王星	30.11	3.88
最大値	30.11	11.21

テーブルのレイヤー構造を理解する

表1.太陽系の惑星

惑星名	軌道長半径 (天文単位)	直径 (地球=1)
水星	0.387	0.38
金星	0.723	0.95
地球	1.000	1.00
火星	1.524	0.53
木星	5.203	11.21
土星	9.555	9.41
天王星	19.19	4.01
海王星	30.11	3.88
最大値	30.11	11.21

STEP 21　テーブルを作るHTML要素

STEP 21 テーブルを作るHTML要素

STEP21では、テーブルを作るための要素について学びます。

演 習

① solar_system.htmlを作成して保存します

エディタで新しいファイルを作り、リスト5-1のように入力し、［hpstudy］フォルダの中にsolar_system.htmlという名前で保存します。ここでは、CSSのスタイルシートファイルとしてtable_style.cssを取り込んでいます。

●リスト 5-1［solar_system.html］　　　　　　　　　　　　　　　　　　　　HTML

```
1  <!DOCTYPE html>
2  <html lang="ja">
3  <head>
4    <meta charset="UTF-8">
5    <title>太陽系の惑星</title>
6    <link rel="stylesheet" href="table_style.css" type="text/css">
7  </head>
8  <body>
9  <table>
10   <caption><big>表1.太陽系の惑星</big></caption>
11   <thead>
12     <tr><th>惑星名</th><th>軌道長半径<br><small>(天文単位)</small></th><th>直径
       <br><small>(地球=1)</small></th></tr>
13   </thead>
14   <tbody>
15     <tr><td>水星</td><td>0.387</td><td>0.38</td></tr>
16     <tr><td>金星</td><td>0.723</td><td>0.95</td></tr>
17     <tr><td>地球</td><td>1.000</td><td>1.00</td></tr>
18     <tr><td>火星</td><td>1.524</td><td>0.53</td></tr>
19     <tr><td>木星</td><td>5.203</td><td>11.21</td></tr>
20     <tr><td>土星</td><td>9.555</td><td>9.41</td></tr>
21     <tr><td>天王星</td><td>19.19</td><td>4.01</td></tr>
22     <tr><td>海王星</td><td>30.11</td><td>3.88</td></tr>
23   </tbody>
24   <tfoot>
```

231

第5章　テーブルを作る

◉リスト 5-1［solar_system.html］（続き）　　　　　　　　　　　　　　　　　　　　　HTML

```
25      <tr><td>最大値</td><td>30.11</td><td>11.21</td></tr>
26    </tfoot>
27  </table>
28  </body>
29  </html>
```

② table_style.css を作成して保存します

エディタで新しいファイルを作り、リスト5-2のように入力し、［hpstudy］フォルダの中に table_style.css という名前で保存します。

◉リスト 5-2［table_style.css］　　　　　　　　　　　　　　　　　　　　　　　　　　CSS

```
1  table { border: 2px solid red; margin: 0 auto; }
2  th { border: 2px solid green; }
3  td { border: 2px solid blue; }
```

③ Web ブラウザで表示します

solar_system.htmlをWebブラウザで開きます。すると、表示例5-1のように表示されます。

◉表示例5-1［solar_system.html］

表1.太陽系の惑星

惑星名	軌道長半径 （天文単位）	直径 （地球=1）
水星	0.387	0.38
金星	0.723	0.95
地球	1.000	1.00
火星	1.524	0.53
木星	5.203	11.21
土星	9.555	9.41
天王星	19.19	4.01
海王星	30.11	3.88
最大値	30.11	11.21

STEP 21　テーブルを作るHTML要素

解 説

テーブルを構成する要素
[table・tr・td・th・thead・tbody・tfoot・caption]

例題のテーブルを順に作っていきながら、テーブルを構成する要素について理解していきましょう。

❶ テーブルとは

テーブルとは、データを縦横の2次元の格子に配置した表のことをいいます。縦に並んだデータの集まりを列、横に並んだデータの集まりを行といいます。一つ一つの格子をセルといいます。

データベースなどのテーブルは、列は項目をあらわしており列数が決まっています。これに対して、HTMLでのテーブルは行の集まりで、各行のセルの数（列数）は一般に異なります。HTMLでテーブルを定義する場合は、行を順番に定義していくことになるので、HTMLのテーブルは行主体であるといわれます。すべての行が定義された上で、各行の1つ目のセルの集まりが1列目、各行の2つ目のセルの集まりが2列目、というようにして列が定義されます。

❷ テーブルを構成する基本要素 [table・tr・td]

HTMLのテーブルはtable要素であらわされます。テーブルの中には1つ以上の行があり、行の中に1つ以上のセルがあるという形で構成されます。行はtr要素（*table row*）、セルはtd要素（*table data*）であらわします。この際、先に述べたようにtd要素の数は行ごとに異なっていてもかまいません。また、セルの数が0である行は、その行がない場合と同じになります。td要素のコンテンツモデルはフロー・コンテンツであり、ほとんどすべての要素を入れることができます。次のテーブルは、これらの要素で作られています。

```
<table>
    <tr><td>水星</td><td>0.387</td><td>0.38</td></tr>
    <tr><td>金星</td><td>0.723</td><td>0.95</td></tr>
    <tr><td>地球</td><td>1.000</td><td>1.00</td></tr>
    <tr><td>火星</td><td>1.524</td><td>0.53</td></tr>
    <tr><td>木星</td><td>5.203</td><td>11.21</td></tr>
    <tr><td>土星</td><td>9.555</td><td>9.41</td></tr>
    <tr><td>天王星</td><td>19.19</td><td>4.01</td></tr>
    <tr><td>海王星</td><td>30.11</td><td>3.88</td></tr>
</table>
```

水星	0.387	0.38
金星	0.723	0.95
地球	1.000	1.00
火星	1.524	0.53
木星	5.203	11.21
土星	9.555	9.41
天王星	19.19	4.01
海王星	30.11	3.88

❸ ヘッダ・セル [th]

th要素はテーブルのヘッダ・セルをあらわします。テーブルの項目や見出しとなるセルをth要素で記述します。th要素のコンテンツモデルはフレージング・コンテンツであり、テキストやa要素、em要素、ruby要素、strong要素などは入れられますが、p要素やh1～h6要素などのブロックレベル要素は入れられないことに注意してください。

233

第5章　テーブルを作る

❷のテーブルにth要素で項目名を追加してみましょう。

```
<table>
   <tr>
      <th>惑星名</th>
      <th>軌道長半径<br><small>(天文単位)</small></th>
      <th>直径<br><small>(地球=1)</small></th>
   </tr>
   <tr><td>水星</td><td>0.387</td><td>0.38</td></tr>
      …
   <tr><td>海王星</td><td>30.11</td><td>3.88</td></tr>
</table>
```

惑星名	軌道長半径 （天文単位）	直径 （地球=1）
水星	0.387	0.38
金星	0.723	0.95
地球	1.000	1.00
火星	1.524	0.53
木星	5.203	11.21
土星	9.555	9.41
天王星	19.19	4.01
海王星	30.11	3.88

❹ 行のグループ化 [thead・tbody・tfoot]

　table要素の要素内容は、複数の行をあらわすtr要素からなります。これらのtr要素はthead要素、tbody要素、tfoot要素でグループ化することができます。

要素名	意味
thead	テーブルのヘッダとなる行ブロックをあらわす
tbody	テーブルのデータ部分となる行ブロックをあらわす
tfoot	テーブルのフッタとなる行ブロックをあらわす

　HTML5では、table要素の直接の子要素にtr要素を置くことは可能ですが、推奨されていません。table要素内のtr要素は、thead要素、tbody要素、tfoot要素のいずれかに入れることが推奨されています。thead要素、tfoot要素は1個以下、tbody要素はデータ行のグループの数だけ入れることができます。

　❸のテーブルの行をグループ化し、フッタを追加すると、次のようになります。

```
<table>
   <thead>
      <tr>
         <th>惑星名</th>
         <th>軌道長半径<br><small>(天文単位)</small></th>
      <th>直径<br><small>(地球=1)</small></th>
      </tr>
   </thead>
   <tbody>
      <tr><td>水星</td><td>0.387</td><td>0.38</td></tr>
         …
      <tr><td>海王星</td><td>30.11</td><td>3.88</td></tr>
   </tbody>
   <tfoot>
      <tr><td>最大値</td><td>30.11</td><td>11.21</td></tr>
   </tfoot>
</table>
```

惑星名	軌道長半径 （天文単位）	直径 （地球=1）
水星	0.387	0.38
金星	0.723	0.95
地球	1.000	1.00
火星	1.524	0.53
木星	5.203	11.21
土星	9.555	9.41
天王星	19.19	4.01
海王星	30.11	3.88
最大値	30.11	11.21

❺ テーブルのタイトル［caption］

caption要素はテーブルのタイトルをあらわします。caption要素を入れる場合は、table要素の最初に記述します。
❹のテーブルにcaption要素でタイトルを追加すると、リスト5-1のtable要素となります。

```
<table>
   <caption><big>表1.太陽系の惑星</big></caption>
   <thead>
      <tr><th>惑星名</th><th>軌道長半径<br><small>(天文単位)</small></th>
      <th>直径<br><small>(地球=1)</small></th></tr>
   </thead>
   <tbody>
      :
</table>
```

さらに、リスト5-2のCSSファイルでtable要素、th要素、td要素のボーダーを表示し、table要素の左右のマージンをautoにしてセンタリングすれば、下図のように表示されます（点線部分は表示されません）。captionボックスはtableボックスの外側上部に表示されていることがわかります。

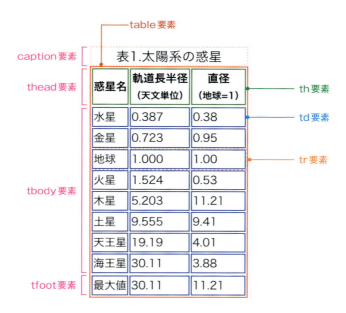

第5章 テーブルを作る

❻ テーブルをマークアップする基本的な方法

これまで説明してきたテーブルをマークアップする方法をまとめると、次のようになります。

---

① table要素の中にヘッダをあらわすthead要素、テーブルのデータ部分をあらわすtbody要素、フッタを
あらわすtfoot要素を順番に入れます。tbody要素はデータ行をグループ化し、データ行のグループの数だ
け入れることができます。thead要素とtfoot要素は必要に応じて1つ入れます。

② thead要素の中に行をあらわすtr要素を入れ、tr要素の中にヘッダ・セルをあらわすth要素を列数分入れます。

③ tbody要素の中に行をあらわすtr要素を入れ、tr要素の中にデータ・セルをあらわすtd要素を列数分入れます。
ただし、セルの中で見出しに当たる列があった場合は、td要素の代わりにth要素を入れます。

④ tfoot要素の中に行をあらわすtr要素を入れ、tr要素の中にデータ・セルをあらわすtd要素を列数分入れます。

⑤ 必要に応じてcaption要素を入れ、テーブルのタイトルや説明文を入れます。

⑥ td要素のコンテンツモデルはフロー・コンテンツであり、ほとんどすべての要素を入れることができます。

⑦ th要素のコンテンツモデルはフレージング・コンテンツであり、テキストやa要素、em要素、ruby要素、
strong要素などを入れることが可能ですが、td要素のようにp要素やh1〜h6要素などのブロックレベル
要素を入れることはできません。

---

❼ 列をグループ化する ［ colgroup・col ］

colgroup要素は、テーブル内の複数の列をグループ化します。colgroup要素はthead要素の直前に記述して
列グループを定義します。列グループを定義する方法として、次の2つがあります。

① colgroup要素のspan属性でグループを定義する

span属性でグループ化する列数を1以上の整数値で指定します。たとえば、

```
<table>
  <colgroup span="1"></colgroup>
  <colgroup span="2"></colgroup>
  <colgroup span="1"></colgroup>
  <thead>
    <tr><th>n</th><th>n^2</th><th>2^n</th><th>an*bn</th></tr>
  </thead>
  <tbody>
    <tr><td>1</td><td>1</td><td>2</td><td>2</td></tr>
    <tr><td>2</td><td>4</td><td>4</td><td>16</td></tr>
    <tr><td>3</td><td>9</td><td>8</td><td>72</td></tr>
    <tr><td>4</td><td>16</td><td>16</td><td>256</td></tr>
    <tr><td>5</td><td>25</td><td>32</td><td>800</td></tr>
  </tbody>
</table>
```

とすれば、最初の1列、次の2列、その次の1列がそれぞれグループとして定義されます。

CSSで列グループに対してスタイルを設定するには、属性セレクタや構造疑似クラスを用いて、次のようにします。

```
colgroup[span="2"] { background-color: lightpink; }
```

```
colgroup:nth-child(2n) { background-color: lightpink; }
```

いずれの場合にも次のように表示されます。

n	n^2	2^n	an*bn
1	1	2	2
2	4	4	16
3	9	8	72
4	16	16	256
5	25	32	800

属性セレクタや構造疑似クラスについて詳しくは、第3章「STEP16 より高度なCSSの文法」をご覧ください。

② colgroup要素の子要素としてcol要素を入れてグループを定義する

　span属性の定義されていないcolgroup要素の子要素に、col要素を入れてグループを定義します。col要素は空要素で終了タグがありません。col要素のspan属性に1以上の整数値を指定して、対象とする列グループの列数を指定することができます。col要素のspan属性を指定しない場合は、列グループの列数は1列と見なされます。たとえば、リスト5-1に次のようにcolgroup要素を挿入してみます。

◉リスト5-3　　　　　　　　　　　　　　　　　　　　　　　　　　　　　　　　　　　　**HTML**

```
 9  <table>
10    <colgroup span="1"></colgroup>
11    <colgroup>
12      <col class="semi-major">
13      <col class="radius">
14    </colgroup>
15    <caption><big>表1.太陽系の惑星</big></caption>
16    <thead>
17      <tr><th>惑星名</th><th>軌道長半径<br><small>(天文単位)</small></th><th>直径
        <br><small>(地球=1)</small></th></tr>
18    </thead>
19  <tbody>
```

　このようにすると、最初の1列が列グループとして、次の2列(クラス名"semi-major"の列と、クラス名"radius"の列)が列グループとして定義されます。

第 5 章　テーブルを作る

CSS で列グループに対してスタイルを設定するには、構造疑似クラスなどを用いて、次のようにします。

```
colgroup:nth-child(2n) { background-color: lightpink; }
```

表1.太陽系の惑星

惑星名	軌道長半径 （天文単位）	直径 （地球=1）
水星	0.387	0.38
金星	0.723	0.95
地球	1.000	1.00
火星	1.524	0.53
木星	5.203	11.21
土星	9.555	9.41
天王星	19.19	4.01
海王星	30.11	3.88
最大値	30.11	11.21

❽ セルを複数列・複数行にまたがるように拡張する ［ colspan属性・rowspan属性 ］

セルをあらわす td 要素および th 要素に対して、colspan 属性もしくは rowspan 属性を指定することができます。colspan 属性は、該当するセルが占める列数を指定します。rowspan 属性は、該当するセルが占める行数を指定します。これらによって、セルは複数の列数もしくは複数の行数にまたがって拡張されたものとして表示されます。

```
td,th { background-color: lightgreen; padding: 5px; }
```

```
<table>
  <tbody>
    <tr><th colspan="2">小惑星帯と準惑星</th></tr>
    <tr>
      <th rowspan="2">小惑星帯</th>
      <td>アステロイドベルト</td>
    </tr>
    <tr><td>カイパーベルト</td></tr>
    <tr>
      <th rowspan="5">準惑星</th>
      <td>ケレス</td>
    </tr>
    <tr><td>冥王星</td></tr>
    <tr><td>ハウメア</td></tr>
    <tr><td>マケマケ</td></tr>
    <tr><td>エリス</td></tr>
  </tbody>
</table>
```

小惑星帯と準惑星		
小惑星帯	アステロイドベルト	
	カイパーベルト	
準惑星	ケレス	
	冥王星	
	ハウメア	
	マケマケ	
	エリス	

238

STEP 22　テーブルのスタイルを設定する

STEP 22 テーブルのスタイルを設定する

STEP22では、テーブルのスタイルをCSSで設定する方法を学びます。

演 習

① table_style.css を変更して保存します

エディタでtable_style.cssを開き、リスト5-2をリスト5-4のように変更して、上書き保存します。

● リスト 5-4 [table_style.css]　　　　　　　　　　　　　　　　　　　CSS

```
table {
  border-collapse: collapse;
  text-align: center;
  font-family: sans-serif; }
th,td {
  padding: 0.3em 0.7em;
  border: 1px solid darkgoldenrod; }
th { color: white; background-color: saddlebrown; }
th:first-child { background-color: maroon; }
tbody tr:nth-child(2n+1) td { background-color: ivory; }
tbody tr:nth-child(2n) td { background-color: cornsilk; }
tfoot td { background-color: wheat; }
```

② Web ブラウザで表示します

solar_system.htmlをWebブラウザで開きます。すると、表示例5-2のように表示されます。

● 表示例5-2 [solar_system.html]

表1.太陽系の惑星

惑星名	軌道長半径 (天文単位)	直径 (地球=1)
水星	0.387	0.38
金星	0.723	0.95
地球	1.000	1.00
火星	1.524	0.53
木星	5.203	11.21
土星	9.555	9.41
天王星	19.19	4.01
海王星	30.11	3.88
最大値	30.11	11.21

239

第5章　テーブルを作る

解　説

テーブルのスタイルを設定するプロパティについて

❶ ボーダーのレンダリング方法を設定する ［ border-collapse ］

　テーブルのスタイルを設定する場合は、まずborder-collapse プロパティでボーダーのレンダリング方法を設定します。border-collapse プロパティで使用できる値は次のとおりです。

値	意味
separate	ボーダーを分離ボーダーモデルでレンダリング（初期値）
collapse	ボーダーを結合ボーダーモデルでレンダリングする

　分離ボーダーモデル(separate)では、テーブル要素およびセル要素(td・th要素)のボーダーは分離されて重ならずに表示されます。結合ボーダーモデル(collapse)では、テーブル要素およびセル要素のボーダーで隣接するものは重なり、優先されるボーダーのみが表示されます。

　例題では、次のようにボーダーを結合ボーダーモデルでレンダリングするように設定しています。

◉リスト 5-4 [table_style.css]　　　　　　　　　　　　　　　　　　　　　　　　　CSS

```
table {
    border-collapse: collapse;
    text-align: center;
    font-family: sans-serif; }
```

表1.太陽系の惑星

惑星名	軌道長半径 （天文単位）	直径 （地球=1）
水星	0.387	0.38
金星	0.723	0.95
地球	1.000	1.00
火星	1.524	0.53
木星	5.203	11.21
土星	9.555	9.41
天王星	19.19	4.01
海王星	30.11	3.88
最大値	30.11	11.21

separate

表1.太陽系の惑星

惑星名	軌道長半径 （天文単位）	直径 （地球=1）
水星	0.387	0.38
金星	0.723	0.95
地球	1.000	1.00
火星	1.524	0.53
木星	5.203	11.21
土星	9.555	9.41
天王星	19.19	4.01
海王星	30.11	3.88
最大値	30.11	11.21

collapse

STEP 22 テーブルのスタイルを設定する

❷ テーブル関連要素に指定できるレイアウト関連のプロパティ

幅、高さ、マージン、パディング、ボーダー、背景といったレイアウト関連のプロパティが、テーブル関連のどの要素に適用できるかを、次の表に示します。

HTML要素	width	height	margin	padding[※1]		border[※1]		background
				S	C	S	C	
table	○	○	○	○	×	○	○	○
caption	○	○	○	○	○	○	○	○
th,td	○	○	×	○	○	○	○	○
tr	×	○	×	×	×	×	○	○
tbody	×	×[※2]	×	×	×	×	○	○
thead	×	×[※2]	×	×	×	×	○	○
tfoot	×	×[※2]	×	×	×	×	○	○
col	○	×	×	×	×	×	○	○
colgroup	○	×	×	×	×	×	○	○

※1　Sはtable要素のborder-collapse値がseparateである場合、Cはcollapseである場合をあらわします。

※2　CSS 2.1の規定では、行グループに対してheightプロパティを指定できることになっていますが、最新のWebブラウザでは無効となっています。

この表で、とくに次の2点が重要です。

① **table要素とcaption要素には基本的にすべてのプロパティが適用できる**

　ただし、結合ボーダーモデルでは、table要素にパディングは適用できません。これは、結合ボーダーモデルでは、table要素とセル要素のボーダーが重なり、パディング領域が存在しないためです。

② **セル要素(th・td)にマージンは適用できない。つまり、つねにマージンは0となる**

❸ セルのパディング・ボーダーとセルの幅

結合ボーダーモデルでは隣接するボーダーが重なっており、

セル幅 = width + 左右のパディング + (左右のボーダーの幅の合計)/2

となっています。ここで、widthの値がどのように決まるかは、次の❹で説明しています。

例題では、次のように設定しています。

● **リスト 5-4 [table_style.css]**　　　　　　　　　　　　　　　　　　　　**CSS**

```
5  th,td {
6     padding: 0.3em 0.7em;
7     border: 1px solid darkgoldenrod; }
```

ここで、わかりやすくするために、ボーダーの幅を8pxに変更してみます。

241

```
 7  border: 8px solid darkgoldenrod; }
```

すると、次のように表示されます。

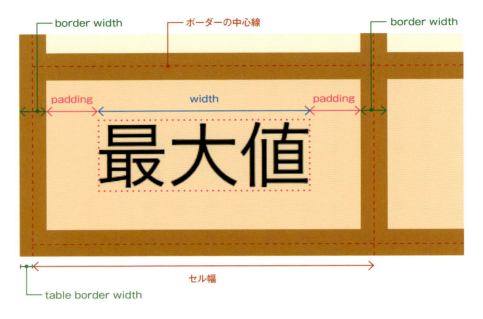

　テーブルの両端のセルの外側の、ボーダーの外側の半分（table border widthと表記した部分）は、テーブルのマージン領域にはみ出て表示されています。

　結合ボーダーモデルでは、テーブル全体およびそれぞれのセルのボーダーの設定が異なる場合、重なり合うボーダーは競合してしまいますが、競合するボーダーの一つが選択されて表示されます。ボーダーが競合する場合、より太いボーダーが選ばれます。太さが同じ場合にどれが選ばれるかについては、次ページの発展学習「ボーダーの優先順位」をご覧ください。

❹ 列幅の決定 [table-layout]

列幅は、table-layoutプロパティの値によって次のように決定されます。

値	意味
auto	列内の全セルの中でも最も幅が広いセルの初期値
fixed	第1行目のセルの幅

　セルの幅はwidthプロパティで指定されているときにはその値となりますが、指定されていないときには要素内容（文字列）をピッタリとおさめる幅となります。

　例題ではtable-layoutプロパティは設定されていないため、初期値のautoが用いられています。この場合、列幅はその列での最大幅のセルの幅となります。たとえば第1列目は、「惑星名」および「最大値」のセルが最大幅となっています。他の行の1行目のセルは、すべてこの幅になるようにwidthの値が変更されています。

発展学習
ボーダーの優先順位

　border-collapse値がcollapseの場合、隣り合うボーダーは競合します。競合は次のルールで解決され、各辺ごとに最も目立つボーダーの設定が優先されて採用されます。

(1) どんな場合でも、border-styleの値がhiddenである設定を最優先します。この値が設定された辺にはボーダーが表示されません。

(2) border-styleの値がnoneである設定は、最も優先順位が低くなります。その辺にかかわるすべての要素に対してborder-styleの値がnoneであるとき、ボーダーを表示しません。1つでもnoneでない値があった場合は、次の(3)～(5)のルールに従ってボーダーのスタイルを決定します。

(3) border-styleがnoneでないボーダーが競合した場合、より太いボーダーが優先されます。複数のボーダーが同じ幅の場合は、ボーダーの種類で次のように優先順位が付きます。

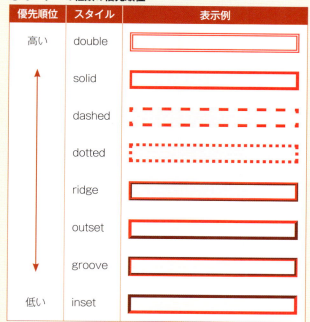

● ボーダーの種類の優先順位

(4) 競合するボーダーの幅も種類も同じ場合は、要素の種類で次のように優先順位が付きます。

　　セル要素 > 行要素 > 行グループ要素 > 列要素 > 列グループ要素 > テーブル要素

(5) 競合するボーダーの幅・種類・要素の種類がすべて同じ場合は、より上、より左にある要素のボーダーが優先されます。

第5章　テーブルを作る

❺ セル内の文字の水平方向の配置を設定する ［ text-align ］

セル要素内の文字の水平方向の配置は、text-align プロパティで設定します。text-align プロパティの初期値は left（左揃え）です。

例題では、table 要素に対して text-align プロパティの値を center としています。text-align プロパティの値は子孫要素に継承するので、セル要素（td・th 要素）内の文字が左右にセンタリングされます。

◉リスト 5-4 ［table_style.css］　　　　　　　　　　　　　　　　　　　　CSS

```
1  table {
2    border-collapse: collapse;
3    text-align: center;
4    font-family: sans-serif; }
```

ここで、リスト5-4の最後に、次の規則を追加してみます。

```
td:nth-child(1) { text-align: left; }
td:nth-child(2) { text-align: center; }
td:nth-child(3) { text-align: right; }
```

すると、1列目は左揃え、2列目は中央揃え、3列目は右揃えとなります。

表1.太陽系の惑星

惑星名	軌道長半径 （天文単位）	直径 （地球=1）
水星	0.387	0.38
金星	0.723	0.95
地球	1.000	1.00

❻ セル内の文字の垂直方向の配置を設定する ［ vertical-align ］

セル要素内の文字の垂直方向の配置は vertical-align プロパティで設定します。セル要素に対して使用できる値は次のとおりです。

値	意味
baseline	1行目のベースラインを、セルが属するテーブル行の各セルのベースラインの中で最も低い位置にあるものに揃える
top	セルのパディングボックスの上辺を、セルの属するテーブル行の内容領域の上辺に揃える
bottom	セルのパディングボックスの下辺を、セルの属するテーブル行の内容領域の下辺に揃える
middle	セルのパディングボックスの中央を、セルの属するテーブル行の内容領域の中央に揃える（初期値）

たとえば、リスト5-4の最後に、次の規則を追加してみます。

```
tr { height: 50px; }
tbody tr:nth-child(1) { vertical-align: baseline; }
tbody tr:nth-child(2) td:nth-child(1) { vertical-align: top; }
tbody tr:nth-child(2) td:nth-child(2) { vertical-align: middle; }
tbody tr:nth-child(2) td:nth-child(3) { vertical-align: bottom; }
```

すると次のように、vertical-alignプロパティを設定したセルのパディングボックスが各々行のベースライン、上辺、中央、下辺に揃います。

❼ 文字色と背景を設定する

◉ リスト 5-4 [table_style.css]　　　　　　　　　　　　　　　　　　　　　　　　　CSS

```
 8  th { color: white; background-color: saddlebrown; }                ①
 9  th:first-child { background-color: maroon; }                       ②
10  tbody tr:nth-child(2n+1) td { background-color: ivory; }           ③
11  tbody tr:nth-child(2n) td { background-color: cornsilk; }          ④
12  tfoot td { background-color: wheat; }                              ⑤
```

セル要素の文字色と背景色を設定しています。

① ヘッダ・セルの文字色を白に、背景色をsaddlebrownに設定しています。
② 最初のヘッダ・セルの背景色をmaroonに設定しています。
③ tbody要素の中の奇数番目のセル（td要素）の背景色をivoryに設定しています。
④ tbody要素の中の偶数番目のセル（td要素）の背景色をcornsilkに設定しています。
⑤ tfoot要素の中のセル（td要素）の背景色をwheatに設定しています。

テーブルのレイヤー構造について

　テーブル本体を構成する要素は次の6つのレイヤーに配置され、下から上へと重ねて表示されます。要素の背景が透明であれば、それより下のレイヤーにある要素の背景が表示されます。

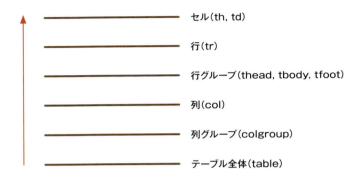

　たとえば、リスト5-3のHTML文書に、次のCSSの規則を適用してみます。

```
table {
   border-collapse: collapse; text-align: center;
}
th,td {
   padding: 0.3em 0.7em; border: 3px solid darkgoldenrod;
}
/* 背景色・文字色 */
table {
   background-color: cornsilk;
}
colgroup[span="1"] {
   background-color: lightgreen;
}
col.semi-major {
   background-color: lightpink;
}
tfoot {
   background-color: yellow;
}
tbody tr:hover {
   background-color: lightblue;
}
th {
   background-color: saddlebrown; color: white;
}
tbody td:hover {
   background-color: blue; color: white;
}
```

STEP 22 テーブルのスタイルを設定する

すると、マウスを金星のセルに重ねると、次のように表示されます。

表1.太陽系の惑星

惑星名	軌道長半径 （天文単位）	直径 （地球=1）
水星	0.387	0.38
金星	0.723	0.95
地球	1.000	1.00
火星	1.524	0.53
木星	5.203	11.21
土星	9.555	9.41
天王星	19.19	4.01
海王星	30.11	3.88
最大値	30.11	11.21

この場合のレイヤー構造を図示すると、図5-1のようになります。

●図5-1　テーブルのレイヤー構造

247

第5章 テーブルを作る

この章の理解度チェック演習

1 下図のテーブルを記述するHTML文書を作成しなさい。ただし、下図では次のCSSの規則を適用している。

```
table { border-collapse: collapse; }
td,th { border: 1px solid black; }
```

明るい恒星BEST10

星の名称	視等級	明るさの比	絶対等級
太陽	-26.73	506億	4.75
シリウス	-1.44	3.87	1.4
カノープス	-0.62	1.82	-5.53
アルクトゥルス	-0.05	1.08	-0.31
アルファケンタウリ	-0.01	1.04	4.4
ベガ	0.03	1	0.58
カペラ	0.08	0.95	0.4
リゲル	0.18	0.87	-7.3
プロキオン	0.4	0.71	2.6
ベテルギウス	0.45	0.68	-7.2

2 上のテーブルを、次のようなスタイルで表示するためのCSSの規則を書きなさい。項目は奇数行と偶数行で背景を色分けし、星の名称の項目は左寄せ、その他は中央揃えとすること。

明るい恒星BEST10

星の名称	視等級	明るさの比	絶対等級
太陽	-26.73	506億	4.75
シリウス	-1.44	3.87	1.4
カノープス	-0.62	1.82	-5.53
アルクトゥルス	-0.05	1.08	-0.31
アルファケンタウリ	-0.01	1.04	4.4
ベガ	0.03	1	0.58
カペラ	0.08	0.95	0.4
リゲル	0.18	0.87	-7.3
プロキオン	0.4	0.71	2.6
ベテルギウス	0.45	0.68	-7.2

3 テーブルの各列の幅がどのように決まるかについて説明しなさい。

フォームを作る

WWWは、Webサーバーからクライアントに情報を送信するだけでなく、クライアントからWebサーバーへ情報を送信することができる双方向の情報通信システムです。フォームは、HTMLで用意されているクライアントからWebサーバーに情報を送信する仕組みであり、双方向通信を行うために必須のものです。また、フォームはWebアプリケーションのユーザーインタフェースを作る際の入力用のコンポーネントともなります。ここでは、フォームの基本事項について学びます。

CONTENTS & KEYWORDS

STEP23　フォームの基本
　　　　　form要素　input要素　label要素　コントロールのグループ化　フォームの整列

STEP24　いろいろなコントロール
　　　　　select要素　option要素　textarea要素　button要素
　　　　　input要素で指定できるフォーム・コントロール
　　　　　datalist要素　progress要素　meter要素　output要素
　　　　　フォーム・コントロールの共通の固有属性

第6章で作成する例題

はじめに、簡単なフォームの例題を作って、フォームの基本的な作り方を学びます。次に、HTML5で導入されたさまざまなフォームコントロールを、例題を通して学びます。

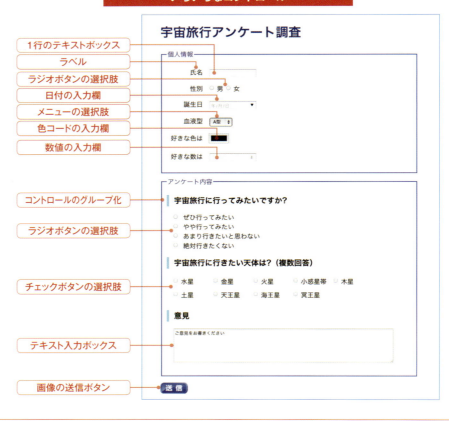

STEP 23　フォームの基本

STEP
23

フォームの基本

STEP23では、簡単な例を通してフォームの基本事項を学びます。

演習

① question.html を作成して保存します

エディタで新しいファイルを作り、リスト6-1のように入力し、[hpstudy] フォルダの中にquestion.htmlという名前で保存します。

●リスト 6-1 [question.html]　　　　　　　　　　　　　　　　　　　　　　　　　**HTML**

```html
1  <!DOCTYPE html>
2  <html lang="ja">
3  <head>
4    <meta charset="UTF-8">
5    <title>簡単なフォームの例</title>
6    <style type="text/css">
7      h1 { font-size: 1.5em; }
8      h2 { font-size: 1.2em; border-left: 6px solid skyblue; padding-left:10px; }
9    </style>
10 </head>
11 <body>
12   <form method="post" action="mailto:iso@cosmos.co.jp?Subject=アンケート">
13     <h1>宇宙旅行アンケート調査</h1>
14     <h2>宇宙旅行に行ってみたいですか?</h2>
15     <p>
16       <input type="radio" name="wish" value="positively">ぜひ行ってみたい<br>
17       <input type="radio" name="wish" value="little">やや行ってみたい<br>
18       <input type="radio" name="wish" value="less">あまり行きたいと思わない<br>
19       <input type="radio" name="wish" value="no">絶対行きたくない
20     </p>
21     <h2>宇宙旅行に行きたい天体は?</h2>
22     <p><input type="text" name="place"></p>
23     <p>
24       <input type="submit" value="送信">
25       <input type="reset" value="取消">
26     </p>
27   </form>
28 </body>
29 </html>
```

251

第6章　フォームを作る

② Webブラウザで表示します

question.htmlをWebブラウザで開きます。すると、表示例6-1のように表示されます。

●**表示例6-1 [question.html]**

> # 宇宙旅行アンケート調査
>
> **▎宇宙旅行に行ってみたいですか?**
>
> ◉ ぜひ行ってみたい
> ○ やや行ってみたい
> ○ あまり行きたいと思わない
> ○ 絶対行きたくない
>
> **▎宇宙旅行に行きたい天体は?**
>
> [海王星]
>
> ─────────────────────
>
> [送信] [取消]

③ データを入力し、「送信」ボタンを押します

②の表示例のようにデータを入力して「送信」ボタンを押すと、既定のメールソフトが起動し、次の内容が入力された状態となります。

> 宛先　　iso@cosmos.co.jp
> 件名　　アンケート
> 内容　　wish=positively&place=%E6%B5%B7%E7%8E%8B%E6%98%9F

ここで、内容のplace=の後の文字列"%E6%B5%B7%E7%8E%8B%E6%98%9F"は、「宇宙旅行に行きたい天体は?」の質問項目で入力した文字列"海王星"をURLエンコードしたものです。メールソフトの送信ボタンを押せば、この内容が宛先に送信されます。

URLエンコード

URLで日本語などを使用したい場合は、文字列をURLエンコード(パーセントエンコーディングとも呼ばれます)します。URLエンコードとは、文字列の文字コードを並べ、16進数であらわし、1バイトごとに頭に%記号をつけて記述したものです。たとえば、文字列"海王星"をUTF-8でエンコードして16進数で表し、1文字ごとに空白で区切って並べると、

　　E6B5B7 E78E8B E6989F

となります。ですので、URLエンコードした結果は次のようになります。

　　%E6%B5%B7%E7%8E%8B%E6%98%9F

252

STEP 23　フォームの基本

解 説

フォームとは?

　フォームは、ユーザーからの入力を受け付けるHTMLの仕組みです。フォームはWeb上でさまざまな目的で使用されています。オンラインショッピングのユーザー情報の入力、検索エンジンでのキーワードの入力、データベース検索、アンケート調査など、ユーザーからの入力が必要となるあらゆる場面でフォームが利用されています。フォームによって、WWWは双方向的でインタラクティブなものとなります。

　データをどのように処理するかという観点で見てみると、フォームの利用形態には次の2つがあります。

> ⑴　フォームからの入力データをWebサーバーに送信し、WebサーバーのCGIプログラムで処理し、ユーザーに結果を返したり、データベースに保存したりする。
>
> ⑵　クライアントサイドのJavaScriptによってWebアプリケーションを作る際、入力用のユーザーインタフェースをフォームで作る。この場合、データ処理はローカルなクライアントのコンピュータで行われる。

　これから、例題を例にとりながらフォームの基本事項を解説していきます。

フォームの枠組みを作る[form]

　フォームはform要素によって記述します。フォームでWebサーバーにデータを送信する場合は、少なくとも次の2つの属性を指定します。

① action属性
　データを処理するCGIプログラムのURLを指定します。

　この例題のように、"mailto:メールアドレス?Subject＝件名"をaction属性の値として指定すれば、指定されたメールアドレスに直接データを送信することができますが、HTMLの仕様ではこのようなHTTPプロトコルを用いないデータ通信については未定義としており、Webブラウザによっては対応していない場合もあります。この例題(P.251、リスト6-1)では、"mailto:..."がCGIプログラムなどを準備しなくても手軽に利用できるため、学習用として使用しています。メールで送信する場合は、"mailto:..."ではなくCGIのメールフォームを利用した方がよいでしょう。

② method属性
　データの送信方法を指定します。method属性の値を表6-1に示します。通常、フォームでの送信はPOSTを用います。

●表6-1　method属性の値

値	意味
GET	HTTP GETメソッドでデータを送信する
POST	HTTP POSTメソッドでデータを送信する

253

GETメソッドとPOSTメソッド

GETとPOSTは、WebブラウザがWebサーバーに対してリクエストメッセージを送信する場合の一般的な方法です。

HTTPのリクエストメッセージ

HTTPは、WebサーバーとWebブラウザの間でWebページを送信するためのプロトコルです。HTTPでWebブラウザから送信されるデータを、リクエストメッセージと呼びます。リクエストメッセージは、①**リクエスト行**(リクエストメソッド、宛先のURL、HTTPのバージョン)、②**ヘッダ**(言語や受信可能なデータなどのWebブラウザの情報)、③**メッセージボディ**(送信するデータ)の3つの部分から構成されます。

GETメソッド

送信データをURLエンコードしたものを、リクエストメッセージのリクエスト行にある宛先のURLに付加したクエリー文字列として送信します。クエリー文字列は、URLの末尾に"?"をつけて、その後につなげた文字列のことをいいます。宛先のWebサーバーによって違いはありますが、数Kバイト程度のデータまでしか送信することはできません。また、データがURLの一部として送信されるため、Webブラウザのアドレス欄に表示されたり、Webサーバーのログファイルに記録されてしまい、プライバシー保護の観点から使わない方がよい場合があります。

GETメソッドを使うと、データがURLの一部となるため、フォームを使わずに直接CGIプログラムにデータを送信することができます。たとえば、キーワードを渡すとデータベースからそのキーワードを検索するCGIプログラムdatabase.cgiがあったとします。このとき、

```
<a href="/cgi-bin/database.cgi?keyword=HTTP">HTTP</a>
```

とすれば、用語をクリックするだけでデータベースから用語を検索することができます。

POSTメソッド

送信データをURLエンコードしたものを、リクエストメッセージのメッセージボディに入れて送信します。POSTメソッドでは送信できるデータ量に上限はありません。フォームのデータを送信する場合は、通常POSTメソッドを使用します。

例題では、次のようにform要素の属性を指定しています。

```
12    <form method="post" action="mailto:iso@cosmos.co.jp?Subject=アンケート">
      ...
27    </form>
```

ここで、method属性をPOSTとし、action属性に"mailto:..."を指定しています。これにより、送信データはPOSTメソッドでメールで送信されます。

表6-2に、form要素で指定できる属性の一覧を示します。下線は論理属性であることをあらわします。

●**表6-2　form要素で指定できる属性の一覧**

属性	意味
accept-charset	フォーム送信に使用する文字エンコーディングを指定する
action	フォーム送信先のURLを指定する
autocomplete	フォーム入力欄のオートコンプリートを行うかどうかを指定する
enctype	フォームが送信するデータのMIMEタイプを指定する
method	フォームを送信する場合のHTTPリクエストメソッドを指定する
name	フォームの名前を指定する
novalidate	フォーム送信時に入力値の内容チェックを行わないようにする
target	フォーム送信後の結果を表示するブラウジング・コンテキスト名を指定する

CGIプログラム

たとえば、フォームに「郵便番号」を入力すると、住所欄に自動的に「住所」が表示されるという処理がどのように行われているかを見てみましょう。

① Webブラウザで入力された郵便番号は、WebサーバーにWebブラウザからのリクエストメッセージ（要求メッセージ）という形で送信されます。
② リクエストメッセージを受信したWebサーバーは、これを処理するためのプログラムを起動します。
③ プログラムは、郵便番号から住所を求めます。この際、プログラムは郵便番号と住所のデータが保存されているデータベースを利用します。
④ プログラムがデータベースに郵便番号に対応する住所を返すようにリクエストを送信すると、データベースは住所を探しその処理結果をプログラムにレスポンスメッセージ（応答メッセージ）として返します。
⑤ プログラムはこれを受信して、Webサーバーにレスポンスメッセージとして返します。
⑥ Webサーバーは、住所が埋められた新しいHTML文書を生成し、Webブラウザにレスポンスメッセージとして返します。
⑦ Webブラウザは、このHTML文書を受信して表示します。

ここで、Webサーバーとプログラムの連携法のとり決めが、CGI（*Common Gateway Interface*）です。CGIを使うことで、クライアントからの要求をプログラムで処理し、動的なページを生成してクライアントに送り返すことが可能となります。CGIで使用するプログラムは、以前は実行速度が速くテキスト処理に優れているPerlがよく使われてきました。最近ではPHPが最もよく使われています。

第6章　フォームを作る

フォームの内容を作る[input]

フォームを作るには、form要素の要素内容にユーザーが入力したり選択できる部品を生成する要素を入れていきます。このような要素を、**フォーム・コントロール**もしくは単にコントロールといいます。フォーム・コントロールには次のものがあります。

input, select, option, optgroup, button, textarea, keygen

ここで、フォーム・コントロールだけでは、ユーザーはなにを入力したらよいのかがわかりません。そこで、それを説明するためのラベルや説明文を入れます。

ここでは、フォーム・コントロールとして、input要素でtype属性の値が"radio", "text", "submit", "reset"の場合について説明します。これ以外のフォーム・コントロールについては、STEP24をご覧ください。

❶ ラジオボタンの選択肢を作る ［ input type="radio" ］

ラジオボタンとは、ただ一つだけを選ぶことができる選択肢です。ラジオボタンは、input要素のtype属性の値を"radio"とすることで作成できます。例題では、次のようにラジオボタンを定義しています。

```
14   <h2>宇宙旅行に行ってみたいですか？</h2>
15   <p>
16     <input type="radio" name="wish" value="positively">ぜひ行ってみたい<br>
17     <input type="radio" name="wish" value="little">やや行ってみたい<br>
18     <input type="radio" name="wish" value="less">あまり行きたいと思わない<br>
19     <input type="radio" name="wish" value="no">絶対行きたくない
20   </p>
```

宇宙旅行に行ってみたいですか？

- ⦿ ぜひ行ってみたい
- ○ やや行ってみたい
- ○ あまり行きたいと思わない
- ○ 絶対行きたくない

一般に、ラジオボタンを作成する場合は次のようにします。

① 選択肢の分だけtype属性の値が"radio"のinput要素を並べます。

② その際、name属性の値に共通の名前を指定します。同じname属性値を持つinput要素はグループ化され、そのグループ内から1つの選択肢が選択されます。

③ 各input要素にvalue属性の値を指定します。value属性の値は、その選択肢が選ばれた場合のコントロールの値となります。

④ ラジオボタンの選択肢全体の説明文と、各ラジオボタンの選択肢名を記述します。

256

STEP 23 フォームの基本

　さらにこの例題では、選択肢のinput要素全体をp要素に入れています。これによってフォームの内容を構造化しています。フォームの内容を構造化する方法としてはこれ以外に、テーブルを用いる方法や定義型リスト（dl要素）を使う方法がよく用いられます。また、input要素はテキストと同じく、行に流し込まれるインラインレベルボックスを生成するため、改行するためにbr要素を挿入しています。

はじめから選択肢が選ばれた状態にする ［ checked属性 ］

　checked属性を指定すると、その選択肢がはじめから選ばれた状態となります。checked属性は論理属性です。たとえば、

```
<input type="radio" name="wish" value="little" checked>やや行ってみたい<br>
```

とすれば、「やや行ってみたい」の項目がはじめから選択された状態となります。

宇宙旅行に行ってみたいですか?

○ ぜひ行ってみたい
● やや行ってみたい
○ あまり行きたいと思わない
○ 絶対行きたくない

---

❷ 1行のテキストボックスを作る ［ input type="text" ］

　input要素のtype属性の値を"text"とすると、1行（改行なし）の文字列を入力できるテキストボックスを作成できます。このtext型のコントロールはテキスト・フィールドとも呼ばれます。例題では、次のように1行のテキストボックスを定義しています。

```
21    <h2>宇宙旅行に行きたい天体は？</h2>
22    <p><input type="text" name="place"></p>
```

宇宙旅行に行きたい天体は?

海王星

　一般に、1行のテキストボックスを作成する場合は次のようにします。

---

① input要素でtype属性の値を"text"とします。

② input要素のname属性の値にそのコントロールの名前を指定します。送信すると、

　　　place=%E6%B5%B7%E7%8E%8B%E6%98%9F

　のように、name属性の値が送信データに含まれます。

③ input要素の手前に、説明文を記述します。

257

第6章　フォームを作る

■ 初期値を指定する ［ value 属性 ］

textタイプのinput要素にvalue属性の値を指定すると、それが初期値として表示されます。たとえば、

```
<input type="text" name="place" value="アンドロメダ銀河">
```

とすれば、次のようにテキスト・フィールドに初期値が表示されます。

```
アンドロメダ銀河
```

■ テキスト・フィールドの長さを指定する ［ size 属性 ］

textタイプのinput要素にsize属性の値を指定すると、テキスト・フィールドの長さを指定できます。長さは半角文字の数で指定します。たとえば、

```
<input type="text" name="place" size="50">
```

とすれば、次のようにフィールドを長くすることができます。

■ テキスト・フィールドの長さを指定する ［ width 属性 ］

テキスト・フィールドの長さをsize属性で指定すると、Webブラウザによって異なった長さとなります。すべてのWebブラウザで同じ長さにするには、width属性もしくはCSSのwidthプロパティによって長さを指定します。たとえば、

```
<input type="text" name="place" width="200px">
```

とすれば、テキスト・フィールドの長さはWebブラウザによらずに、すべて200pxとなります。

■ 入力できる最大文字数を指定する ［ maxlength 属性 ］

textタイプのinput要素にmaxlength属性の値を指定すると、テキスト・フィールドに入力できる最大文字数を指定できます。文字数は半角でも全角でも1文字と数えます。たとえば、

```
<input type="text" name="place" size="50" maxlength="20">
```

とすれば、テキスト・フィールドに入力できるのは20文字までとなります。

■ 入力できる最小文字数を指定する ［ minlength 属性 ］

textタイプのinput要素にminlength属性の値を指定すると、テキスト・フィールドに入力できる最小文字数を指定できます。文字数は半角でも全角でも1文字と数えます。たとえば、

```
<input type="text" name="place" size="50" minlength="6">
```

とすれば、テキスト・フィールドに6文字以上入力しなければなりません。ただし、「未入力」は許可されます。つまり、「なにも入力しなくてもよいが、入力する場合は6文字以上入力しなければならない」という意味になります。

STEP 23　フォームの基本

■ 正規表現で入力のパターンを指定する ［ pattern属性 ］

textタイプのinput要素にpattern属性の値を指定すると、正規表現を使って入力のパターンを指定できます。次は、半角英数字で入力されているかどうかのチェックを行う例です。

```
<input type="text" name="place" pattern="^[0-9A-Za-z]+$">
```

■ 入力のヒントを表示する ［ placeholder属性 ］

placeholder属性により、そのテキスト入力ボックスになにを入力したらよいかというヒントを表示することができます。たとえば、

```
<input type="text" name="place" placeholder="天体の名前">
```

とすれば、ボックス内にヒントが薄い色で表示されます。ヒントの文字列は、文字が入力されると消えます。

> 天体の名前

ただし、placeholderをラベルの代わりに使用すると、アクセシビリティやユーザビリティを損なうため、ラベルなしでplaceholderだけを指定することはしないようにします。

■ 必須項目とする ［ required属性 ］

required属性は論理属性で、これを指定するとその要素は必須項目となり、なにも入力されていない場合はエラーが表示されます。たとえば、

```
<input type="text" name="place" required>
```

とすれば、なにも入力されていないときに送信ボタンを押すと、次のようにエラーが表示されます。

> ！ このフィールドを入力してください。

■ オートコンプリートを行う ［ autocomplete属性 ］

autocomplete属性は論理属性で、これを指定するとその要素のオートコンプリート機能（入力内容の自動補完）が有効となります。たとえば、

```
<input type="text" name="place" autocomplete>
```

とすれば、以前入力された文字列の内、入力された文字列とマッチするものが候補として表示されます。

> ma
> marcury
> mars

■ 読み取り専用にする ［ readonly属性 ］

readonly属性は論理属性で、これを指定するとテキストボックスは読み取り専用になります。この場合、内容を選択することは可能ですし、送信もされます。

259

第6章　フォームを作る

❸ 送信ボタンと取消ボタンを作る ［ input type="submit"・input type="reset" ］

フォームの入力内容を送信するには、「送信ボタン」が必要です。「送信ボタン」は、input要素のtype属性の値を"submit"とすることで作成できます。さらに、input要素のtype属性の値を"reset"とすると、フォームの全入力内容を初期化する「取消ボタン」を作成できます。例題では、次のように「送信ボタン」と「取消ボタン」を定義しています。

```
23    <p>
24      <input type="submit" value="送信">
25      <input type="reset" value="取消">
26    </p>
```

送信　取消

一般に、送信ボタン（取消ボタン）を作成する場合は、次のようにします。

① input要素でtype属性の値を"submit"("reset")とします。

② input要素のvalue属性の値に、ボタンに表示する文字列を指定します。

③ type="submit"の場合、name属性を指定すると、name属性とvalue属性の値が送信されます。たとえば、異なるフォームからの送信を行う場合に、value属性の値によってフォームを区別することができます。

ラベル要素による関連づけ ［ label ］

コントロールは、name属性の値やvalue属性の値によって選択肢の項目内容を区別しています。これらの情報は送信データには含まれますが画面上には表示されないので、これだけではユーザーは何を入力したらよいかがわかりません。そこで、コントロールの隣にそのコントロールの説明文をつけます。この説明文を**ラベル**といいます。ラベルは文字列や一般的な要素でマークアップできますが、この方法だとコントロールとの関連性が明確ではありません。

コントロールとラベルを関連づける要素としてlabel要素があります。label要素を使うと、label要素の部分をクリックするだけで、関連づけられたコントロールを選択したりフォーカスすることができます。たとえば、ラジオボタンの場合にラベルをlabel要素で関連づければ、ラジオボタンだけでなくラベルをクリックするだけで、ラジオボタンを選択することができます。

label要素でコントロールにラベルをつける方法には、明示的な方法と暗黙的な方法の2つがあります。

❶ 明示的な方法

ラベルをつけるコントロールにid属性でidを指定し、次にlabel要素にfor属性でそのidを指定します。これにより、labelの内容がコントロールのラベルとなります。

たとえば、例題を次のように変更してみます。

260

STEP 23　フォームの基本

```
14   <h2>宇宙旅行に行ってみたいですか？</h2>
15   <p>
16       <input type="radio" name="wish" value="positively" id="wishans1">
         <label for="wishans1">ぜひ行ってみたい</label><br>
17       <input type="radio" name="wish" value="little" id="wishans2">
         <label for="wishans2">やや行ってみたい</label><br>
18       <input type="radio" name="wish" value="less" id="wishans3">
         <label for="wishans3">あまり行きたいと思わない</label><br>
19       <input type="radio" name="wish" value="no" id="wishans4">
         <label for="wishans4">絶対行きたくない</label>
20   </p>
```

宇宙旅行に行ってみたいですか？

- ◉ ぜひ行ってみたい
- ○ やや行ってみたい
- ○ あまり行きたいと思わない
- ○ 絶対行きたくない

　すると、ラジオボタンだけではなく、ラベルの部分をクリックしてもラジオボタンが選択されることが確認できます。

❷ 暗黙的な方法

　ラベルと関連づけたいコントロールを、1つのlabel要素の子要素にします。この場合、id属性やfor属性を指定する必要がなく、簡単にラベルの関連づけができます。ただし、コントロールをテーブルを使って並べている場合は、この方法を用いることはできません。

　たとえば、例題を次のように変更してみます。

```
14   <h2>宇宙旅行に行ってみたいですか？</h2>
15   <p>
16       <label><input type="radio" name="wish" value="positively">
         ぜひ行ってみたい</label><br>
17       <label><input type="radio" name="wish" value="little">
         やや行ってみたい</label><br>
18       <label><input type="radio" name="wish" value="less">
         あまり行きたいと思わない</label><br>
19       <label><input type="radio" name="wish" value="no">
         絶対行きたくない</label>
20   </p>
```

　すると、この場合も「明示的な方法」の場合と同じく、ラジオボタンだけではなく、ラベルの部分をクリックしてもラジオボタンが選択されることが確認できます。

261

第6章　フォームを作る

コントロールのグループ化 [fieldset・legend]

　fieldset要素を使うと、フォーム・コントロールとラベルを意味のあるまとまりとしてグループ化することができます。入力項目が多い場合、項目をグループ化するとわかりやすくなります。

　コントロールをグループ化する場合は、fieldset要素内にグループ化したいコントロールとラベルを入れ、legend要素でグループ名をつけます。legend要素は、fieldset要素の最初の子でなければなりません。fieldset要素は、Webページ上ではグループ名(legend要素の要素内容)を四角枠で挟んで表示されます。

　たとえば、例題のform要素を次の内容で置き換えてみます。

```html
<form method="post" action="mailto:iso@cosmos.co.jp?Subject=アンケート">
  <h1>宇宙旅行アンケート調査</h1>
  <fieldset>
    <legend>個人情報</legend>
    <label for="username">氏名:</label>
    <input type="text" id="username" name="username">
    <label for="address">住所:</label>
    <input type="text" id="address" name="address">
  </fieldset>
  <fieldset>
    <legend>アンケート内容</legend>
    <h2>宇宙旅行に行ってみたいですか?</h2>
    <p>
      <input type="radio" name="wish" value="positively" id="wishans1">
      <label for="wishans1">ぜひ行ってみたい</label><br>
      <input type="radio" name="wish" value="little" id="wishans2">
      <label for="wishans2">やや行ってみたい</label><br>
      <input type="radio" name="wish" value="less" id="wishans3">
      <label for="wishans3">あまり行きたいと思わない</label><br>
      <input type="radio" name="wish" value="no" id="wishans4">
      <label for="wishans4">絶対行きたくない</label>
    </p>
    <h2>宇宙旅行に行きたい天体は?</h2>
    <p><input type="text" name="place" id="place"></p>
  </fieldset>
  <p>
    <input type="submit" value="送信">
    <input type="reset" value="取消">
  </p>
</form>
```

262

STEP 23　フォームの基本

すると、次のように表示されます。

宇宙旅行アンケート調査

　┌個人情報──────────────────────────
　│ 氏名：[＿＿＿＿＿]　住所：[＿＿＿＿＿＿＿]
　┌アンケート内容────────────────────

　▎**宇宙旅行に行ってみたいですか？**

　○ ぜひ行ってみたい
　○ やや行ってみたい
　○ あまり行きたいと思わない
　○ 絶対行きたくない

　▎**宇宙旅行に行きたい天体は？**

　[＿＿＿＿＿]

[送信]　[取消]

フォームの整列

フォームのラベルと入力フィールドを構造化し、縦に整列する方法を紹介します。

❶ p要素で構造化しfloatを用いる

ラベルと入力フィールドをp要素でグループ化し、その中でラベルの幅を指定し、floatプロパティで浮動化して左に移動し、右揃えとします。

```
label { float: left; width: 60px; padding-right: 10px; text-align: right; }
```

```
<form method="post" action="mailto:iso@cosmos.co.jp?Subject=個人情報">
  <p>
    <label for="username">お名前</label>
    <input type="text" id="username" name="username">
  </p><p>
    <label for="address">住所</label>
    <input type="text" id="address" name="password">
  </p>
</form>
```

お名前　[＿＿＿＿＿＿]

住所　[＿＿＿＿＿＿]

263

第6章　フォームを作る

❷ 定義型リストによる方法

　定義型リストは、用語とその説明文をセットにしてリスト化するためのものです。定義型リストは、dl要素で記述します。用語はdt要素で記述し、dt要素の次にその説明文をdd要素で記述します。定義型リストを使うと、ラベルと入力フィールドが区別されて構造化されると共に、CSSを用いてリスト全体、ラベル、入力フィールドの個々にスタイルを適用でき、柔軟性のあるデザインが可能となります。

　次の例では、ラベルをdt要素で記述し、❶の場合と同じく幅を指定し、floatプロパティで浮動化して左に移動し、右揃えとしています。

```
dt { float: left; width: 60px; padding-right: 10px; text-align: right; }
```

```
<form method="post" action="mailto:iso@cosmos.co.jp?Subject=個人情報">
  <dl>
    <dt><label for="username">お名前</label></dt>
    <dd><input type="text" id="username" name="username"><dd>
  </dl><dl>
    <dt><label for="address">住所</label></dt>
    <dd><input type="text" id="address" name="password"></dd>
  </dl>
</form>
```

お名前 _____
住所 _____

　この例で、スタイルを次のものに置き換えてみます。

```
dl { margin: 6px 0; }
dt { font-size: 0.8em; line-height:1.1; padding-left: 2px; }
dd { margin: 0; line-height: 1.1;}
```

　ここで、dd要素の左マージンの初期値が40pxとなっているところを、0に指定し直しています。すると、次のように表示されます。

お名前
_____
住所
_____

264

STEP 24　いろいろなコントロール

STEP 24　いろいろなコントロール

　HTML5では、さまざまな入力をサポートするフォーム・コントロールが追加されました。STEP24では、HTML5で使用できるおもなフォーム・コントロールを紹介します。

演 習

① 画像をimagesフォルダにコピーします

送信ボタンの画像submit.pngを［images］フォルダの中にコピーします。

② spacetourism.htmlを作成して保存します

エディタで新しいファイルを作り、リスト6-2のように入力し、［hpstudy］フォルダの中にspacetourism.htmlという名前で保存します。

◉リスト 6-2 [spacetourism.html]　　　　　　　　　　　　　　　　　　　　HTML

```
 1  <!DOCTYPE html>
 2  <html lang="ja">
 3  <head>
 4    <meta charset="UTF-8">
 5    <title>いろいろなコントロール</title>
 6    <link rel="stylesheet" href="form_style.css" type="text/css">
 7  </head>
 8  <body>
 9    <form method="post" action="mailto:iso@cosmos.co.jp?Subject=アンケート">
10      <h1>宇宙旅行アンケート調査</h1>
11      <fieldset id="personal">
12        <legend>個人情報</legend>
13        <dl>
14          <dt><label for="name">氏名</label></dt>
15          <dd><input type="text" name="name" id="name"></dd>
16        </dl><dl>
17          <dt><label>性別</label></dt>
18          <dd>
19            <label><input type="radio" name="sex" value="male">男</label>
20            <label><input type="radio" name="sex" value="female">女</label>
21          </dd>
22        </dl><dl>
23          <dt><label for="born">誕生日</label></dt>
```

265

第6章　フォームを作る

●リスト 6-2 [spacetourism.html]（続き）　　　　　　　　　　　　　　　　　　　　　　　**HTML**

```
24        <dd><input type="date" name="born" id="born"></dd>
25      </dl><dl>
26        <dt><label for="bloodtype">血液型</label></dt>
27        <dd>
28          <select name="bloodtype" id="bloodtype">
29            <option>A型</option>
30            <option>B型</option>
31            <option>O型</option>
32            <option>AB型</option>
33          </select>
34        </dd>
35      </dl><dl>
36        <dt><label for="FavoriteColor">好きな色は</label></dt>
37        <dd><input type="color" name="FavoriteColor" id="FavoriteColor"></dd>
38      </dl><dl>
39        <dt><label for="FavoriteNumber">好きな数は</label></dt>
40        <dd><input type="number" name="FavoriteNumber" id="FavoriteNumber"></dd>
41      </dl>
42    </fieldset>
43    <fieldset id="question">
44      <legend>アンケート内容</legend>
45      <h2>宇宙旅行に行ってみたいですか？</h2>
46      <p>
47        <label><input type="radio" name="wish" value="positively">
          ぜひ行ってみたい</label><br>
48        <label><input type="radio" name="wish" value="little">
          やや行ってみたい</label><br>
49        <label><input type="radio" name="wish" value="less">
          あまり行きたいと思わない</label><br>
50        <label><input type="radio" name="wish" value="no">
          絶対行きたくない</label>
51      </p>
52      <h2>宇宙旅行に行きたい天体は？（複数回答）</h2>
53      <p id="planets">
54        <label><input type="checkbox" name="planets" value="mercury">水星</label>
55        <label><input type="checkbox" name="planets" value="venus">金星</label>
56        <label><input type="checkbox" name="planets" value="mars">火星</label>
57        <label><input type="checkbox" name="planets" value="asteroidbelt">小惑星帯</label>
58        <label><input type="checkbox" name="planets" value="jupiter">木星</label>
```

266

STEP 24 いろいろなコントロール

```html
59        <label><input type="checkbox" name="planets" value="saturn">土星</label>
60        <label><input type="checkbox" name="planets" value="uranus">天王星</label>
61        <label><input type="checkbox" name="planets" value="neptune">海王星</label>
62        <label><input type="checkbox" name="planets" value="pluto">冥王星</label>
63      </p>
64      <h2>意見</h2>
65      <p><textarea name="opinion" rows="6" cols="80">ご意見をお書きください
        </textarea></p>
66    </fieldset>
67    <p><input type="image" src="./images/submit.png" alt="送信"></p>
68  </form>
69 </body>
70 </html>
```

③ form_style.css を作成して保存します

エディタで新しいファイルを作り、リスト6-3のように入力し、[hpstudy] フォルダの中にform_style.css
という名前で保存します。

●リスト 6-3 [form_style.css]   CSS

```css
 1 h1,legend {
 2    color: darkblue;
 3 }
 4 fieldset {
 5    margin-bottom: 10px;
 6    border: 2px solid blue;
 7 }
 8 fieldset#personal dt {
 9    float: left;
10    width: 90px;
11    text-align: right;
12    padding-right: 15px;
13 }
14 fieldset#question p {
15    margin-left:15px;
16 }
17 h2 {
18    border-left: 6px solid skyblue;
19    padding-left: 12px;
20    font-size: 1.2em;
21 }
22 p#planets label {
23    float: left;
24    width: 100px;
25    margin: 5px 0;
26 }
27 p#planets label:last-child {
28    margin-bottom: 25px;
29 }
30 fieldset#question h2 {
31    clear: both;
32 }
```

267

第6章　フォームを作る

④ Webブラウザで表示します

spacetourism.htmlをWebブラウザで開きます。すると、表示例6-2のように表示されます。

●表示例6-2 [spacetourism.html]

宇宙旅行アンケート調査

┌─ 個人情報 ─────────────────────────┐

氏名　［　　　　　　　　］

性別　○ 男 ○ 女

誕生日　［年/月/日　　　▼］

血液型　［A型　　♦］

好きな色は　［■■■■］

好きな数は　［　　　　　♦］

└─────────────────────────────┘

┌─ アンケート内容 ───────────────────────┐

▌宇宙旅行に行ってみたいですか?

○ ぜひ行ってみたい
○ やや行ってみたい
○ あまり行きたいと思わない
○ 絶対行きたくない

▌宇宙旅行に行きたい天体は? (複数回答)

☐ 水星　　☐ 金星　　☐ 火星　　☐ 小惑星帯　☐ 木星

☐ 土星　　☐ 天王星　☐ 海王星　☐ 冥王星

▌意見

┌─────────────────────────────┐
│ ご意見をお書きください　　　　　　　　　　　　　　　│
│　　　　　　　　　　　　　　　　　　　　　　　　　│
│　　　　　　　　　　　　　　　　　　　　　　　　　│
└─────────────────────────────┘

└─────────────────────────────┘

［ 送 信 ］

解 説

例題での設定について

例題で使用しているフォーム・コントロールについて説明します。

❶ メニューの選択肢を作る [select・option]

select要素で、メニュー（セレクト・ボックス）を作成することができます。この要素は、OSやWebブラウザ、与える属性によって、「プルダウンメニュー」や「リストメニュー」など、異なった形で表示されます。

例題では、次のようにメニューを定義しています。

```
28    <select name="bloodtype" id="bloodtype">
29      <option>A型</option>
30      <option>B型</option>
31      <option>O型</option>
32      <option>AB型</option>
33    </select>
```

一般に、メニューの選択肢を作成する場合は次のようにします。

① select要素でname属性の値にそのコントロールの名前を指定します。
② メニュー項目は、select要素の中にoption要素を入れて定義します。option要素の要素内容が、メニューの選択肢名となります。
③ option要素にはvalue属性を指定できます。value属性を指定すると、option要素がメニューから選択された場合に、value属性の値が送信されます。value属性を指定していない場合は、option要素の要素内容が送信されます。
④ option要素にselected属性（論理属性）を指定すると、その項目が初期選択肢となります。

■ メニューの表示行数を指定する [size属性]

select要素にsize属性の値を指定すると、その値がメニューの表示行数となります。size属性の値が1の場合はプルダウンメニューになり、2以上の場合はリスト形式のメニューとなります。ただし、ChromeとSafariでは、size属性の値が2以上4以下の場合、size=4としたのと同じになります。size属性を指定しない場合は、1を指定したのと同じになります。たとえば、

```
<select name="bloodtype" id="bloodtype" size="2">
```

とすれば、次のようにリスト形式で表示されます。

■ **複数の選択を可能にする［multiple属性］**

　select要素にmultiple属性の値を指定すると、複数の選択肢を同時に選択できるようになります。multiple属性は論理属性です。multiple属性を指定すると、size="4"として扱われます。複数項目の選択を行う方法は、プラットフォームに依存します。Windowsの場合はCtrlキーを押しながらクリックし、Macintoshの場合はコマンドキーを押しながらクリックします。たとえば、

```
<select name="bloodtype" id="bloodtype" multiple>
```

とすれば、次のように同時に複数の項目を選択することができます。

❷ テキスト入力ボックスを作る［textarea］

　textarea要素で、複数行の文字列を入力できるテキスト入力ボックスを作成することができます。
　例題では、次のようにテキスト入力ボックスを定義しています。

```
65  <p><textarea name="opinion" rows="6" cols="80">ご意見をお書きください
    </textarea></p>
```

STEP 24　いろいろなコントロール

一般に、テキスト入力ボックスを作成する場合は、次のようにします。

① textarea要素で、name属性の値にそのコントロールの名前を指定します。
② rows属性でボックスの行数(縦の長さ)を、cols属性でボックスの列数(横の長さ)を指定します。これらの属性の初期値は、rows属性が2、cols属性が20となっています。ただし、場合によって同じrows属性、cols属性の値でもボックスの大きさは異なります。ボックスの大きさを正確に指定するには、CSSでwidthプロパティとheightプロパティを指定するのがよいでしょう。
③ textarea要素内に文字列を入力すると、初期値として入力欄に表示されます。

■ 指定できるおもな固有属性

textarea要素に指定できる属性を表6-3に示します。下線は論理属性であることをあらわします。

●表6-3　textarea要素に指定できるおもな固有属性

属性	値	意味
<u>autocomplete</u>	なし	オートコンプリートを行う
<u>autofocus</u>	なし	はじめにフォーカスする
cols	数値	ボックスの列数を文字数で指定する
<u>disabled</u>	なし	コントロールを無効化する
maxlength	数値	入力できる最大文字数を指定する
minlength	数値	入力できる最小文字数を指定する
name	文字列	コントロールの名前を指定する
placeholder	文字列	入力のヒントを表示する
<u>readonly</u>	なし	読み取り専用とする
<u>required</u>	なし	必須項目とする
rows	数値	行数を指定する
wrap	soft	自動改行するが、送信時には改行を入れない
	hard	自動改行し、送信時にも改行を入れる
	off	自動改行しない

❸ 日付の入力欄を作る [input type="date"]

"date"は日付を入力するためのコントロールをあらわします。

min, max, step属性によって、指定可能な日付の最小値、最大値、最小単位を指定することができます。たとえばstep="7"とすれば、選択できる日付は最小値と同じ曜日となります。

現時点で、Chrome、Safari、Operaがdateタイプのinput要素に対応しています。

❹ 数値の入力欄を作る ［ input type="number" ］

`40` `<dd><input type="number" name="FavoriteNumber" id="FavoriteNumber"></dd>`

"number"は数値を入力するためのコントロールをあらわします。入力欄の右側の上下の矢印を押すことで数値を調節できます。また、直接、数値を入力することもできます。

min, max, step属性によって、おのおの入力可能な数値の最小値、最大値、最小単位を指定できます。step属性の初期値は1となっており、小数値を入力すると送信時にエラーが表示されます。step属性に0.1などの小数値を指定すれば、小数値を扱うことができます。

❺ 色コードの入力欄を作る ［ input type="color" ］

`37` `<dd><input type="color" name="FavoriteColor" id="FavoriteColor"></dd>`

"color"は色コードを入力するためのコントロールをあらわします。コントロールをクリックすると、色コード入力のためのパレットが表示されます。入力される色コードは、HTML/CSSでの16進数6桁で色をあらわす文字列（例."#ff9966"）となります。

現時点で、Chrome、FireFox、Operaがcolorタイプのinput要素に対応しています。

❻ 画像を送信ボタンにする ［ input type="image" ］

`68` `<p><input type="image" src="./images/submit.png" alt="送信"></p>`

"image"は画像の送信ボタンをあらわします。src属性でボタンにする画像ファイルのURLを指定します。alt属性に画像が表示できない場合の代替えのテキストを指定します。

このボタンが押されると、フォームのデータが送信されます。この際、フォームのデータに加えて、クリックした位置の画像上のx, y座標が送信されます。座標の原点は画像の左上で、右方向がX軸の正の方向、下方向がY軸の正の方向、座標の単位はpxとなります。type="submit"の場合とは異なり、name属性を指定してもvalue属性の値は送信されません。

STEP 24　いろいろなコントロール

❼ チェックボックスの選択肢を作る ［ input type="checkbox" ］

チェックボックスとは、複数の選択肢を選ぶことができる選択肢です。チェックボックスは、input要素のtype属性の値を"checkbox"とすることで作成できます。例題では、次のようにチェックボックスを定義しています。

```
52  <h2>宇宙旅行に行きたい天体は？（複数回答）</h2>
53  <p id="planets">
54    <label><input type="checkbox" name="planets" value="mercury">水星</label>
55    <label><input type="checkbox" name="planets" value="venus">金星</label>
56    <label><input type="checkbox" name="planets" value="mars">火星</label>
57    <label><input type="checkbox" name="planets" value="asteroidbelt">小惑星帯</label>
58    <label><input type="checkbox" name="planets" value="jupiter">木星</label>
59    <label><input type="checkbox" name="planets" value="saturn">土星</label>
60    <label><input type="checkbox" name="planets" value="uranus">天王星</label>
61    <label><input type="checkbox" name="planets" value="neptune">海王星</label>
62    <label><input type="checkbox" name="planets" value="pluto">冥王星</label>
63  </p>
```

宇宙旅行に行きたい天体は？（複数回答）

☐ 水星　　☐ 金星　　☐ 火星　　☐ 小惑星帯　☐ 木星
☐ 土星　　☐ 天王星　☐ 海王星　☐ 冥王星

一般に、チェックボックスを作成する場合は次のようにします。

1. type属性の値が"checkbox"のinput要素を、選択肢の分だけ並べます。
2. その際、name属性の値に共通の名前を指定します。同じname属性値を持つinput要素はグループ化され、そのグループ内から複数の選択肢が選択されます。
3. 各input要素にvalue属性の値を指定します。value属性の値は、その選択肢が選ばれた場合のコントロールの値となります。
4. チェックボックスの選択肢全体の説明文と、各ラジオボタンの選択肢名を記述します。

■ はじめから選択肢を選んだ状態にする ［ checked属性 ］

checked属性を指定すると、その選択肢がはじめから選ばれた状態となります。checked属性は論理属性です。

宇宙旅行に行きたい天体は？（複数回答）

☐ 水星　　☐ 金星　　☑ 火星　　☐ 小惑星帯　☐ 木星
☑ 土星　　☑ 天王星　☐ 海王星　☐ 冥王星

273

第6章　フォームを作る

■ チェックボックスの整列法

　CSSで特別な設定をしないかぎり、次のように、チェックボックスの間隔が選択肢の文字列の長さによってバラバラになってしまい、チェックボックスの位置が不揃いとなります。

> **宇宙旅行に行きたい天体は？（複数回答）**
>
> ☐ 水星　☐ 金星　☐ 火星　☐ 小惑星帯　☐ 木星　☐ 土星
> ☐ 天王星　☐ 海王星　☐ 冥王星

　この例題では、次のようにしてチェックボックスの位置を等間隔に揃えています。

```
22  p#planets label {
23      float: left;
24      width: 100px;
25      margin: 5px 0;
26  }
27  p#planets label:last-child {
28      margin-bottom: 25px;
29  }
30  fieldset#question h2 {
31      clear: both;
32  }
```

　ここでは、チェックボックスを等間隔にするためにlabel要素をfloatプロパティで浮動化し、幅を100pxとしています。チェックボックスとその次のh2要素（「意見」）の間隔を調整するために、最後のlabel要素の下マージンを指定しています。浮動化したボックスと通常フローのボックスの間隔は、通常フローのボックスのマージンは影響せず、浮動化したボックスのマージンによって決まることに注意してください。これらの設定によって、次のようにチェックボックスが整列します。

> **宇宙旅行に行きたい天体は？（複数回答）**
>
> ☐ 水星　　☐ 金星　　☐ 火星　　☐ 小惑星帯　☐ 木星
> ☐ 土星　　☐ 天王星　☐ 海王星　☐ 冥王星

STEP 24 いろいろなコントロール

input要素で指定できるフォーム・コントロール

　HTML5では、input要素のtype属性の値として、例題でとりあげたもの以外に、さまざまなものが利用できます。表6-4に、例題でとりあげたものを含めて、HTML5で使用できるinput要素のtype属性の値の一覧を示します。また、次のページにそれぞれのコントロールのインタフェースを示します。これらのtype属性の値は、すべてのWebブラウザが対応しているわけではありません。対応していない場合は、テキスト・フィールドとして表示されます。

●表6-4　input要素のtype属性で指定できる値

値	コントロール	同時に指定できるおもな固有属性
hidden	非表示（隠しコントロール）	value
text	1行のテキストボックス	autocomplete, list, maxlength, minlength, pattern, placeholder, readonly, required, size, value
search	検索フィールド	autocomplete, list, maxlength, minlength, pattern, placeholder, readonly, required, size, value
tel	電話番号の入力欄	autocomplete, list, maxlength, minlength, pattern, placeholder, readonly, required, size, value
url	URLの入力欄	autocomplete, list, maxlength, minlength, pattern, placeholder, readonly, required, size, value
email	電子メールアドレスの入力欄	autocomplete, list, maxlength, minlength, pattern, placeholder, readonly, required, size, value
password	パスワードの入力欄	autocomplete, list, maxlength, minlength, pattern, placeholder, readonly, required, size, value
date[1]	日付の入力欄	autocomplete, list, min, max, readonly, required, step, value,
time[1]	時間の入力欄	autocomplete, list, min, max, readonly, required, step, value,
number	数値の入力欄	autocomplete, list, min, max, placeholder, readonly, required, step, value
range	範囲を指定した数値の入力	autocomplete, list, min, max, step, value
color[2]	色コードの入力	autocomplete, list
checkbox	チェックボックスの選択肢	checked, required, value
radio	ラジオボタンの選択肢	checked, required, value
file	送信ファイルの選択	accept, multiple, required, value
submit	サブミットボタン	formaction, formenctype, formnovalidate, formtarget, value,
image	画像の送信ボタン	alt, formaction, formenctype, formnovalidate, formtarget, height, src, value, width
reset	リセットボタン	value
button	汎用のボタン	value

※1　現時点でChrome、Safari、Operaが対応

※2　現時点でChrome、FireFox、Operaが対応

275

さまざまなinput要素のインタフェース

▶ text/tel

▶ number

好きな数は

▶ search

▶ range

▶ url

送信

⚠ URL を入力してください。

▶ color

好きな色は

▶ email

abc

送信

⚠ メール アドレスを入力してください。

▶ checkbox

☐ 水星　☐ 金星　☐ 火星　☐ 小惑星帯　☐ 木星
☐ 土星　☐ 天王星　☐ 海王星　☐ 冥王星

▶ password

•••••••

▶ radio

○ 男　○ 女

▶ date

年 / 月 / 日

2014年(平成26年) 3月

日	月	火	水	木	金	土
23	24	25	26	27	28	1
2	3	4	5	6	7	8
9	10	11	12	13	14	15
16	17	18	19	20	21	22
23	24	25	26	27	28	29
30	31	1	2	3	4	5

▶ file

ファイルを選択　選択されていません

▶ submit　　　　　　▶ image

送信　　　　　　　　送 信

▶ time

23:59

▶ reset　　　　　　▶ button

リセット　　　　　戻る

STEP 24　いろいろなコントロール

その他のフォーム関連要素

これまで紹介した以外のフォーム・コントロールとして、以下のものがあります。

❶ ボタンを作る ［ button ］

button要素で、ボタンを作成できます。次の例では、送信ボタンとリセットボタンを作っています。

```
<p><button type="submit">送信</button><button type="reset">リセット</button></p>
```

`送信`　`リセット`

■ ボタンの種類を指定する ［ type属性 ］

type属性はボタンの種類を指定します。type属性を省略すると「送信ボタン」となります。type属性の値が"button"の場合は、JavaScriptでボタンを押した場合の処理内容を記述します。

◉type属性の値

値	解説
submit	フォーム・データを送信する「送信ボタン」となります。
reset	フォーム・データをリセットする「リセットボタン」となります。
button	汎用のボタンとなります。

■ ボタンによって送信処理を変える ［ form*属性 ］

formaction属性、formenctype属性、formmethod属性、formnovalidate属性、formtarget属性は、それぞれform要素のaction属性、enctype属性、method属性、validate属性、target属性と同じ役割を果たします。これらの属性が"submit"もしくは"image"タイプのinput要素、"submit"タイプのbutton要素に指定された場合、form要素に指定された対応する属性の値よりも優先されます。これによって、複数のサブミットボタンがあった場合に、ボタンごとに処理を変えて指定することができます。

◉表6-5　button要素に指定できるform*属性

属性	解説
formaction	フォーム送信先のURLを指定します。
formenctype	フォームが送信するデータのMIMEタイプを指定します。
formmethod	フォームを送信する場合のHTTPリクエストメソッドを指定します。
formnovalidate	フォーム送信時に入力値の内容チェックを行わないようにします。
formtarget	フォーム送信後の結果を表示するブラウジング・コンテキスト名を指定します。

現時点でこれらの属性は、Chrome、Safari、FireFox、Operaの最新版およびIE10が対応しています。

277

❷ 入力候補を表示する［ datalist ］

```
<p>
  <label>好きなフルーツ:<input type="text" name="fruit" list="fruits"></label>
  <datalist id="fruits">
    <option value="apple"></option>
    <option value="peach"></option>
    <option value="orange"></option>
    <option value="pineapple"></option>
  </datalist>
</p>
```

datalist要素は、テキスト・フィールドに入力候補を表示させるためのものです。

datalist要素にid属性を指定しておき、input要素のlist属性の値にdatalist要素のid属性の値を指定します。すると、そのinput要素で入力候補が利用できるようになります。入力候補はdatalist要素の中にoption要素を入れて記述します。option要素のvalue属性の値が入力候補となります。

2回クリックで候補が表示される

実際にテキスト・フィールドに入力する場合、テキストフィールドを2回クリックすると入力候補のメニューが表示され、そこから選択できます。また、テキスト・フィールドに直接キーボードから文字列を入力することもできます。その際、入力した文字列が入力候補のはじめの文字列と一致する場合は、一致する入力候補がメニューに表示され、それらから選べます。

文字にマッチした候補が表示される

現時点で、Chrome、FireFox、Opera、IE10がdatalist要素に対応しています。

❸ タスクの進捗を示す［ progress ］

```
<p><label>進捗状況:<progress value="0.5" max="1"></progress></label></p>
```

progress要素は、タスクの進捗状況をあらわす要素です。最大値が与えられていて、それに対する割合を示す場合に用います。

value属性でタスクの進捗をあらわす値を指定します。max属性でタスク完了時の値を指定します。

現時点で、Chrome、Safari、FireFox、Operaがprogress要素に対応しています。

❹ ゲージを表示する ［ meter ］

```
<p><label>評価：<meter value="4" min="0" max="5"></meter></label></p>
```

meter要素は、決められた範囲における値をあらわす要素です。
　value属性で値を指定します。min属性で範囲の下限を、max属性で範囲の上限を指定します。value属性は必須で、min属性とmax属性の初期値はそれぞれ0、1です。low属性で低領域の上限値を、high属性で高領域の下限値を指定できます。optimum属性で最適値を指定できます。
　現時点で、Chrome、Safari、FireFox、Operaがmeter要素に対応しています。

❺ フォームの計算結果を表示する ［ output ］

```
<input type="range" name="level" id="level"
       onchange="document.getElementById('result').value=this.value;">
<output id="result" for="level">50</output>
```

output要素は、JavaScriptなどのプログラムによる出力値であることをあらわす要素です。output要素を用いることで、その部分がプログラムによる計算結果であることを示すことができます。
　output要素の値を計算するために使った値を入力している入力フォームのidを、半角スペースで区切って、for属性に指定します。output要素に対してvalue属性を指定することはできません。output要素に対しては要素内容の値が初期値となります。output要素の値は、JavaScriptからoutput要素のvalue属性もしくはtextContent属性、innerHTML属性を使って変更します。
　現時点で、Chrome、Safari、FireFox、Operaがoutput要素に対応しています。

フォーム・コントロールに指定できる共通の固有属性

フォーム・コントロールに指定できる共通の固有属性として、フォーム・コントロールに名前をつけるname属性以外に、表6-6のような属性があります（いずれも論理属性です）。

●表6-6　フォーム・コントロールに指定できる共通の固有属性

属性	意味
disabled	コントロールを無効化する（選択・書き換えができず、送信もされない）
autofocus	Webページを開いたときに、その要素がフォーカスされる。input, button, select, textarea, keygen要素およびtabindex属性を指定した要素に指定できる

第6章　フォームを作る

この章の理解度チェック演習

1 次の文章の空欄を埋めて完成しなさい。

フォームはユーザーからの入力を受け付ける仕組みです。次は簡単なフォームの例です。

```
<form method=" ① " action="./cgi-bin/formmail.cgi">
  <p>
    <label for=" ② ">氏名</label>
    <input type="text" id="username" name="username">
  </p><p>
    <input type=" ③ " value="送信"><input type=" ④ " value="取消">
  </p>
</form>
```

この例のように、フォームを作るには、form要素の子孫要素として、input要素などのユーザーが入力するための部品である　⑤　と、それを説明するための説明文やラベルをあらわすlabel要素を入れます。フォームでデータを送信する場合は、form要素にaction属性とmethod属性を指定する必要があります。action属性には、データを処理するための　⑥　を指定します。method属性はデータの送信方法を指定します。method属性には、通常は　①　を指定します。　①　を指定すると、フォームの入力データは、リクエストメッセージのメッセージボディに入れて送信されます。一方、getを指定すると、フォームの入力データは、リクエストメッセージのリクエスト行にある宛先のURLにクエリー文字列として追加されて送信されます。

2 HTMLとCSSを使って下図のようなフォームを作成しなさい。なお、次の点を考慮すること。

① form要素をdiv要素でラッピングして、div要素に背景色を設定する。

② 入力欄のボックスには適切なパディングを設定する。

③ 入力欄のボックスにコーナーの角丸と内側の影を設定する。

④ 入力欄にはヒントを表示する。

⑤ 入力欄のボックスの幅は親要素の内容領域の幅に対して100%とする。

⑥ 入力欄のボックスの左右の余白が同じになるようにする（form要素の左右のパディングで調整するとよい）。

280

付録

CONTENTS & KEYWORDS

1. 要素のカテゴリ
2. 要素の一覧とコンテンツモデル
3. CSSプロパティの一覧
4. カラーネームの一覧
5. 章の理解度チェック演習の解答

付録

❶ 要素のカテゴリ

　本文中でたびたび出てきたHTML5のカテゴリについて、簡単にまとめておきます。本文を読む際に適宜参照してください。カテゴリとは分類のことで、HTML5では要素のおもなカテゴリとして、以下の8つを定義しています。

① メタデータ・コンテンツ

　HTML文書のメタ情報を記述する要素であることをあらわします。一部の要素は、フロー・コンテンツにも属しています。

```
base  link  meta  noscript  script  style  template  title
```

② フロー・コンテンツ

　HTML文書で表示される一般的な内容をあらわします。メタデータ・コンテンツのbase, link, meta, titleの4つを除いて、他のカテゴリの要素はフロー・コンテンツに属します。

```
a abbr address area article aside audio b bdi bdo blockquote br button
canvas cite code data datalist del dfn div dl em embed fieldset figure
footer form h1 h2 h3 h4 h5 h6 header hr i iframe img input ins kbd keygen
label main map mark math meter nav noscript object ol output p pre progress
q ruby s samp script section select small span strong sub sup svg table
template textarea time u ul var video wbr  テキスト
```

※ areaはmap要素の子孫要素であるときにフロー・コンテンツに属する

③ セクショニング・コンテンツ

　章や節など、見出しと内容を含んだ文章内の範囲(セクション)をあらわします。

```
article  aside  nav  section
```

④ ヘディング・コンテンツ

　見出しをあらわします。

```
h1  h2  h3  h4  h5  h6
```

⑤ フレージング・コンテンツ

　HTML文書内のテキストをあらわします。これに含まれる要素は、段落内にあるテキスト範囲を意味づけするものです。p要素のように段落そのものをあらわす要素や、section要素のように複数の段落をまとめる要素は、このカテゴリには属しません。

```
a abbr audio area b bdi bdo br button canvas cite code data datalist del
dfn em embed i iframe img input ins kbd keygen label map mark math meter
noscript object output progress q ruby s samp script select small span strong
sub sup svg template textarea time u var video wbr  テキスト
```

※ a, del, ins, mapは、フレージング・コンテンツのみを含む場合、フレージング・コンテンツに属する
※ area はmap要素の子孫要素であるときにフレージング・コンテンツに属する

282

⑥ 埋め込みコンテンツ

外部のリソースを組み込む要素であることをあらわします。

```
audio  canvas  embed  iframe  img  math  object  svg  video
```

⑦ インタラクティブ・コンテンツ

ユーザーがなにかしらの操作ができる要素であることをあらわします。

```
a  audio  button  embed  iframe  img  input  keygen  label  object  select  textarea
```

※ audioおよびvideoはcontrols属性が指定されている場合、imgおよびobjectはusemap属性が指定されている場合、inputはtype属性値がhiddenでない場合にインタラクティブ・コンテンツに属する

⑧ セクショニング・ルート

セクションのルート要素となる要素であることを意味します。セクショニング・ルートの要素内容は、その祖先要素とは独立したアウトラインを持ちます。

```
blockquote  body  fieldset  figure  td
```

これら以外に、フォーム関連要素、リストされた要素、送信可能要素、リセット可能要素、ラベルづけ可能要素、再関連づけ可能要素、明白なコンテンツ、スクリプト支援要素などのカテゴリが定義されており、HTML5の文法を規定するために用いられています。この後で解説するコンテンツモデルでは、①～⑦のカテゴリをベースとして、各要素ごとにどのような要素を含むことができるかを規定しています。

これらのカテゴリに重複して含まれている要素や、いずれのカテゴリにも属さない要素もあります。図A-1に①～⑦のカテゴリの包含関係を示します。

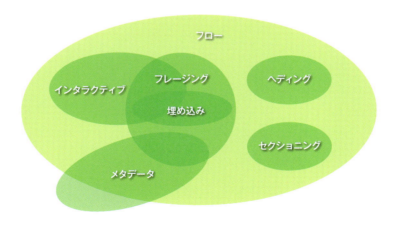

◉図A-1　カテゴリの包含関係

付録

2 要素の一覧とコンテンツモデル

本書で使用した要素の一覧とコンテンツモデルを示します。HTML文書を作成する場合は、この表で示したコンテンツモデルを守って作成するようにしてください。ここに記載されている以外の要素やその詳細については、HTML5の仕様をご覧ください。

http://www.w3.org/TR/2014/REC-html5-20141028/

● 要素の一覧とコンテンツモデル

要素名	意味	コンテンツモデル(含むことができる要素)
a	リンクを張るためのアンカー	トランスペアレント ただし、インタラクティブ・コンテンツは禁止
address	文書作成者の連絡先	フロー・コンテンツ ただし、子孫にヘディング・コンテンツ、セクショニング・コンテンツ、header, footerは禁止
area	クリッカブルマップのクリッカブル領域	空要素のため要素内容はなし
article	ブログのエントリや記事など文書内で独立可能な部分	フロー・コンテンツ
aside	補足記事や広告など本文と関連の薄い部分	フロー・コンテンツ
audio	指定した部分に音声を埋め込む	src属性あり→トランスペアレント src属性なし→1つ以上のsource要素、次にトランスペアレント
b	太字表記が通例のテキスト	フレージング・コンテンツ
body	HTML文書の本文	フロー・コンテンツ
br	改行	空要素のため要素内容はなし
button	ボタンを定義する	フレージング・コンテンツ ただし、インタラクティブ・コンテンツは禁止
caption	テーブルの表題	table要素以外のフロー・コンテンツ
col	テーブルの列	空要素のため要素内容はなし
colgroup	テーブルの列グループ	span属性あり→空要素のため要素内容はなし span属性なし→0個以上のcol要素
datalist	入力候補の一覧	フレージング・コンテンツもしくは0個以上のoption要素
dd	dl要素(記述リスト)の中の説明文、定義、値	フロー・コンテンツ
div	一般的なフロー・コンテンツ要素のグループ	フロー・コンテンツ
dl	記述リスト	0個以上の名前と値のグループ(1個以上のdt要素の次に1個以上のdd要素)
dt	dl要素(記述リスト)の中の項目名	フロー・コンテンツ ただし、子孫にヘディング・コンテンツ、セクショニング・コンテンツ、header, footerは禁止
em	テキストを強調して表示する	フレージング・コンテンツ

2 要素の一覧とコンテンツモデル

● **要素の一覧とコンテンツモデル**（続き）

要素名	意味	コンテンツモデル（含むことができる要素）
fieldset	フォーム内容のグループ化	必要に応じて最初に1つのlegend要素 その後に、フロー・コンテンツ
footer	セクションのフッタ	フロー・コンテンツ ただし、子孫にheaderとfooterは禁止
form	入力フォームを定義する	フロー・コンテンツ ただし、form要素は禁止
h1〜h6	セクションの見出し	フレージング・コンテンツ
head	HTML文書のメタデータを記述する	title要素を含めて1個以上のメタデータ・コンテンツ
header	セクションのヘッダ	フロー・コンテンツ ただし、子孫にheaderとfooterは禁止
hr	意味上の段落の区切れ	空要素のため要素内容はなし
html	HTML文書のルート要素	head要素、body要素の順に入れる
i	イタリック表記が通例のテキスト	フレージング・コンテンツ
iframe	別ページをページ内に配置するフレームを定義	テキスト
img	指定した部分に画像を埋め込む	空要素のため要素内容はなし
input	フォームでの入力欄	空要素のため要素内容はなし
label	フォームの入力欄のキャプション	フレージング・コンテンツ ただし、他のlabel要素および関係のないフォーム関連要素は禁止
legend	フォーム内容グループのタイトル	フレージング・コンテンツ
li	リスト項目	フロー・コンテンツ
link	他のソースとのリンクを設定する	空要素のため要素内容はなし
main	文書の主要部分	フロー・コンテンツ
map	クリッカブルマップを定義する	トランスペアレント
meta	メタ情報を記述する	空要素のため要素内容はなし
meter	ゲージ（限定された範囲にある値）	フレージング・コンテンツ ただし、meter要素は禁止
nav	ナビゲーションとなるセクション	フロー・コンテンツ
ol	順序付きリスト	0個以上のli要素
option	プルダウンメニューの選択肢	テキスト
output	計算結果の出力欄	フロー・コンテンツ フレージング・コンテンツ
p	段落	フレージング・コンテンツ
progress	進捗状況	フロー・コンテンツ ただし、progress要素は禁止
rp	ルビ非対応環境でルビを囲む括弧	フレージング・コンテンツ

付録

● 要素の一覧とコンテンツモデル（続き）

要素名	意味	コンテンツモデル（含むことができる要素）
rt	ルビのテキスト	フレージング・コンテンツ
ruby	ルビを伴ったテキスト	次のリストの一つ以上： ・1つ以上のフレージング・コンテンツ、またはrb要素 ・1つ以上のrt要素またはrtc要素、それぞれはrp要素の直前か直後に配置する
section	一般的なセクション	フロー・コンテンツ
select	プルダウンメニューを定義する	0個以上のoption要素、またはoptgroup要素
source	埋め込む動画・音声ソースを指定する	空要素のため要素内容はなし
span	一般的なテキストの範囲	フレージング・コンテンツ
strong	重要性を伝えるテキスト	フレージング・コンテンツ
style	当該文書にスタイルを設定する	type属性に依存する
table	テーブルを定義する	次の順に要素を入れる ① 必要に応じて1個のcaption要素 ② 0個以上のcolgroup要素 ③ 必要に応じて1個のthead要素 ④ 必要に応じて1個のtfoot要素 ⑤ 0個以上のtbody要素、もしくは0個以上のtr要素 ⑥ 必要に応じて1個のtfoot要素 ただし、tfoot要素はtable要素の中で1個以内に限られる
tbody	テーブルの行グループ	0個以上のtr要素
td	テーブルのデータ・セル	フロー・コンテンツ
textarea	テキスト入力欄を定義する	テキスト
tfoot	テーブルのフッタ行グループ	0個以上のtr要素
th	テーブルのヘッダ・セル	フレージング・コンテンツ
thead	テーブルのヘッダ行グループ	0個以上のtr要素
title	HTML文書のタイトル	テキスト
tr	テーブルの行	thead要素の子要素の場合：0個以上のth要素 上述以外の場合：0個以上のth要素またはtd要素
video	指定した部分に動画を埋め込む	src属性あり→トランスペアレント src属性なし→1つ以上のsource要素、 　　　　　　次にトランスペアレント

3 CSS プロパティの一覧

3 CSS プロパティの一覧

　本書で使用した CSS のプロパティの一覧を示します。ここに記載されている以外のプロパティやその詳細については、CSS の仕様をご覧ください。

http://www.w3.org/Style/CSS/

プロパティの一覧の記号の意味

プロパティの欄

　* .... top, bottom, left, right のいずれか

　** .... top-left, top-right, bottom-left, bottom-right のいずれか

値の欄

　| 選択肢の1つを指定

　|| .... 選択肢を1つ以上指定しなければなりませんが、順番は任意

　? .... 直前の構文を省略可能であることを意味する

　# .... 直前の構文をカンマ区切りで複数個指定できる

　{1, 4} 直前の構文を空白文字区切りで1回から4回まで繰り返して指定できる

たとえば、

　"separate | collapse" の場合は、separate か collapse のいずれか1つを指定します。

　"<幅> || <スタイル> || <色>" の場合は、幅、スタイル、色の内の少なくとも1つを指定します。

● **CSS プロパティの一覧**

プロパティ	意味	値	適用要素	継承
background-color	背景色	<色>	すべての要素	しない
background-image	背景画像	none | <画像の URL>#	すべての要素	しない
background-repeat	背景画像の繰り返し	[<x方向の繰り返し方法> <y方向の繰り返し方法>]# | <繰り返し方法>#	すべての要素	しない
border	ボーダーを一括で設定	<幅> || <スタイル> || <色>	すべての要素	しない
border-*	各ボーダーの設定	<幅> || <スタイル> || <色>	すべての要素	しない
border-*-color	各ボーダーの色	<色>	すべての要素	しない
border-*-style	各ボーダーのスタイル	none | hidden | dotted | dashed | solid | double | groove | ridge | inset | outset	すべての要素	しない
border-*-width	各ボーダーの幅	<長さ> | thin | medium | thick	すべての要素	しない
border-**-radius	各コーナーの角丸	<水平半径> | <垂直半径>	すべての要素	しない

287

付録

◉ CSSプロパティの一覧（続き）

プロパティ	意味	値	適用要素	継承
border-collapse	ボーダーの表示方法	separate | collapse	display: table or inline-table	する
border-color	ボーダーの色を一括設定	<色>{1, 4}	すべての要素	しない
border-radius	コーナーを一括設定	[<長さ> | <パーセント値>]{1, 4} [/[<長さ> | <パーセント値>]{1, 4}]?	すべての要素	しない
border-style	ボーダーのスタイルを一括設定	<ボーダーのスタイル>{1, 4}	すべての要素	しない
border-width	ボーダーの幅を一括設定	<ボーダーの幅>{1, 4}	すべての要素	しない
box-shadow	ボックスの影	[<横オフセット> <縦オフセット> <ぼかしの半径>? <スプレッドの大きさ>? <影の色>? inset?]# | none	すべての要素	しない
clear	回り込みの解除	none | left | right | both	ブロックレベル要素	しない
color	文字の色	<色>	すべての要素	する
display	ボックスの種類	none | inline | block | inline-block | list-item | run-in | compact | table | inline-table | table-row-group | table-header-group | table-footergroup | table-row | table-column-group | table-column | table-cell | tablecaption | ruby | ruby-base | ruby-text | ruby-base-group | ruby-text-group | container | flex | inline-flex	すべての要素	しない
flex	ボックス幅の伸縮を一括設定	none | [<伸び率> <縮み率>? ||<基本幅>]	flexアイテム	しない
float	ボックスの浮動化	none | left | right	すべての要素	しない
font	フォントの一括設定	[[<スタイル> || <字形> ||<ウェイト>]? <サイズ>[/<行の高さ>]? <フォント>] | caption | icon | menu |message-box | small-caption | status-bar	すべての要素	する
font-family	フォントの種類	[<フォント名> | serif | sans-serif | cursive | fantasy | monospace]#	すべての要素	する
font-size	フォントサイズ	<長さ> | <パーセント値> | xx-small | x-small | small | medium | large | x-large | xx-large | smaller | larger	すべての要素	する
font-style	フォントのスタイル	normal | italic | oblique	すべての要素	する
font-variant	フォントの字形	normal | small-caps	すべての要素	する
font-weight	フォントの太さ	normal | bold | lighter | bolder | 100 | 200 | 300 | 400 | 500 | 600 | 700 | 800 | 900	すべての要素	する
height	内容領域の高さ	auto | <長さ> | <パーセント値>	すべての要素	しない
letter-spacing	文字間隔	normal | <長さ>	すべての要素	する

3 CSS プロパティの一覧

● **CSS プロパティの一覧**（続き）

プロパティ	意味	値	適用要素	継承
line-height	行の高さ	<実数値> │ <長さ> │ <パーセント値> │ normal	すべての要素	する
list-style-image	リストマークに用いる画像	none │ <画像のURL>	display:list-item	する
list-style-position	リストマークの表示位置	outside │ inside	display:list-item	する
list-style-type	リストマークの種類	none │ circle │ disc │ square │ decimal │ lower-roman │ upper-roman │ lower-alpha │ upper-alpha │ decimal-leading-zero │ lower-greek │ lower-latin │ upper-latin │ amenian │ georgian │ 他	display:list-item	する
margin	マージンを一括設定	[auto │ <長さ> │ <パーセント値>]{1, 4}	すべての要素	しない
margin-*	各マージンを設定	auto │ <長さ> │ <パーセント値>	すべての要素	しない
max-height	内容領域の高さの最大値	auto │ <長さ> │ <パーセント値>	ほとんどすべての要素	しない
max-width	内容領域の幅の最大値	auto │ <長さ> │ <パーセント値>	ほとんどすべての要素	しない
min-height	内容領域の高さの最小値	auto │ <長さ> │ <パーセント値>	ほとんどすべての要素	しない
min-width	内容領域の幅の最小値	auto │ <長さ> │ <パーセント値>	ほとんどすべての要素	しない
opacity	ボックスの透明度	<実数値>	すべての要素	しない
order	ボックス配置の順番	<整数値>	flexアイテム	しない
overflow	内容がオーバーフローした場合の表示方法	visible │ hidden │ scroll │ auto	ブロックレベル要素置換要素	しない
padding	パディングを一括で設定	[<長さ> │ <パーセント値>]{1, 4}	すべての要素	しない
padding-*	各パディングを設定	<長さ> │ <パーセント値>	すべての要素	しない
table-layout	テーブルのレイアウト	auto │ fixed	display:table or inline-table	しない
text-align	行揃え	start end left │ right │ center │ justify │ start │ end │ match-parent │	ブロックレベル要素セル要素	する
text-decoration	文字の装飾	[none │ underline │ overline │ line-through │ blink] ‖ [solid │ double │ dotted │ dashed │ wavy] ‖ <色>	すべての要素	する
text-indent	1行目インデント	<長さ> │ <パーセント値>	すべての要素	する
text-shadow	テキストの影	[<横オフセット> <縦オフセット> <ぼかし半径>? <色>?]# │ none	すべての要素	する
vertical-align	文字の垂直位置	baseline │ top │ bottom │ middle │ super │ text-top │ text-bottom │ <長さ> │ <パーセント値>	インラインレベル要素セル要素	する
width	内容領域の幅	auto │ <長さ> │ <パーセント値>	ほとんどすべての要素	しない

付録

4 カラーネームの一覧

色の値として使用できる色の名前です。言葉が意味する本来の色とは色が異なるカラーネームもあります。limegray, grayなど、～grayの綴りのカラーネームは、～grayと～greyの両方の綴りを利用できます。

値	名前	値	名前	値	名前
#000000	black	#d2b48c	tan	#48d1cc	mediumturquoise
#696969	dimgray	#f0e68c	khaki	#00ced1	darkturquoise
#808080	gray	#ffff00	yellow	#20b2aa	lightseagreen
#a9a9a9	darkgray	#ffd700	gold	#5f9ea0	cadetblue
#c0c0c0	silver	#ffa500	orange	#00fa9a	mediumspringgreen
#d3d3d3	lightgray	#f4a460	sandybrown	#7cfc00	lawngreen
#dcdcdc	gainsboro	#ff8c00	darkorange	#7fff00	chartreuse
#f5f5f5	whitesmoke	#daa520	goldenrod	#adff2f	greenyellow
#ffffff	white	#cd853f	peru	#00ff00	lime
#fffafa	snow	#ff7f50	coral	#32cd32	limegreen
#f8f8ff	ghostwhite	#ff6347	tomato	#9acd32	yellowgreen
#fffaf0	floralwhite	#ff4500	orangered	#556b2f	darkolivegreen
#faf0e6	linen	#ff0000	red	#6b8e23	olivedrab
#faebd7	antiquewhite	#dc143c	crimson	#808000	olive
#f0f8ff	aliceblue	#c71585	mediumvioletred	#bdb76b	darkkhaki
#e6e6fa	lavender	#ff1493	deeppink	#eee8aa	palegoldenrod
#b0c4de	lightsteelblue	#ff69b4	hotpink	#fff8dc	cornsilk
#778899	lightslategray	#db7093	palevioletred	#f5f5dc	beige
#708090	slategray	#ffc0cb	pink	#b886cd	darkgoldenrod
#4682b4	steelblue	#ffb6c1	lightpink	#d2691e	chocolate
#4169e1	royalblue	#d8bfd8	thistle	#a0522d	sienna
#191970	midnightblue	#ff00ff	magenta	#8b4513	saddlebrown
#000080	navy	#ff00ff	fuchsia	#800000	maroon
#00008b	darkblue	#ffefd5	papayawhip	#8b0000	darkred
#0000cd	mediumblue	#ffebcd	blanchedalmond	#a52a2a	brown
#0000ff	blue	#ffe4c4	bisque	#b22222	firebrick
#1e90ff	dodgerblue	#ffe4b5	moccasin	#cd5c5c	indianred
#6495ed	cornflowerblue	#ffdead	navajowhite	#bc8f8f	rosybrown
#008b8b	darkcyan	#ffdab9	peachpuff	#e9967a	darksalmon
#008080	teal	#ffe4e1	mistyrose	#f08080	lightcoral
#2f4f4f	darkslategray	#fff0f5	lavenderblush	#fa8072	salmon
#006400	darkgreen	#fff5ee	seashell	#ffa07a	lightsalmon
#008000	green	#fdf5e6	oldlace	#ee82ee	violet
#228b22	forestgreen	#fffff0	ivory	#dda0dd	plum
#2e8b57	seagreen	#f0fff0	honeydew	#da70d6	orchid
#3cb371	mediumseagreen	#f5fffa	mintcream	#ba55d3	mediumorchid
#66cdaa	mediumaquamarine	#f0ffff	azure	#9932cc	darkorchid
#8fbc8f	darkseagreen	#00bfff	deepskyblue	#9400d3	darkviolet
#7fffd4	aquamarine	#87cefa	lightskyblue	#8b008b	darkmagenta
#98fb98	palegreen	#87ceeb	skyblue	#800080	purple
#90ee90	lightgreen	#add8e6	lightblue	#4b0082	indigo
#00ff7f	springgreen	#b0e0e6	powderblue	#483d8b	darkslateblue
#ffffe0	lightyellow	#afeeee	paleturquoise	#8a2be2	blueviolet
#fafad2	lightgoldenrodyellow	#e0ffff	lightcyan	#9370db	mediumpurple
#fffacd	lemonchiffon	#00ffff	cyan	#655acd	slateblue
#f5deb3	wheat	#00ffff	aqua	#7b68ee	mediumslateblue
#deb887	burlywood	#40e0d0	turquoise		

290

5 章の理解度チェック演習の解答

第1章

1. ①World Wide Web　②リンク　③Webサーバー
　④URL　⑤責任者部　⑥パス部　⑦Webサイト

2. ①Webページの内容(論理構造)を記述する。
　②Webページのスタイル(視覚構造)を記述する。
　③Webブラウザで動作するスクリプト言語で、これにより Webページを動的に書き換えたり、Webアプリケーションを作成できる。

3. Hyper Text Markup Language

4. ①W3C　②構造化　③動画や音声　④Webアプリケーション　⑤クラウド・コンピューティング

第2章

1. ①開始タグ　②終了タグ　③要素内容　④要素名
　⑤空要素

2. 半角のスペース、タブ、改行、改ページのことで、単語の境界として扱われる。複数の連なった空白文字は1つの半角スペースとして扱われ、タグの前後の空白文字は無視される。

3. ①文書型宣言　②head要素　③body要素

4. ①セクションは明示的に記述する　②セクションごとに見出しをつける　③見出しはすべてh1要素にするか、もしくは階層に応じてh1～h6要素を使用する。

5. ①木構造　②ルート　③コンテンツモデル

6. ①サ　②シ　③セ　④イ　⑤キ　⑥オ　⑦カ　⑧コ
　⑨ス　⑩エ　⑪ケ　⑫ア　⑬ク　⑭ウ　⑮ソ

7. ①<img src="./photo/hubble.jpg" width="200px">
　②<img src="../images/herschel.jpg"
　width="50%">
　③<a href="http://hubblesite.org">Hubble Site
　</a>
　④<a href="./images/ganymede.jpg">ガニメデ</a>

8. ①header　②/header　③section　④h1　⑤/h1
　⑥/section　⑦h2　⑧/h2　⑨footer　⑩/footer

第3章

1. ①セレクタ　②プロパティ　③値　④宣言

2. ①p { font-size: 1.2em; }
　②h1 { color: red; font-family: serif; }
　③h1, h2 { color: blue; }
　④section h2 { font-size: 1.5em; }

3. ①color　②font-size　③font-family
　④font-style　⑤font-weight　⑥line-height
　⑦text-indent　⑧text-align　⑨vertical-align

4. ①タイトル：22px　説明文：16px　コメント：13px
　②サブタイトル：赤　説明文：黒
　コメントタイトル：青　コメント：緑

5. A：マージン　B：ボーダー　C：パディング　D：内容領域
　E：幅　F：高さ
　A：margin　B：border　C：padding　E：width
　F：height

6. ①h1 { background-color: blue; }
　②header { background-image: url(./images/bg_samp

le.jpg); }
　③h2 { border-bottom: 2px dotted red; }
　④p { padding: 10px 20px; }
　⑤section { margin-top: 30px; }
　⑥div { padding: 30px; border-width: 0px 2px;
　　width: 200px; }

7. ①displayプロパティの値がblockである要素が生成するボックスで、親要素の生成するボックスの中に縦に並んで配置される。
　②displayプロパティの値がinlineである要素が生成するボックスで、親要素の生成するボックスの中に行単位で流し込まれて配置される。
　③インラインボックスと同じように行に流し込まれるが、分割されずに配置されるボックス。インラインボックスと異なり、幅、高さ、上下のマージンを設定できる。
　④ブロックボックスの中にブロックボックスとインラインボックスの両方を含む場合、インラインボックスは匿名ブロックボックスの中に入れて表示される。匿名ブロックボックスにスタイルを指定することはできないが、親要素のプロパティ内で継承可能なプロパティの値は継承される。
　⑤上下に隣り合う、もしくは親子で上下に隣り合うブロックボックスの上下のマージンは大きい方のマージンが用いられる。

8. ①float: right;　②clear

第4章

1.
```
ul#menu {
    padding: 3px;
    height: 25px;
    font-size: 0.8em;
    border-top: 1px solid gray;
    border-bottom: 1px solid gray;
}
ul#menu li {
    width: 150px;
    height: 25px;
    padding: 0px 3px;
    float: left;
    list-style-type: none;
}
ul#menu li {
    border-right: 1px dotted gray;
}
ul#menu li:last-child {
    border-right: none;
}
ul#menu a {
    display: block;
    text-decoration: none;
    text-align: center;
    line-height: 25px;
    color: black;
}
ul#menu a:hover {
    background-color: mistyrose;
}
```

付録

2. ［float プロパティを用いた場合］

```css
h1,h2 {
    text-align: center;
}
header, #main {
    width: 1080px;
}
#main section {
    float: left;
    width: 320px;
    margin: 20px;
}
```

［フレキシブルボックスレイアウトを用いた場合］

```css
h1,h2 {
    text-align: center;
}
header, #main {
    width: 1080px;
}
#main {
    display: flex;
}
#main section {
    width: 320px;
    margin: 20px;
}
```

第5章

1.

```html
<table>
    <caption><big>明るい恒星 BEST10</big></caption>
    <thead>
        <tr><th>星の名称</th><th>視等級</th><th>明るさの比</th><th>絶対等級</th></tr>
    </thead>
    <tbody>
        <tr><td>太陽</td><td>-26.73</td><td>506億</td><td>4.75</td></tr>
        <tr><td>シリウス</td><td>-1.44</td><td>3.87</td><td>1.4</td></tr>
        <tr><td>カノープス</td><td>-0.62</td><td>1.82</td><td>-5.53</td></tr>
        <tr><td>アルクトゥルス</td><td>-0.05</td><td>1.08</td><td>-0.31</td></tr>
        <tr><td>アルファケンタウリ</td><td>-0.01</td><td>1.04</td><td>4.4</td></tr>
        <tr><td>ベガ</td><td>0.03</td><td>1</td><td>0.58</td></tr>
        <tr><td>カペラ</td><td>0.08</td><td>0.95</td><td>0.4</td></tr>
        <tr><td>リゲル</td><td>0.18</td><td>0.87</td><td>-7.3</td></tr>
        <tr><td>プロキオン</td><td>0.4</td><td>0.71</td><td>2.6</td></tr>
        <tr><td>ベテルギウス</td><td>0.45</td><td>0.68</td><td>-7.2</td></tr>
    </tbody>
</table>
```

2.

```css
table {
    border-collapse: collapse;
    text-align: center;
    font-family: sans-serif;
}
td:first-child {
    text-align: left;
}
td,th {
    padding: 0.3em 0.7em;
    border: 2px solid darkgray;
}
```

```css
th {
    background-color: sienna;
    color: white;
    font-weight: normal;
}
tr:nth-child(odd) {
    background-color: mistyrose;
}
tr:nth-child(even) {
    background-color: seashell;
}
```

3. table-layout プロパティの値が auto の場合、列内のセルの中で最も幅が広いセルの幅が列幅となる。fixed である場合は、第1行目のセルの幅が列幅となる。セルの幅は、width プロパティで指定されている場合はその幅となり、そうでない場合は要素内容をピッタリとおさめる幅となる。

292

5 章の理解度チェック演習の解答

第6章

1. ①post ②username ③submit ④reset ⑤フォーム・コントロール ⑥CGIプログラムのURL

2.

```html
<body>
   <div>
      <form method="post" action="mailto:iso@cosmos.co.jp?Subject=アンケート">
         <h1>お問い合わせ</h1>
         <p class="message">下記の項目を入力し、送信ボタンを押して下さい</p>
         <p>
            <label for="username">氏名：(必須)</label><br>
            <input type="text" id="username" name="username" placeholder="例.山田太郎">
         </p><p>
            <label for="email">メールアドレス：(必須)</label><br>
            <input type="email" id="email" name="email" placeholder="例.yamada@cosmos.co.jp">
         </p><p>
            <label for="tel">電話番号：(必須)</label><br>
            <input type="tel" id="tel" name="tel" placeholder="例.0123-456-7891">
         </p><p>
            <label for="sex">性別：</label><br>
            <input type="radio" id="sex" name="sex" value="男">男
            <input type="radio" id="sex" name="sex" value="女">女
         </p><p>
            <label for="message">問い合わせ内容：(必須)</label><br>
            <textarea rows="5" id="message" placeholder="問い合わせ"></textarea>
         </p>
         <p class="submit">
            <input type="submit" value="送信">
         </p>
      </form>
   </div>
</body>
```

```css
body {
   margin: 0;
}
div {
   background-color: brown;
   padding: 20px;
}
h1 {
   color: brown;
}
p.message {
   font-size: small;
}
form {
   padding: 25px 35px 25px 25px;
   border-radius: 5px;
   background-color: #eee;
}
label {
   font-size: small;
   color: brown;
}
input,textarea {
```

```css
   border-radius: 4px;
   border: 1px solid #bbb;
   padding: 5px;
   width: 100%;
   height: 20px;
   box-shadow: 1px 1px 2px 1px #ddd inset;
   font-size: 0.9em;
}
input[type="radio"] {
   border: none;
   width: auto;
   height: auto;
}
.submit input {
   width: 120px;
   height: auto;
   background-color: brown;
   box-shadow: none;
   color: white;
}
textarea {
   height: auto;
}
```

INDEX

HTML要素

A

a	73
address	43
area	75
article	42
aside	42
audio	82

B

b	56
base	31
br	27
button	277

C

caption	235
col	236
colgroup	236

D

datalist	278
dd	264
div	59
dl	264
dt	264

E・F

em	55
fieldset	262
footer	43
form	253

H

h1〜h6	43
head	30
header	43
hr	59
html	30

I

i	56
iframe	223
img	67
input	256

L

label	260
legend	262
li	58, 59
link	31, 117

M・N

main	60
map	75
meter	279
nav	42, 77

O

ol	58
option	269
output	279

P

p	34
progress	278

R

rp	56
rt	56
ruby	56

S

section	42
select	269
source	82, 85
span	57
strong	55
style	117

T

table	233
tbody	234
td	233
textarea	270
tfoot	234
th	233
thead	234
tr	233

U・V

ul	59
video	84

HTML属性

A

accept-charset	255
action	253, 255
alt	67
autocomplete	255, 259

HTML要素 /HTML属性 /CSS プロパティ

C

charset	31
checked	257, 273
class	121
colspan	238
content	32
controls	82, 85

E・F

enctype	255
for	260
formaction	277
formenctype	277
formmethod	277
formnovalidate	277
formtarget	277

H・I

height	67, 224
href	73, 117
http-equiv	32
id	123

L・M

lang	30
maxlength	258
method	253, 255
minlength	258
multiple	270

N

name	32, 224, 255, 256, 260
novalidate	255

P

pattern	259
placeholder	259

R

readonly	259
required	259
rowspan	238

S・T

size	258, 269
span	236
src	67, 82, 85, 224
style	118
target	74, 224, 255
type	83, 85, 256, 277

V・W

value	256, 258, 260
width	67, 224, 258

CSSプロパティ

B

background-color	98, 161
background-image	161
background-repeat	162
border	139
border-bottom	139
border-bottom-color	139
border-bottom-left-radius	165
border-bottom-right-radius	165
border-bottom-style	139
border-bottom-width	139
border-collapse	240
border-color	139
border-left	139
border-left-color	139
border-left-style	139
border-left-width	139
border-radius	164
border-right	139
border-right-color	139
border-right-style	139
border-right-width	139
border-top	139
border-top-color	139
border-top-left-radius	165
border-top-right-radius	165
border-top-style	139
border-top-width	139
border-width	139
borer-style	139

box-shadow ... 167

C

clear	180
color	105

F

flex	205
float	179, 211
font	104
font-family	102
font-size	100
font-style	102
font-variant	103
font-weight	103

H・L

height	144
letter-spacing	108
line-height	104
list-style-image	169
list-style-position	169
list-style-type	168

M

margin	143
margin-bottom	143
margin-left	143
margin-right	143
margin-top	143
max-height	145
max-width	145
min-height	145
min-width	145

O

opacity	166
order	207
overflow	153

P

padding	141
padding-bottom	141
padding-left	141

索引

padding-right	141	:hover	183
padding-top	141	.htm	26
		.html	26

T

table-layout	242
text-align	105, 244
text-decoration	108
text-indent	105
text-shadow	109

V・W

vertical-align	106, 244
width	144

CSS@規則・関数

@import	117
hsl	99
hsla	99
linear-gradient	163
rgb	99
rgba	99
url	161, 169

用語

記号

-->	33
*/	112
/*	112
%	101
+	186
<!--	33
>	186
~	186
:active	183
:checked	183
:disabled	183
:empty	184
:enabled	183
:first-child	184
:first-of-type	184
:focus	183

!important	188
:indeterminate	183
:lang	184
:last-child	184
:last-of-type	184
:link	183
-moz-	115
-ms-	115
:not	184
:nth-child	184
:nth-last-child	184
:nth-last-of-type	184
:nth-of-type	184
:only-child	184
:only-of-type	184
:root	184
:target	183
:visited	183
-webkit-	115

番号

2段組	209, 211
3段組	214

A

AAC	83
Adobe Dreamweaver	15
Adobe Fireworks	15
Adobe Photoshop	15
Adobe Photoshop Elements	15
Adobe Premiere	15
after	185
API	10
Aptana Studio	15

B

before	185
BiND for WEBLIFE	15
BOM	31
bottom	134
Brackets	15

C

Canvas	10
Cascading Style Sheet	124
CGIプログラム	255
ch	101
Chrome	7
class属性	121
clearfix	217
cm	101
Coda	15
CoEditor	15
Crescent Eve	15
CSS	6, 94
CSS 2.1	11
currentColor	99

D

DOCTYPE 宣言	29
DOM	11
Drag & Drop	10

E

ECMA	6
ECMAScript	6
em	101
ENQUIRE	19
EUC-JP	31, 37
ex	101
Expression Web	15

F

File	10
Final Cut Pro X	15
Firefox	7
first-letter	185
first-line	185
flexアイテム	205
flexコンテナ	205
Forms	10

G

Geolocation	10
GET	253
GETメソッド	254
GIF	69

296

CSS@規則・関数/用語

Google マップ	226

H

H.264	85, 86
Holy Grail レイアウト	207
HTML	6
HTML 1.0	19
HTML 4.01	8
HTML5	8
HTML エディタ	15
HTTP	14
httpd	19
Hyper Card	19
Hyper text	2
Hyper Text Markup Language	6

I

id セレクタ	123
id 属性	123
IETF	19, 84
iMovie	15
in	101
Indexed Database	10
index.html	195
inherit	126
Internet Explorer	7
ISO-2022-JP	31, 37

J

JavaFX	9
JavaScript	6
JIS	31
JPEG	69

L

left	134

M

mailto	253
MathML	11
Matroska	86
mi	15
mm	101
MP3	83

MPEG-4	85, 86

N

nexus	19

O

Offline Web Application	10
Ogg Vorbis	83
On2 Technologies	86
Opera	7

P

pc	101
Perl	255
PHP	255
Pixelmator	15
PNG	69
POST	253
POST メソッド	254
pt	101
px	101

R

rem	101
reset	260
right	134
RSS フィード	46

S

Safari	7
Selectors	10
SEO	14
Server-Sent Events	10
SGML	11
Shift_JIS	31
Silverlight	9
SSL	14
Sublime Text	15
submit	260
SVG	11

T

Theora	85, 86
top	134
transparent	99

U

URL	4, 69
UTF-8	31, 37

V

vh	101
Video/Audio	10
vmin	101
Vorbis	86
VP3	86
VP8	86
vw	101

W

W3C	6
WAV	83
Web Applications	8
Web Forms	8
WebGL	10
WebM	83, 85, 86
Web Messaging	10
Web Sockets	10
Web Storage	10
Web Wokers	10
Web アプリケーション	10
Web サイトナビゲーション	77
Web ブラウザ	7
Web ページ	2
WHATWG	8
World Wide Web	2
WWW	2
WorldWideWeb	19
World Wide Web Consortium	6

X

Xiph.org Foundation	86
XML	11
x ハイト	107

あ

アウトライン	42
アセンダ	107
アセンダライン	107
値	95
アンカー	73

索引

い

イタリック体	102
一意識別子	123
一意セレクタ	123
色コード	96, 105
色コードの入力欄	272
インターネット	2
インタラクティブ・コンテンツ	283
インデント	105
インラインフレーム	223
インラインボックス	63, 131, 132
インライン要素	63, 138
インラインレベルボックス	133, 138
インラインレベル要素	133

う

上線	108
右辺	135
埋め込みコンテンツ	283

え

エンコード	86

お

オーディオ・ファイル形式	83
オーバーフロー	153
親要素	29
音声	82

か

改行	110
開始タグ	26
階層化	41
外辺	134
可逆圧縮	86
拡張子	26
箇条書きリスト	59
画像	67
仮想ボディ	107
カテゴリ	62
下辺	135
カラーストップ	163
カラーネーム	99
空要素	26
間接結合子	186

き

木構造	61
疑似要素	185
規則	95
規則集合	95
キャップライン	107
行	233
行主体	233
行揃え	105
強調	55
行のグループ化	234
行ブロック	234
行ボックス	136
行の高さ	104

く

空白文字	27, 110
クラウド・コンピューティング	13
クラス	121, 122
クラスセレクタ	121, 122
クラス名	121
クリアランス	181
クリッカブル・マップ	75
グローバル属性	28
グローバルナビゲーション	78
クローラ	14

け

継承	124
ゲージ	279
結合子	185
結合ボーダーモデル	240
検索エンジン	14

こ

構造化	41
構文エラー	112
後方互換性	14
コーデック	86
コーナーの角丸	164
互換モード	29
子結合子	186
コメント	33, 112
子要素	29
コンテキストナビゲーション	79

こ（続き）

コンテンツ属性	28
コンテンツモデル	62
コントロール	256
コントロールのグループ化	262

さ

最重要度宣言	188
サイトマップ	79
索引ファイル	5
サクラエディタ	15
サブセクション	41
左辺	135
算出値	125

し

識別子	122
字面	107
子孫結合子	185
子孫要素	29, 111
下線	108
実効値	125
指定値	125
シフトJIS	31, 37
斜体	102
重要性	55
終了タグ	26
主要ブロックボックス	137
上下方向の配置	106
詳細度	188
上辺	135

す

垂直方向の配置	244
水平方向の配置	244
数値の入力欄	272
スキーム	4
スタイルシート	94
スタイルの適用方法	116
スモールキャプス	103

せ

生成する	63
責任者部	4
セクショニング・コンテンツ	282
セクショニング要素	42

用語

セクショニング・ルート	42
セクション	41
セクションの暗黙的記述	48
絶対URL	69
絶対位置決め	147
絶対単位	101
絶対パス	70
セマンティック・ウェブ	52
セル	233
セルのパディング	241
セレクタ	95
セレクタのグループ化	111
全角スペース	110
線形グラデーション	163
宣言	95
宣言ブロック	95
全称セレクタ	120
前方互換性	14

そ

属性値	28
総称ファミリー名	102
送信ボタン	260
相対URL	69
相対単位	101
相対パス	69
属性	28
属性セレクタ	182
属性名	28
祖先要素	29

た

タイプセレクタ	120
タグ	8, 26
タスクの進捗	278
タブ	110
段組	204, 205, 211
段落	34
段落の区切り	59

ち

チェックボックス	273
置換要素	68
著作権情報	43

つ

通常フロー	147
通信規約	4
ツリー構造	61

て

定義型リスト	264
ディセンダ	107
ディセンダライン	107
ティム・バーナーズ＝リー	19
テーブル	233
テーブルのタイトル	235
テキストエディタ	15
テキストエディット	15
テキスト入力ボックス	270
テキスト・フィールド	257
テキストボックス	257
デコード	86
デスクトップアプリケーション	10

と

統一資源識別子	4
動画	84
等幅フォント	107
匿名ブロックボックス	147
トップページ	5, 195
ドメイン名	4
トラッキング	108
トランスペアレント	73
取り消し線	108
取消ボタン	260

な

内辺	134
内容辺	134
内容ボックス	135
内容領域	136
内容領域の高さの最小値	145
内容領域の高さの最大値	145
内容領域の幅の最小値	145
内容領域の幅の最大値	145

に

入力候補	278

の

ノーブレイクスペース	27

は

パーセント値	101
背景	136
背景画像	161
背景画像の繰り返し方法	162
背景色	98, 161
ハイパーテキスト	2, 8
ハイパーリンク	8
パス部	4
パターンマッチング	120
パディング	134, 136
パディングの設定	141
パディング辺	134
パディングボックス	135
半角スペース	110
パンくずリスト	77
番号順リスト	58

ひ

非可逆圧縮	86
非置換インライン要素	68
ビデオ・コーデック	85
秀丸エディタ	15
標準モード	29

ふ

フォーム	253
フォーム・コントロール	256
フォームの計算結果	279
フォームの整列	263
フォールバック・コンテンツ	67
フォントサイズ	100, 107
フォントのウェイト	103
フォントの字形	103
フォントの種類	102
復号化	86
符号化	86
浮動化	147, 179
浮動ボックスのマージン	181
フラグメント識別子	74
プルダウンメニュー	269
フレージング・コンテンツ	62, 282

299

索引

プレースフォルダ	73
フレキシブルボックスレイアウト	205
フロー・コンテンツ	62, 282
ブロックボックス	63, 130
ブロックボックスの設定	139
ブロックボックスの内容	147
ブロックボックスの配置	146
ブロックボックスのモデル	134
ブロック要素	63
ブロックレベルボックス	137, 138
ブロックレベル要素	137
プロトコル	4
プロパティ	95
プロパティの初期値	114
プロプライエタリ・ソフトウェア	14
プロポーショナル・フォント	107
分割不可能な インラインレベルボックス	131
文章のグループ化	60
文章の範囲	57
文書型宣言	29
文脈セレクタ	185
分離ボーダーモデル	240

へ

ベースライン	107
ヘッダ・セル	233
ヘディング・コンテンツ	282
辺	135
ベンダプレフィックス	115

ほ

ボーダー	134, 136
ボーダーの設定	139
ボーダーの優先順位	243
ボーダーのレンダリング方法	240
ボーダー辺	134
ボーダーボックス	135
ホームページZERO	15
ボタン	277
ボックス	63
ボックスの大きさ	146
ボックスの影	167

ボックスの高さ	151
ボックスの透明度	166
ボックスの幅	150
ボックスの配置の順番	207

ま

マーカーボックス	137
マークアップ	26, 52
マージン	136
マージンの設定	143
マージンの相殺	149
マージン辺	134
マージンボックス	135
マッチ	120
回り込みを解除する	180

み

ミーンライン	107
見出し	41, 43

む

ムービーメーカー	15

め

メタ情報	30
メタデータ・コンテンツ	282
メニュー	198
メニューの選択肢	269
メモ帳	15

も

文字エンコーディング	37
文字間隔	108
文字コード	37
文字サイズ	100
文字参照	77
文字セット	37
文字の色	105
文字の影	109

ゆ

ユニバーサルセレクタ	120

よ

要素	26
要素内容	26
要素のグループ化	59
要素名	26

ら

ラジオボタン	256
ラベル	260

り

リキッドレイアウト	204
リクエスト行	254
リクエストメッセージ	254
リストボックスのモデル	137
リストマーク	168
リストマークに用いる画像	169
リストマークの表示位置	169
リストメニュー	269
利用値	125
リンク	73
隣接結合子	186

る

ルート要素	61
ルビ	56
ルビをあらわす括弧	56

れ

列	233
列のグループ化	236
列幅	242
レンダリング	7

ろ

ローカルナビゲーション	78
論理属性	18, 58, 255
ロバート・カイリュー	19

わ

ワードパッド	15

著者紹介

磯 博 (いそ　ひろし)

常葉大学社会環境学部准教授。

筑波研究学園専門学校講師、富士短期大学准教授、富士常葉大学准教授を経て、現職に。コンピュータによるデザインおよびプログラミング、数学、科学教育に従事。

1988年、米国フェルミ加速器研究所研究員として陽子反陽子衝突実験に参加。

1987年、筑波大学大学院博士課程物理学研究科単位取得退学、理学博士。

栃木県大田原市生まれ。

http://isbn.sbcr.jp/82082

本書を手に取っていただき、ありがとうございます。

お読みいただいたご感想、ご意見など、上記URLから、読者のみなさまの生のお声をお寄せください。

今後の書籍の質の向上や、新しい企画の参考にさせていただきます。

併せて、上記URLには、本書に関するサポート情報やダウンロードデータ、ならびに本書に関するお問い合わせ受付フォームも掲載しております。こちらもご利用ください。

えんしゅう　ちから
演習で力がつく

エイチティエムエル　シーエスエス　　　　　　　　　　きょうかしょ
HTML/CSSコーディングの教科書

2015年5月20日　初版発行

いそ　ひろし
著　　者：磯　博
発行者：小川　淳
発行所：SBクリエイティブ株式会社
　　　　〒106-0032　東京都港区六本木2-4-5
　　　　　　　　　営業　03（5549）1201
　　　　　　　　　編集　03（5549）1155
印　　刷：株式会社シナノパブリッシングプレス
ブックデザイン：米谷テツヤ
組　　版：スタヂオ・ポップ

落丁本、乱丁本は小社営業部にてお取り替えいたします。

定価はカバーに記載されております。

Printed in Japan　　　　　　　　　　　　ISBN978-4-7973-8208-2